Web API: The Good Parts

水野 貴明　著

Copyright ©2014 Takaaki Mizuno, O'Reilly Japan, Inc. All rights reserved.

本書で使用するシステム名、製品名は、それぞれ各社の商標、または登録商標です。
なお、本文中では、™、®、©マークは省略しています。

本書の内容について、株式会社オライリー・ジャパンは最大限の努力をもって正確を期していますが、本書の内容に基づく運用結果について責任を負いかねますので、ご了承ください。

はじめに

　本書はWeb APIを開発するに際して、どのように設計をすればよいのか、どのような点に気をつけて開発をすればよいのかについて書かれた書籍です。

　今日、開発者がWeb APIを設計、開発しなければならないケースは非常に増えています。サービス間の連携が増えているだけでなく、モバイルアプリケーションのバックエンドもそうですし、ゲームもサーバ連携を行うものが増えています。また、ウェブアプリケーションの非同期通信にもJSONやXMLを使った通信を行うケースは多いでしょう。インターネットやウェブにかかわるソフトウェア開発者なら、Web API開発はもはや必修科目と言ってもよい状態になってきています。ウェブの開発者だけれども最近はJSONでAPIを返すことしかしていない、なんていう方も多いのではないでしょうか。

　筆者はフリーランスの開発者としてさまざまなプロジェクトにかかわっていますが、多くのプロジェクトにおいて、Web APIの設計、開発が作業の中に入ってきています。本書は、その経験の中で調べたこと、躓いたこと、考えたことを中心に、新たにAPIの設計を行おうとしている開発者に向けて、筆者が考えるAPI設計の考え方や手法について解説しています。

　本書の執筆は、さほど分量があるわけでもないにもかかわらず、主に筆者の怠慢のせいで、企画の立ち上がりから執筆完了まで2年間もの年月がかかってしまいました。しかしその間にWeb APIを取り巻く環境は大きく変わりました。Web APIに関するサービスを提供するApigee (http://apigee.com/)、3scale (http://www.3scale.net/) のようなサービスがどんどん登場し、APIconのようなAPI関連のカンファレンスも頻繁に開かれるようになってきています。つまりAPIを作り、公開するということの重要性がより高まり、より多くの注目を集めるようになっており、幸いなことに本書を出す意義もより高くなってきたのではないかと思います。

　とはいえ海外と比較して日本のサービスはWeb APIを公開するケースが少ないように思います。また公開されているAPIを見ても、海外の同種のサービスの公開するAPIを参考に作られたようなものが多く、設計がきちんとしていないものも見られます。また海外ではAPIの設計に関する議論は近年非常に盛んにされていますが、それも日本人として日本語で生活をしていると、どうしても届かない部分もあります。そしてその結果、多くの人が別々の場所で同じことで悩んだり、同じ試行錯誤をしてしまうようなことが起こっているようです。

本書はそうした状況に対して、少しでも貢献できるようにという思いを込めて書かれています。Web APIを取り巻くルールやトレンド、仕様などは時代に合わせてどんどんと変化しています。これからWeb APIの設計や開発を行う開発者の皆さんには本書を、よりよいAPIを作るための基礎を知り、そしてさらなる情報収集を行うための足がかりとしていただければ幸いです。

対象読者

本書はこれからWeb APIを設計、開発しようとしている、あるいは既存のWeb APIの運用や改修をしているソフトウェア開発者に向けて書かれています。開発技術の基礎的な部分の説明はしていませんので、ある程度知識のある方が対象になります。

特定の言語による実装は書かれていませんので、言語は問いませんが、それは言い換えればWeb APIを特定の言語や、フレームワークを使ってどう実装するかという点には言及していないということです。したがって、具体的な実装方法については開発の入門書やウェブでの情報収集などが別途必要になります。

本書が引用、あるいは言及しているウェブ上の情報については、一次情報が英語のものについては、原典を示す意味を込めてそのURIを紹介していますが、日本語訳や、日本語による解説などが存在するものもありますので、調べてみるとよいでしょう。

本書の構成

各章の概要は以下のとおりです。

1章 Web APIとは何か

1章は本書全体の導入部分として、Web APIを取り巻く現状と、本書の内容をどう活かすことができるかについて述べています。Web APIを公開するにあたって、上司を説得する必要のある方の理論武装にも向いています。

2章 エンドポイントの設計とリクエストの形式

Web APIはウェブの文法に従っているため、リクエストとレスポンスで構成されていますが、2章ではそのうちのリクエスト、すなわちクライアントからサーバに対して行うアクセスの設計について述べています。リクエストの方法とは、クライアントからサーバに送信する方法と、それを受け取るサーバ側のエンドポイント（URI）の設計が含まれます。

3章 レスポンスデータの設計

2章に続き、3章ではリクエストに対して返されるレスポンスデータの構造に関する考え方に言及します。またどのようなデータフォーマットを選択すべきか、エラーの際の処理はどうすべきかといった話題も取り扱います。

4章 HTTPの仕様を最大限利用する

Web APIはデータの送受信にHTTPを利用します。4章ではHTTPの仕様を読み解き、それをどのようにAPIに反映させるべきかについて考えていきます。

5章 設計変更をしやすいWeb APIを作る

Web APIは一度公開したら終わりというわけではなく、そのあともサービスの変更や環境の変化によって修正していく必要があります。しかし急に大きな変化を加えてしまうと、それを呼び出すクライアントがエラーを起こす危険があります。5章ではAPIの修正をどのように行えばよいかについて考えていきます。

6章 堅牢なWeb APIを作る

インターネット上に公開されるWeb APIは、想定しないアクセスを行われる可能性があります。6章では、そうしたアクセスによる影響を最小限に抑えるための、セキュリティや安定性について考えていきます。

付録A Web APIを公開する際にできること

Web APIにおいては、設計以外にも考慮すべき事柄があります。付録Aではそうした周辺トピックについて簡単に紹介しています。

付録B Web APIチェックリスト

本書で触れた内容をきちんと設計に反映できているかを簡単にチェックするための一覧表です。

意見と質問

本書の内容については、最大限の努力をもって検証、確認していますが、誤りや不正確な点、誤解や混乱を招くような表現、単純な誤植などに気がつかれることもあるかもしれません。そうした場合、今後の版で改善できるようお知らせいただければ幸いです。将来の改訂に関する提案なども歓迎いたします。連絡先は次のとおりです。

株式会社オライリー・ジャパン
〒160-0002　東京都新宿区四谷坂町12番22号
電話 03-3356-5227
FAX 03-3356-5261
電子メール　japan@oreilly.co.jp

本書のウェブページには次のアドレスでアクセスできます。

http://www.oreilly.co.jp/books/9784873116860
http://takaaki.info/web-api-the-good-parts （著者）

オライリーに関するそのほかの情報については、次のオライリーのウェブサイトを参照してください。

```
http://www.oreilly.co.jp/
http://www.oreilly.com/ （英語）
```

表記上のルール

本書では、次に示す表記上のルールに従います。

太字（Bold）
　新しい用語、強調やキーワードフレーズを表します。

等幅（`Constant Width`）
　プログラムのコード、コマンド、配列、要素、文、オプション、スイッチ、変数、属性、キー、関数、型、クラス、名前空間、メソッド、モジュール、プロパティ、パラメータ、値、オブジェクト、イベント、イベントハンドラ、XMLタグ、HTMLタグ、マクロ、ファイルの内容、コマンドからの出力を表します。その断片（変数、関数、キーワードなど）を本文中から参照する場合にも使われます。

等幅太字（**`Constant Width Bold`**）
　ユーザーが入力するコマンドやテキストを表します。コードを強調する場合にも使われます。

等幅イタリック（*`Constant Width Italic`*）
　ユーザーの環境などに応じて置き換えなければならない文字列を表します。

ヒントや示唆、興味深い事柄に関する補足を表します。

ライブラリのバグやしばしば発生する問題などのような、注意あるいは警告を表します。

サンプルコードの使用について

本書の目的は、読者の仕事を助けることです。一般に、本書に掲載しているコードは読者のプログラムやドキュメントに使用してかまいません。コードの大部分を転載する場合を除き、我々に許可を求める必要はありません。たとえば、本書のコードの一部を使用するプログラムを作成するために、許可を求める必要はありません。なお、オライリー・ジャパンから出版されている書籍のサンプルコードを CD-ROM として販売したり配布したりする場合には、そのための許可が必要です。本書や本書のサンプルコードを引用して質問などに答える場合、許可を求める必要はありません。ただし、本書のサンプルコードのかなりの部分を製品マニュアルに転載するような場合には、そのための許可が必要です。

出典を明記する必要はありませんが、そうしていただければ感謝します。水野貴明 著『Web API: The Good Parts』(オライリー・ジャパン発行)のように、タイトル、著者、出版社、ISBN などを記載してください。

サンプルコードの使用について、公正な使用の範囲を超えると思われる場合、または上記で許可している範囲を超えると感じる場合は、japan@oreilly.co.jp までご連絡ください。

謝辞

なかなか原稿を書き進められなかった筆者を叱咤激励し、そして根気よく待ち続けてくれたオライリー・ジャパンの伊藤さん、宮川さんに感謝します。

執筆活動を行う時間を作るために協力してくれた妻に感謝します。また夫婦ふたりとも忙しいときに嫌な顔もせずに手伝いに来てくれる両親に感謝します。

そして本書をレビューして、さまざまなフィードバックをくれた ma.la さん、石田武士さん、関根裕紀さん、近澤良くん、多久島信隆さん、上杉隆史さん、池徹に感謝します。

皆さんのお陰で、本書を書き終えることができました。ありがとうございました。

目　次

はじめに iii

1章　Web APIとは何か 1

1.1　Web APIの重要性 3
1.1.1　APIでの利用を前提としたサービスの登場 4
1.1.2　モバイルアプリケーションとAPI 6
1.1.3　APIエコノミー 7
1.2　さまざまなAPIのパターン 7
1.2.1　公開しているウェブサービスのデータや機能のAPI公開 7
1.2.2　他のページに貼り付けるウィジェットの公開 8
1.2.3　モダンなウェブアプリケーションの構築 9
1.2.4　スマートフォンアプリケーションの開発 10
1.2.5　ソーシャルゲームの開発 10
1.2.6　社内システムの連携 11
1.3　何をAPIで公開すべきか 11
1.3.1　APIを公開するリスクはあるのか 12
1.3.2　APIを公開することで得られるもの 13
1.4　Web APIを美しく設計する重要性 14
1.4.1　設計の美しいWeb APIは使いやすい 14
1.4.2　設計の美しいWeb APIは変更しやすい 14
1.4.3　設計の美しいWeb APIは頑強である 15
1.4.4　設計の美しいWeb APIは恥ずかしくない 15

1.5	Web API を美しくするには	15
1.6	REST と Web API	17
1.7	対象となる開発者の数と API の設計思想	17
1.8	まとめ	18

2章　エンドポイントの設計とリクエストの形式　19

2.1	API として公開する機能を設計する	19
	2.1.1　モバイルアプリケーション向け API に必要な機能	20
2.2	API エンドポイントの考え方	21
	2.2.1　エンドポイントの基本的な設計	22
2.3	HTTP メソッドとエンドポイント	29
	2.3.1　GET メソッド	30
	2.3.2　POST メソッド	30
	2.3.3　PUT メソッド	31
	2.3.4　DELETE メソッド	32
	2.3.5　PATCH メソッド	32
2.4	API のエンドポイント設計	34
	2.4.1　リソースにアクセスするためのエンドポイントの設計の注意点	38
	2.4.2　利用する単語に気をつける	40
	2.4.3　スペースやエンコードを必要とする文字を使わない	40
	2.4.4　単語をつなげる必要がある場合はハイフンを利用する	41
2.5	検索とクエリパラメータの設計	42
	2.5.1　取得数と取得位置のクエリパラメータ	43
	2.5.2　相対位置を利用する問題点	44
	2.5.3　絶対位置でデータを取得する	45
	2.5.4　絞り込みのためのパラメータ	45
	2.5.5　クエリパラメータとパスの使い分け	48
2.6	ログインと OAuth 2.0	49
	2.6.1　アクセストークンの有効期限と更新	55
	2.6.2　その他の Grant Type	55
2.7	ホスト名とエンドポイントの共通部分	57
2.8	SSKDs と API デザイン	59

2.9	HATEOAS と REST LEVEL3 API	60
	2.9.1 REST LEVEL3 API のメリット	63
	2.9.2 REST LEVEL3 API	63
2.10	まとめ	64

3章　レスポンスデータの設計　　65

3.1	データフォーマット	65
	3.1.1 データフォーマットの指定方法	68
3.2	JSONP の取り扱い	69
	3.2.1 JSONP をサポートする場合の作法	71
	3.2.2 JSONP とエラー処理	73
3.3	データの内部構造の考え方	75
	3.3.1 レスポンスの内容をユーザーが選べるようにする	77
	3.3.2 エンベロープは必要か	78
	3.3.3 データはフラットにすべきか	79
	3.3.4 配列とフォーマット	81
	3.3.5 配列の件数、あるいは続きがあるかをどう返すべきか	83
3.4	各データのフォーマット	85
	3.4.1 各データの名前	85
	3.4.2 性別のデータをどう表すか	88
	3.4.3 日付のフォーマット	90
	3.4.4 大きな整数と JSON	91
3.5	レスポンスデータの設計	92
3.6	エラーの表現	93
	3.6.1 ステータスコードでエラーを表現する	93
	3.6.2 エラーの詳細をクライアントに返す	95
	3.6.3 エラー詳細情報には何を入れるべきか	96
	3.6.4 エラーの際に HTML が返ることを防ぐ	97
	3.6.5 メンテナンスとステータスコード	97
	3.6.6 意図的に不正確な情報を返したい場合	98
3.7	まとめ	99

4章　HTTPの仕様を最大限利用する 101

- 4.1　HTTPの仕様を利用する意義 101
- 4.2　ステータスコードを正しく使う 102
    - 4.2.1　200番台：成功 105
    - 4.2.2　300番台 追加で処理が必要 106
    - 4.2.3　クライアントのリクエストに問題があった場合 108
    - 4.2.4　500番台 サーバに問題があった場合 110
- 4.3　キャッシュとHTTPの仕様 110
    - 4.3.1　Expiration Model（期限切れモデル）.......................112
    - 4.3.2　Validation Model（検証モデル）.............................115
    - 4.3.3　Heuristic Expiration（発見的期限切れ）.................117
    - 4.3.4　キャッシュをさせたくない場合 118
    - 4.3.5　Varyでキャッシュの単位を指定する 118
    - 4.3.6　Cache-Controlヘッダ 120
- 4.4　メディアタイプの指定 122
    - 4.4.1　メディアタイプをContent-Typeで指定する必要性 123
    - 4.4.2　x-で始まるメディアタイプ 125
    - 4.4.3　自分でメディアタイプを定義する場合 126
    - 4.4.4　JSONやXMLを用いた新しいデータ形式を定義する場合 ...127
    - 4.4.5　メディアタイプとセキュリティ 128
    - 4.4.6　リクエストデータとメディアタイプ 128
- 4.5　同一生成元ポリシーとクロスオリジンリソース共有 130
    - 4.5.1　CORSの基本的なやりとり 131
    - 4.5.2　プリフライトリクエスト 132
    - 4.5.3　CORSとユーザー認証情報 133
- 4.6　独自のHTTPヘッダを定義する 133
- 4.7　まとめ 135

5章　設計変更をしやすいWeb APIを作る 137

- 5.1　設計変更のしやすさの重要性 137
    - 5.1.1　外部に公開しているAPIの場合 138
    - 5.1.2　モバイルアプリケーション向けAPIの場合 139

		5.1.3	ウェブサービス上で使っている API の場合 139
	5.2	API をバージョンで管理する 140
		5.2.1	URI のバージョンを埋め込む 141
		5.2.2	バージョン番号をどう付けるか 143
		5.2.3	バージョンをクエリ文字列に入れる 145
		5.2.4	メディアタイプでバージョンを指定する方法 146
		5.2.5	どの方法を採用するべきか 147
	5.3	バージョンを変える際の指針 147
		5.3.1	常に最新版を返すエイリアスは必要か 148
	5.4	API の提供を終了する 149
		5.4.1	ケーススタディ : Twitter の場合 149
		5.4.2	あらかじめ提供終了時の仕様を盛り込んでおく 150
		5.4.3	利用規約にサポート期限を明記する 152
	5.5	オーケストレーション層 153
	5.6	まとめ 155

6 章　堅牢な Web API を作る 157

	6.1	Web API を安全にする 157
		6.1.1	どんなセキュリティの問題があるのか 158
	6.2	サーバとクライアントの間での情報の不正入手 159
		6.2.1	HTTPS による HTTP 通信の暗号化 159
		6.2.2	HTTPS を使えば 100% 安全か 160
	6.3	ブラウザでアクセスする API における問題 162
		6.3.1	XSS 163
		6.3.2	XSRF 167
		6.3.3	JSON ハイジャック 169
	6.4	悪意あるアクセスへの対策を考える 173
		6.4.1	パラメータの改ざん 174
		6.4.2	リクエストの再送信 176
	6.5	セキュリティ関係の HTTP ヘッダ 178
		6.5.1	X-Content-Type-Options 178
		6.5.2	X-XSS-Protection 179

         6.5.3   X-Frame-Options 179
         6.5.4   Content-Security-Policy 180
         6.5.5   Strict-Transport-Security 180
         6.5.6   Public-Key-Pins 181
         6.5.7   Set-Cookie ヘッダとセキュリティ 181
    6.6 大量アクセスへの対策 183
         6.6.1   ユーザーごとのアクセスを制限する 184
         6.6.2   レートリミットの単位 186
         6.6.3   制限値を超えてしまった場合の対応 188
         6.6.4   レートリミットをユーザーに伝える 190
    6.7 まとめ 196

付録 A　Web API を公開する際にできること 197

付録 B　Web API チェックリスト 203

索引 205

コラム目次

自分の情報へのエイリアス 56
その他のデータフォーマット 67
JSONP をサポートすべきか？ 74
HTTP 時間の形式 114
強い検証と弱い検証 117
バージョン番号を日付で表す 144
認証局が攻撃を受けて偽の証明書を発行してしまうケース 162
ブラウザからのアクセスを想定しない API の場合 172
実際の API の対応状況を見てみる 182
アクセス制限の緩和 187
レートリミットの実装 196

1章
Web APIとは何か

　本書はタイトルにもあるように、Web APIについて述べた書籍です。Web APIをどのように設計、運用すればより効果的なのか、ありがちな罠、落とし穴を避けるにはどういう点に気をつけなければいけないのか、ということを考えていくことが本書の目的となっています。とはいっても、「Web API」という定義は曖昧ですから、まずはじめに本書がターゲットとするWeb APIとはどんなものであるのか、ということをきちんと定義しておくことにします。

　本書で言うところのWeb APIとは「HTTPプロトコルを利用してネットワーク越しに呼び出すAPI」です。APIとは"Application Programming Interface"の略で、ソフトウェアコンポーネントの外部インターフェイス、つまりは機能はわかってるけれどもその中身の実際の動作は詳しくわからない（知らなくてもよい）機能のカタマリを、外部から呼び出すための仕様のことを指します。プロトコルとしてHTTPを使うため、そのエンドポイントはURIによって指定されることになります。

　定義を厳密にしようとするとやや複雑な言い回しになってしまいますが、簡単に言えばあるURIにアクセスすることで、サーバ側の情報を書き換えたり、サーバ側に置かれた情報を取得できたりすることができるウェブシステムで、プログラムからアクセスしてそのデータを機械的に利用するためのものです。

　「機械的に」と書いたのは、これがブラウザを使って人間が直接アクセスすることを目的としたURIではないことを意味しています。たとえばTwitterはWeb APIを公開しており、これがTwitter普及の一因を作ったと言われていますが、特定のユーザーのタイムラインを取得するAPIは以下のようになっています。

```
https://api.twitter.com/1.1/statuses/user_timeline.json
```

　このURIにアクセスすれば、以下のようにタイムラインのデータを取得することができます。

```
[
  {
    "coordinates": null,
```

```
            "favorited": false,
            "truncated": false,
            "created_at": "Wed Aug 29 17:12:58 +0000 2012",
            "id_str": "240859602684612608",
            "entities": {
              "urls": [
                {
                  "expanded_url": "https://dev.twitter.com/blog/twitter-certified-products",
                  "url": "https://t.co/MjJ8xAnT",
                  "indices": [
                    52,
                    73
                  ],
                  "display_url": "dev.twitter.com/blog/twitter-c\u2026"
                }
              ],
              "hashtags": [

              ],
              "user_mentions": [

              ]
            },
              :
              :
              :
    }
  ]
```

ちなみに実際にはこのデータは、正しく認証情報などがセットされていないと取得できません。認証情報がセットされていない場合に取得できるのは以下のようなデータです。

```
{"errors":[{"message":"Bad Authentication data","code":215}]}
```

ここで注目したいのは、これらの情報がブラウザでウェブページを表示する際に用いるHTMLではなく、JSONと呼ばれる形式になっていることです。これはすなわち、このURIはブラウザで直接表示することを前提としたものではないということを意味します。これが「機械的に」と書いた所以であり、こうしたAPIがブラウザに人間が直接入力したり、リンクをクリックしたりしてアクセスするものではなく、データをプログラムが取得して他の目的に使うものであることを示しているのです。たとえば上記のTwitterの場合は、ブラウザ以外でTwitterのタイムラインを表示させるTwitterクライアントなどで利用することになります。またブラウザからアクセスするものであっても、JavaScriptを利用してデータを取得し加工して、何らかの目的に利用するために公開されていれば、それはWeb APIです。

HTMLもある意味機械的に処理するためのデータ形式ではありますが、こちらが最終的に人間

がブラウザ上で「読む」ことを前提とした情報が埋め込まれているのに対し、APIが返すデータはもっとデータを直接活用するための形式になっており、データを二次加工するさまざまな目的で利用可能な点が異なります。

　また一言にWeb APIといっても、これまでの歴史の中で、SOAPやXML-RPCなどのやりとりのルールや形式をもう少し厳密に定義したものも存在しています。しかし本書で主にターゲットとしているのは、先にあげたTwitterのAPIのような、URIにアクセスするとXMLやJSONなどのデータが返ってくるというシンプルなタイプのAPI、いわゆる"XML over HTTP"や"JSON over HTTP"と呼ばれるAPIです。SOAPやXML-RPCもHTTPを経由してXMLをやりとりするものであり、"XML over HTTP"の範疇に含まれますが、実際に世の中で使われているものを見ると、そうした厳密な仕様には沿わず、単に独自のJSONやXMLを使って、もっとシンプルにやりとりをしているものが多く、またそういったものはきちんとしたルールが定められていないために、あまり良くない設計のものが多く見られます。そこでそうしたAPIをきちんと設計するにはどうしたらよいのかを考えていくのが本書の目的となっているわけです。

　なお、こうした"XML over HTTP"や"JSON over HTTP"を"REST API"と呼ぶ場合もありますが、このRESTという言葉はもう少し厳密な定義が存在しており、HTTP経由でXMLやJSONを返すAPI自体がREST APIと呼ぶのは誤用、あるいは拡大解釈を端に発したものです。本書では論争や誤解を避けるために、こうした「広義のREST」をRESTとは極力呼ばないようにしています。

　なお本来の意味でのREST、いわゆる狭義のRESTについては、その基本となる思想は学ぶべきものが多くあり、本書でも触れています。その意味についてはそこで改めて述べていますので、ここではひとまず先へ進みます。

1.1　Web APIの重要性

　本書はWeb APIの設計について述べていますが、そもそもWeb APIの設計がなぜ重要なのか、それ以前にWeb APIそのものは設計について議論するほどに重要なのだろうか、と思うかもしれません。そこで現在のWeb APIを取り巻く環境を簡単に見ていくことにします。一言で言うと、Web APIを公開することは近年ますます重要になってきており、APIの存在が企業やサービスの価値や収益を左右するケースさえでてきているので、大変重要です。本書の読者で、ウェブサービスを提供しているのにAPIを公開していないという方はすぐ公開すべきです。

　Web APIの重要性を知るために、Web APIの歴史を少し紐解いてみましょう。非常に普及した古くから知られる成功したWeb APIとして、AmazonのProduct Advertising APIがあります。これが初めて公開されたのは2003年と10年以上も前です。ちなみにEC2やS3などが公開されるよりもずっと前である当時はAWS（Amazon Web Service）という言葉そのものがProduct Advertising APIのことを意味していました。そしてこのAPIの公開はインターネットの世界にかなり大きなインパクトを与えました。なぜならこのAPIはアフィリエイトと結びつけられており、これを使うことで誰もが簡単にAmazonの商品を自分のサイトから販売し、その収益の一部を得ることができたからです。

これは企業や個人の開発者が簡単に収益を上げる方法として非常に注目されて普及し、ブログの普及と相まってAmazonで商品を購入するためのリンクがそれこそいたるところに貼られるようになり、Amazonの収益を大きく押し上げる結果となりました。

APIを有効的に使って成功したもう1つの企業はTwitterです。Twitterは2006年からAPIをずっと公開していました。そしてTwitterはかなりシンプルなサービスだったので、APIを使うことでほとんどの操作を行うことができました。そのために、たとえば携帯（当時は今で言うガラケーが主流でした）で読み書きできるクライアントをはじめ、開発者がより使いやすさを追求したクライアントだったり、Twitterに投稿されたデータを使って分析を行うサービスや、botと呼ばれる機械的に生成したメッセージを投稿するシステムなど、さまざまな周辺サービスが開発されました。それによってTwitterはどんどんと情報が集まる場になっていき、巨大なエコシステムができあがったのです。

また最大140文字という短い口語に近い大量の集合体は学問の世界でも注目され、言語処理学会でTwitterを使った研究のセッションが開かれたりもしています。こういったこともAPIを経由して手軽にデータが取得できたことで可能になったといえます。

AmazonもTwitterもどちらのケースも、いわば自分たちが資金を投じて作ったシステム、集めたデータを無料で公開しているようなものですから、近視眼的に見れば損をしているようにも見えます。しかし新しいシステム、サービスを公開する力を持った開発者にAPIを公開することで、彼らがサービスに付加価値を与えてくれ、コアとなる自分たちのサービスがより発展する力をもらうことができているわけです。

1.1.1　APIでの利用を前提としたサービスの登場

さらに近年ではAPIでの利用を前提としたサービスも数多く登場しています。こうしたサービスは多くの場合機能が非常にシンプルで、単独の機能に特化しています。たとえばTwilio（https://www.twilio.com/）は電話の自動応答やSMSの送信などの機能を簡単に実装するためのサービスを提供しており、Web APIを使って操作できるようになっています。TwilioはIaaS（Infrastructure as a Service）と呼ばれるサービスですが、これ以外にも、モバイルアプリケーションに必要なプッシュ通知の機能やデータの保存などに特化したBaaS（Backend as a Service）、データベースなどのストレージの機能のみを提供するDaaS（Data Storage as a Service）など、これまでだとサービスに組み込むために独自に用意する必要のあったさまざまな機能が、Web APIを通じて利用可能な単体のサービスとして提供されています。こうしたサービスはもちろんブラウザを使ってアクセス可能なダッシュボードも存在しているものの、基本的には利用者となるサービスがネットワーク越しにAPIにアクセスすることでサービスを享受できるようになっています。こうしたサービスは自前で運用するよりもコストだけを見ると割高に見えますが、自前で運用した場合に発生する人件費や開発にかかる時間、そもそも運用する能力を持つだけの人材を探すコストを考えると割安であり、急速に利用されるようになってきています。そしてWeb APIがその一翼を担っているというわけです。

さらにユーザーが直接利用するサービスであっても、他のサービスとの連携を前提とした単機能を掘り下げるようなサービスもその数を増やしています。たとえばPocket（http://getpocket.com/）はかつてはRead It Laterと呼ばれていたサービスで、その名のとおり「あとで読む」ことを前提としてURIをためておくブックマーク的サービスです。スマートフォンのアプリでは、ウェブページを表示するさまざまなアプリがPocketのAPIに対応しており、Pocketに今見ているウェブページを保存できる機能を実装しています（図1-1）。

図1-1　さまざまなアプリがPocketに対応している

画面に並んだアイコンを見ると、それぞれのアプリがPocket以外にもEvernoteやTwitter、Facebookなどさまざまなサービスと連携していることがわかります。これもWeb APIのなせる技です。

たとえばFeedlyのようなRSSリーダーの場合、URIをあとでもう一度見るために保存しておく機能を自前で用意してもよいわけですが、ユーザー視点で考えるとさまざまなアプリケーションにURI情報を記録してしまうと「あのURIどこだっけ」といった場合に結局いろいろなアプリを探さなければならず面倒です。したがって記録したURIがすべてPocketで一元管理できたほうが何かと都合がよいはずです。そして一元管理の利便性に気づいたたユーザーはPocketに対応したアプリを使いたいと思うでしょうし、RSSリーダーからしても機能を自前で用意する必要がなくなるので開発工数は減ります。

同様にすでにサービスにある機能を追加したいと思ったとき、デファクトとなったサービスやよく使われているサービスがすでに存在して、しかもそれがAPIを公開している場合には、そこにつなぎこんだほうが有利です。なぜならそのつなぎ先のサービスをすでに使っているユーザーにとっては別サービスに移行する必要がないので、利用を開始するコストが非常に下がるからです。たとえば開発者向けのプロジェクト管理のサービスであるPivotalTracker（`http://www.pivotaltracker.com/`）はGitHubなどのリポジトリ、カスタマーサポートシステムのZendeskなどさまざまなサービスとつなぎこむ機能を標準で提供していますし、GitHubもService Hookという100以上のサービスとの連携機能を用意しています。このようにAPIを用意することでさまざまなサービスとの共存共栄をはかることができるようになるのです。

こうした傾向は近年非常によく見られるようになってきています。すべてを自前で用意するのではなく、こうしたエコシステムに参加することで、そのサービス自身もユーザーにより受け入れられやすくなるのです。

1.1.2　モバイルアプリケーションとAPI

スマートフォン用のアプリケーションもWeb APIの重要性の一因となっています。スマートフォンのアプリケーションがサーバと通信をする必要がある場合、Web APIが利用されるケースが最も一般的です。この場合APIは自分たちで公開するクライアントとサーバをつなぐためのもので一般には公開されないものも多いのですが、HTTPを使ってインターネット経由でアクセス可能なAPIを作るという意味では、一般公開されるWeb APIとなんら違いはありません。

スマートフォンはどんどん普及しており、Googleの「Our Mobile Planet」[†1]によれば、海外でもアメリカ、イギリスなど欧米各国、台湾、韓国、シンガポールなど普及率が50%を超える国もたくさんあります。比較的普及が遅れている日本でも、2013年6月時点の「IDC Japanの調査」[†2]によれば49.8%という調査結果が出ており、調査によって数値に違いはあるものの、普及率は確実に伸びてきています。

そしてモバイルアプリケーションを構築するためにWeb APIを用意する、という機会もまたそれに伴って増加しているのです。

[†1]　`http://www.thinkwithgoogle.com/mobileplanet/ja/`
[†2]　`http://www.idcjapan.co.jp/Press/Current/20131003Apr.html`

1.1.3 APIエコノミー

APIの重要性が増すに従って、APIそのものの構築や管理をビジネスとして行うサービスも増えてきています。たとえば2013年にIntelに買収されて話題となったMashery (http://www.mashery.com/) やApigee (http://apigee.com/)、3scale (http://www.3scale.net/)、ApiAxle (http://apiaxle.com/) などがあげられます。こうしたサービスは外部に公開するAPIのセッション管理やアクセスの制御や分析、ユーザー向けのダッシュボードやドキュメントの公開などさまざまなことの面倒を見てくれます。こうしたビジネスが成り立つようになったことも、Web APIが普及し、その重要度がより増加したことを意味しているといえるでしょう。

Web APIを公開することで外部サービスとの連携を容易にして新たな価値が生まれ、サービスやビジネスが発展していくことは「APIエコノミー」と呼ばれ、近年非常に注目されています。APIエコノミーの急速な広がりに伴い、APIそのものに注目したサービスも登場しているというわけです。

Y Combinatorのパートナー Garry Tan が2013年11月に公開したブログ記事「The API-ization of everything」[†3]では、Fax送信、請求書の発送、お金の支払い、電話の発着信など、これまでは手作業で行っていたさまざまなものがAPIを使って機械的に行えるようになってきたことに言及しています。

ただ日本ではまだAPIを公開するという潮流は本格化はしているとはいえません。昔からAPIを公開しているサービスはいくつかありますが、サービスを公開したらAPIも当然公開するよね、というふうには実感としてなっていません。しかし世界的な流れとしてAPIをもっと公開していこうという流れの中、今後日本も確実にその方向に向かっていくことでしょう。

1.2 さまざまなAPIのパターン

さてWeb APIの重要度がますます上がる中、開発者がWeb APIを設計しなければならない機会は当然ながら非常に増えてきています。たとえば以下のような状況があげられます。

- 公開しているウェブサービスのデータや機能のAPI公開
- 他のページに貼り付けるウィジェットの公開
- モダンなウェブアプリケーションの構築
- スマートフォンアプリケーションの開発
- ソーシャルゲームの開発
- 社内システムの連携

1.2.1 公開しているウェブサービスのデータや機能のAPI公開

これは最も古くからあるWeb APIの公開動機の1つです。もしもあなたが何らかのサービスにかかわっているのであれば、そのサービスでWeb APIを出すことに決めた際にはその設計を行う必要があります。

[†3] http://blog.garrytan.com/the-api-ization-of-everything

AmazonやTwitterがAPIを使って外部に情報を公開し始めたサービスとして世の中にインパクトを与え、現在のAPI公開の最初の礎を築いたのはすでに述べたとおりです。日本でも楽天やホットペッパーなどのリクルートのAPIが古くから有名です。その他にもYahoo!やGoogleの検索API、天気や地図情報や地名から緯度経度を計算（あるいはその逆）するジオコーディングなど、さまざまなサービスが自分たちの提供する機能やデータをAPIとして利用可能にしています。さまざまなAPIを集めその情報を公開しているAPIディレクトリサービスであるProgrammableWeb（http://www.programmableweb.com/）では、2014年9月現在1万1千以上のAPIが登録されています。ProgrammableWebはAPIをカテゴリ分けしていますが、それを見るとほんとうにさまざまな機能がAPIとして公開されていることがわかります（表1-1）。

表1-1　ProgrammableWebのカテゴリの一部

カテゴリ			
Advertising	Answers	Auctions	Bookmarks
Calendar	Chat	Database	Dating
Directory	Education	Email	Events
Fax	File Sharing	Financial	Food
Games	Goal Setting	Job Search	Mapping
Medical	Messaging	Music	News
Payment	Photos	Real Estate	Retail
Search	Shipping	Shopping	Social
Sports	Storage	Tagging	Telephony
Transportation	Travel	Video	

こうしたAPIを公開する場合は、見ず知らずの第三者が利用することが前提となりますから、きちんとドキュメントを公開することが必須ですし、誰でもがわかりやすいように使いやすいAPI設計を心がける必要があります。ユーザー登録やユーザーごとのアクセス制限なども必要になる場合があります。また仕様変更などを行う際には、変更前の仕様で利用を続けてしまう利用者のことも考慮した戦略が必要になります。さらにiOSやAndroidなどモバイルクライアント向けのSDKの公開も検討する必要があるかもしれません。

1.2.2　他のページに貼り付けるウィジェットの公開

今ではさまざまなページがFacebookの「いいね」を直接そのページからできる機能をページ上に導入しています。これはFacebookが提供するJavaScriptをページ上に貼り付けることで簡単に実現できます。Amazonや楽天などのECサイトは自社の販売する製品を簡単に誰もが自分のサイト上で公開できるようにウィジェットを用意しています（図1-2）。

1.2 さまざまなAPIのパターン | **9**

図1-2 FacebookやAmazonのウィジェット

　こうした他のページに貼り付ける目的で提供されるJavaScriptファイルはサードパーティJavaScriptなどと呼ばれます。こうしたサードパーティJavaScriptはバックエンドにあるAPIにアクセスして情報の送受信を行います。こうしたケースでは一般に公開されているのと同じAPIを利用するケースもありますが、ウィジェット専用のものを用意する場合もあります。また第三者がウィジェットを作ることができるようにAPIを公開する、といったケースもあるでしょう。

　あなたがSNSやECサイトその他にかかわっていて、他のページに自分のサービスの情報や機能を貼り付ける仕組みを提供したいと考えたときは、そのバックエンドとなるAPIを設計する必要があります。

　この場合はブラウザを使って他のページからAPIへのアクセスが行われるため、いわゆるクロスドメインでのアクセスのサポートなどを行う必要があります。

　またJavaScriptを使ってブラウザからアクセスされるAPIなので、クライアント側のコードは誰でも簡単に読むことができてしまうため、なりすましや不正なアクセスが容易です。これはそれ以外のAPIがなりすましや不正なアクセスができないという意味ではありませんが、ブラウザを開いてソースを読むだけでよいというのはカジュアルに可能であり、簡単に悪さができるほど、それを試そうとする人の数は増えます。

1.2.3　モダンなウェブアプリケーションの構築

　かつてはウェブアプリケーションの情報の切り替えはページ遷移を伴って行われていました。しかし昨今のウェブサービス、ウェブアプリケーションでは、ページを読み込むのとは別のタイミングで情報を取得し、ページ遷移をせずにさまざまな機能を提供することが、もはやあたり前となっています。これによりやりとりするデータのサイズを小さくしたり、データのやりとりのタイミングを調整することで、よりよいユーザー体験を提供することが可能だからです。また最近ではページ遷移をまったく行わず1ページでサイトを構築するケースも増えており、その構築方法について触れた書籍が出るほどになっています。こうしたスタイルのサイトを構築しようとした場合には、必然的にAPIを設計する必要が出てきます。

　こうしたサービスを構築する一般的な方法はAJAXと呼ばれるJavaScriptからウェブサーバにアクセスしてリソースを取得するというものですが、そのリソースを取得するためにWeb APIが

使われます。こちらもブラウザからアクセスされることが前提の API ですが、基本的には自分のサイトからのアクセスを前提としている点が異なっており、次に紹介するモバイルアプリケーションのバックエンドとも類似した性格を持っています。ただし JavaScript を使うことになるので、ソースコードを見れば何をしているかがすぐにわかってしまうという点においては、ウィジェット向けの API と似た性格を持っています。

1.2.4　スマートフォンアプリケーションの開発

すでに述べたとおり、スマートフォンの普及率はどんどんと伸びており、スマートフォン向けのアプリケーションの需要も高まっています。そしてスマートフォン向けのアプリケーションを開発しようとしたとき、サーバとクライアントのつなぎこみに Web API を開発する必要が出てくるケースがよくあります。

この場合はクライアントはスマートフォンのアプリケーションであり、その中身を覗くのは（さほど難しいことではありませんが）ブラウザ上で利用する API ほどにはカジュアルではないため、不正なアクセスを行うのはやや面倒にはなります。また一般に公開する API でもない場合は、比較的設計をしっかりしなくてもよいように思うかもしれませんが、サーバとクライアント間のやりとりはネットワークをスニッフィングすればすぐにわかってしまいますから、きちんと不正なアクセスへの対策は行っておく必要があります。またリソースが基本サーバから配信され、サーバ側でクライアントのコードの管理も簡単にできるブラウザのケースと異なり、モバイルアプリケーションでは一度インストールされたらアップデートされるまで古いコードが動作を続けてしまうので、API のアップデートなどを戦略的に行う必要があります。

1.2.5　ソーシャルゲームの開発

ソーシャルゲームは一人でプレイするのではなく、他のプレイヤーと何らかのかかわり（敵対、協力、その他いろいろなパターンがあります）を持ちながら課題をクリアしていくタイプのゲームで、他のプレイヤーとかかわるという性格上サーバにデータを保存する必要があり、結果サーバとの通信が必ず発生します。そして MMORPG（Massively Multiplayer Online Role-Playing Game）などのケースとは異なりリアルタイム性がそこまで要求されないため、手軽な Web API がよく利用されます。したがってソーシャルゲームを開発することになった場合にも、API の設計が必要になってきます。

ソーシャルゲームはゲームであるがゆえに、チート、すなわちズルをして勝負に勝とうという意図を持った不正なアクセスが多くなります。さまざまなゲームのチート方法を集めたサイトさえあるくらいです。またソーシャルゲームのアイテムが実際のお金で売り買いされるケースも多いため、たとえばゲーム内のアイテムを無限に増やすチートテクニックを編み出して大金を稼ぐといった事件も発生しています。したがってこうしたチートが起こらないように API のセキュリティを強化することが非常に重要になります。

1.2.6 社内システムの連携

ここまではインターネットを介して外部に公開するためのAPIでしたが、それ以外にも考えられる用途として、社内システムの連携が考えられます。

今では社内の業務がシステム化されているケースも少なくありませんが、こうしたシステムは社内のニーズや要件に応じてつど作られたり改修されることも多く、さまざまな時期に構築されたシステム、さまざまな部署が構築したシステムが乱立してしまっているケースもよくあります。そうした際に、各システムが複雑に連携していたり、お互いのデータベースを直接参照していたりすると、1箇所の変更がドミノ倒しのように他のシステムの不具合を引き起こす危険性も増えてきてしまいます。

そういった場合に、各システムの連携をWeb APIを利用して疎なものにしておくと、1箇所の変更が他の場所に与える影響を最小限に抑えることができます。またWeb APIはよく知られていて、扱いに慣れている人も多いので、連携の作業も容易です。

さてここまでいくつかの例をあげてきましたが、ほかにもこれからおそらくさまざまな場面でWeb APIが活用されるようになるに従って、APIを設計しなくてはならない機会はさらに増えていくことでしょう。

1.3 何をAPIで公開すべきか

それではあなたがすでにサービスを公開していたとします。もし、まだAPIは公開していないのであれば、すでに述べたように、すぐにAPIを公開することを検討すべきです。しかし何をAPIで公開すべきでしょうか。特に一般に広く公開するAPIでは、何をAPIで公開すれば、自らの利益に貢献させることができるでしょうか。

その答えを最も簡潔に言えば、そのサービスができることをすべてAPI経由で行えるようにすることです。たとえばECサイトであれば商品の検索や購入、おすすめ情報の取得、不動産情報サイトであれば物件検索や絞り込み、間取り情報の取得、写真共有サイトであれば写真の投稿やタグ付けなどです。

もう少し限定して言うと、そのサービスのコアの価値のある部分をすべて利用可能にするべきです。コアのサービスというのはたとえばECサイトなら商品の検索や購入、家計簿サービスなら家計簿の記入やこれまでの履歴の取得といった、そのサービスが価値を生み出している部分です。逆にコアではない部分というのは、たとえば家計簿サービスに通貨の変換機能がついていて、そのためのデータはどこか別の会社から購入していたとします。その場合、家計簿のデータを取得する際に通貨単位を指定すると変換をしてくれるというのはありですが、通貨単位の変換そのものをAPIで提供するのはあまり意味がありません。それはそのサービス独自のものではありませんし、よほどボランティア精神にあふれているなら話は別ですが、通常は購入したものをただそのまま公開しても価値を生み出さないからです。

1.3.1　APIを公開するリスクはあるのか

　ここでもしかしたら、せっかく集めたデータを外部に公開したりしたら、他に盗まれるのではないか、あるいは自分たちのものになるはずの利益が他のところに行ってしまうのではないか、という心配をするかもしれません。しかしおそらくその心配は杞憂です。

　まず第一に、もしあなたのサービスがまだ人気が出ていない、ユーザーをまだそれほど集められていないサービスであれば、サービスの情報を盗もうという人はあまりいないでしょうし、むしろ情報を有効活用してくれる人が登場してサービスに付加価値をつけてくれる可能性のほうが高いでしょう。前述のようにどこからか購入したデータをそのままAPIで公開するようなことをすれば、普通なら購入しなければならない情報をただで取得しようとする人たちが登場する可能性がありますしあまり意味がありませんが、自分たちが集め、管理している情報や機能であれば心配はありません。

　またあなたのサービスがすでにユーザーを集められており、サービスの価値が広まっているのであれば、APIを公開すれば多くの人が注目してくれるでしょう。その場合、データが盗まれないかという心配が出てくるかもしれませんが、これも実際には運用方法によります。APIを公開するということは、プログラム的なアクセスを無限に受け付けるということではありません。6章で述べていますが、多くのAPIはレートリミット、つまりユーザーごとのアクセス数の制限を設けており、その制限を超えて大量のアクセスを行う場合には提携関係を結んで利用料を払うようになっていたり、そもそもある一定以上はアクセスができない仕組みになっていたりします。たとえばGoogleは検索や翻訳機能などサービスの多くをAPIで公開していますが、Googleの検索機能を使ってGoogleと同じ規模の検索エンジンを作るのは簡単ではありません。Yahoo! JAPANはGoogleの検索エンジンを使っていますが、これは契約を結んだ上でやっていることで、Googleにとっては収入源になっています。またあなたのサービスを利用している人は、結局のところあなたのサービスに依存しているわけですから、いわばあなたのサービスの手のひらの上にいるわけです。GoogleはたとえばGoogle MapなどのAPIを広く無料で公開して大量のユーザーを集めてから、有償化を行っています。これは利用者にとって嬉しい戦略ではないので議論の余地がありますが、少なくともAPI公開をしたことで利用者を囲い込んだ例であるとはいえます。

　そもそもデータを盗もうとしている人はAPIを公開しようがしまいが、情報を盗み取ろうとしてきます。ウェブスクレイピングというHTMLのページに機械的にアクセスし、そこから情報を抽出する手法があります。これはウェブ関連のエンジニアであれば嗜みとしてやったことがある方も多いと思いますが、APIが公開されていない情報がどうしても欲しいと思う開発者がスクレイピングで情報を集めようとするのはごく一般的であり、APIが存在していないことは障害にはなるものの、それによって情報の取得を完全にブロックできるかというとそんなことはありません。またimport.io (http://import.io/) や kimono (https://www.kimonolabs.com/) のようなウェブページをAPIに変換するサービスも登場しており、自分たちできちんとAPIを公開しないと逆に情報の取得をコントロールできなくなる事態にもなりかねません。

1.3.2 APIを公開することで得られるもの

　一方でAPIを公開することで、さまざまな付加価値を他の企業や個人が提供してくれるようになり、あなたのサービスの価値や情報の質が上る可能性も十分にあります。サービスを運営していると、いろいろと新しい機能やサービスのアイデアが出てくるわけですが、それらを全部実装できるわけはありません。しかしAPIを公開すれば、あなたが思いついてはいたけれど優先順位を下げていた機能や、まったく思いつきもしなかった新しい発想の機能を、他の誰かがAPIを利用して作ってみてくれるかもしれません。たとえば家計簿のサービスをしているとしていたら、APIを公開することでECサイト（たとえばAmazonや楽天など）とつなぎこんで自動で家計簿をつけてくれるサービスを作る人が出てくるかもしれません。また毎月の収支から何らかのアドバイスをしてくれるサービスが現れるかもしれません。こうしたサービスは家計簿のサービスの提供者としては優先順位を上げて対応すべき機能ではないかもしれませんが、便利に思う人もおそらく世の中には存在しており、結果そういった人たちに対するサービスの価値を上げてくれるはずです。そしてもしそうしたサービスが本当にあなたのサービスに大きな価値を与えるのであれば、同等の機能を自ら提供することもできます。たとえばTwitterはTwitterで写真を公開するTwitpicや公開されているTweetをまとめてカスタムタイムラインを作るTogetterなどの登場のあと、同様な機能を本家の機能として公開しています。

　逆にサービスの価値を著しく下げたり、評判を落としたりするサービスが登場した場合は、APIの提供を止めることも不可能ではありません。もちろんただ気に食わないからという理由でむやみにAPI提供を止めたり、差別をするようなことがあってはそのサービス事態の評判が下がりますしやるべきではありませんが、たとえばECサイトのレビューにスパムメッセージを大量に書き込むなど明らかに不利益になる場合はやはり対応をすべきです。そういったことをきちんと行えるようにするために、API公開時には利用規約をきちんと公開し、そこで問題となる行動をとった場合の対処は明記すべきでしょう。

　「今、起こりつつあるAPIエコノミーとか何か？」[†4]という記事によれば、ProgrammableWebのファウンダーのJohn MusserはAPIの公開はさまざまなサービスが相互に連携しつつ形成するサービスのエコシステムの中で"接着剤"の働きをすると述べたといいます。そして同ページで紹介されているApigeeの戦略担当副社長であるSam Ramjiのスライドによれば、20世紀に現実世界のビジネスが直接販売から小売を通じた間接販売に移行したのと同様、ウェブの世界も個々のサービスが自らのウェブサイトで直接サービスを行う"直接販売"から、APIを提供し、それを複数組み合わせたアプリケーションがユーザーにサービスを行う"間接販売"モデルになったと言っています。そうした世の中でサービスを活性化させていくにはAPIの公開が不可欠です。サービスの価値を直営店（自分のサービス）で提供するだけでなく、小売店（他のアプリケーション）で利用できるようにしなければ、自社のサービスを拡販していくことは難しい世の中になってきているというわけです。

[†4] http://jp.techcrunch.com/2013/04/29/20130428facebook-and-the-sudden-wake-up-about-the-api-economy/

1.4　Web APIを美しく設計する重要性

　ここまでWeb APIの必要性について述べてきましたが、本書はWeb APIの必要性についての書籍ではなく、美しいWeb APIを設計する方法について考えることが主題です。美しいAPI設計の"美しい"とは、"美しいコード"という場合と同じく、よく考えられている、わかりやすく整理されている、無駄がないなどの完成度の高さを表す概念です。しかしなぜ、APIは美しく設計しなければならないのでしょうか。これは簡単に言えば、なぜコードを美しく書かなければならないか、というのとほぼ同じ問であり、コードを書く開発者であれば皆それなりの答えを持っているものだと思いますが、ここでもう少し掘り下げてみておくことにしましょう。

　以下にWeb APIを美しく設計したほうがよい理由をいくつか列挙しました。

- 設計の美しいWeb APIは使いやすい
- 設計の美しいWeb APIは変更しやすい
- 設計の美しいWeb APIは頑強である
- 設計の美しいWeb APIは恥ずかしくない

　ひとつひとつ簡単に見ていくことにしましょう。

1.4.1　設計の美しいWeb APIは使いやすい

　まず重要なポイントとして、APIを作る場合にはそのAPIを利用するのは自分ではないケースが多くなります。広く公開されるAPIは当然ですが、たとえばモバイルアプリケーションのAPIでも、クライアントとサーバサイドで開発者が異なることはよくあります。そうしたときには、設計如何によってその使いやすさは大きく異なってくるはずで、それは開発期間や開発時の開発者のうけるストレスに大きく影響が出てきます。

　APIを設計するからには、それをできるかぎり多くの人に簡単に使ってほしいはずですから、使いづらいAPIを公開してしまっては、そもそもAPIを公開する意味が薄れてしまいます。

1.4.2　設計の美しいWeb APIは変更しやすい

　ウェブサービスやシステムというのはどんどんと進化していくものです。つまり公開した当時とまったく同じ状態のまま2年も3年も運用が続けられるケースはあまり多くはありません。そしてサービスが変化していけば、そのインターフェイスであるAPIも変化を余儀なくされます。

　しかしAPIは自分たちとは関係ない第三者が使っている場合も多く、その場合いきなりAPIの仕様が変わってしまうと、そうした人たちの作ったシステムやサービスがいきなり動かなくなってしまう可能性があります。これはAPIの提供者としては避けたい事態です。

　またモバイルアプリケーションの場合、アプリケーションのアップデートのタイミングはユーザー次第であり、たとえクライアントアプリケーションをバージョンアップしたところで、古いバージョンを使い続けてしまうユーザーは存在し続けてしまいます。APIの仕様を急に変化させて

しまうと、そうした古いバージョンのアプリケーションは突然動かなくなってしまうでしょう。

　APIを美しく設計することの意味の中には、こうしたAPIの変化をいかに利用者に影響なく行うか、ということも含まれます。

1.4.3　設計の美しいWeb APIは頑強である

　通常のウェブサイトと同様に、Web APIもインターネットを通じてサービスを提供するものである場合が多く、誰でもアクセスが可能になってしまうため、セキュリティの問題が必ずつきまといます。APIとはいえどもウェブサイトと同じHTTPを利用している以上、ほぼ同じセキュリティの問題を考慮する必要がありますが、それに加えてAPIならではの問題も存在します。こうした問題をきちんと考慮しているAPIが美しいAPIといえるでしょう。

1.4.4　設計の美しいWeb APIは恥ずかしくない

　Web APIは通常のウェブサイト、ウェブサービスと異なり、主に開発者が目にするものです。そして皆さんもよく御存知のとおり、開発者は他の開発者を、開発したコードやインターフェイスなどの開発した成果物で判断します。したがって、開発者の目線で美しくない、センスの疑われるAPIを公開してしまうと、そのサービスの開発者の技術レベルが疑われてしまいます。

　もちろんいくらAPIがダサくても、サービスの内容が魅力的だったり、使わざるをえない状況であれば開発者はそのAPIを使うかもしれません。しかしそうしたAPI設計の悪さは全然関係ないところに影響するでしょう。たとえば良い開発者は技術力のない企業、チームへは参加したいと思いませんから、APIの設計が悪いというだけで、良い開発者が集められない可能性すらあります。良いサービスを作る上で良い開発者は必須ですから（良い開発者さえいれば良いサービスができるという意味ではありません）、そうなってしまうといつまでたっても良いサービスが作れないことになってしまうかもしれません。

1.5　Web APIを美しくするには

　読者の皆さんがAPIを設計、構築するにあたっては、まず何をAPIとして公開するかを決め、アクセス先となるエンドポイントを決め、やりとりの方法や適切なレスポンスデータの形式を考え、セキュリティやアクセス制限などについて考えていく必要があります。本書では2章から、そうしたひとつひとつのステップに対して、実際に良いAPI設計を行う上で必要な事柄をひとつひとつ紹介していくことになります。

　ここで本書中での思想の根幹をなす重要な原則について述べておきます。それは以下の2点です。

- 仕様が決まっているものに関しては仕様に従う
- 仕様が存在していないものに関してはデファクトスタンダードに従う

これだけを見ると、要は人の真似をすればよいということか、と思うかもしれません。それはある意味正しいとも言えますが、それだけではありません。インターネットではさまざまな仕様が決められ、利用されてきていますが、それらは単に誰かが勝手に決めたものではなく、たくさんの人にレビューされ、いろいろな視点からの検討を経て決まっています。したがってそうした仕様に沿うことは非常に理にかなっています。

デファクトスタンダードとなっているルールに関しても同様です。すでに述べたようにAPIの設計は開発者の技術レベルを測る対象となってしまいますから、開発者はなるべくしっかりした設計を行おうとしますし、他のAPIの設計なども参考にします。そうした中で取捨選択が行われてスタンダードとなった仕様には、それなりの意味があります。

本書ではそうした従うべき仕様、デファクトスタンダードになぜ従うべきなのかを含めて解説しながら、美しさの本質に迫っていきます。

また標準仕様やスタンダードに従うことにはもう1つ大きな意味があります。それはそうしたすでにあるルールに従うことで、これまで他のAPIを利用してきた開発者が、あなたのAPIを見たときにも、その利用方法が容易に類推可能になったり、あるいは既存のクライアントライブラリの流用が可能になったりする点です。これは開発にかかる手間やストレスを軽減する上で非常に重要なことです。

もちろん既存の仕様やデファクトスタンダードがあまりにもセンスがなく、自分で新しい仕様を考えたほうがずっと良い物ができる、という確信があるのであればそれは否定しません。今ある仕様もそうした誰かによる発見により、進化してきており、あなたが新しい進化のきっかけを作るのは、非常に素晴らしいことです。たとえば今ではごくあたり前に使われているJSONはJavaScript界の重鎮であり、『JavaScript: The Good Parts』の著者であるDouglas Crockford氏が2001年ごろに「発見」[†5](氏はJSONはすでに存在していたもので、彼は発明したのはなく発見(discover)しただけであり、しかも最初の発見者だと主張するつもりはないと述べています)したもので、XMLが主流だったデータ交換の勢力図を塗り替えました。

しかしそうした新しい進化を起こすためにも、現在のスタンダードを知っておくことは非常に重要です。なぜならそうした基本を知らずに新しいことを考えるのは、たとえるなら音楽の基礎や理論、知識の十分でない中学2年生がいきなり「オレは新しい音楽を作る」と言って作曲を始めるようなもので、万が一成功する確率はゼロではないものの、ほとんどの場合はどうしようもないものになってしまうからです。基礎を知らずして応用を行うことはできないのです。

世の中には仕様として決められたもののまったく使われなかったり、一瞬標準になりかけたものの、よりよいものが現れて勢力を縮小したものがたくさんあります。たとえばXMLは(Web APIの世界だけを見れば)もはやあまり使われなくなってきていますし、SOAPのようなリモートプロシージャコールのための複雑な手順の仕様も、Web APIの世界では利用されませんでした。世の標準となる仕様にはそれなりの理由があります。ただ漫然と「ほかがそうだから」という理由でAPIを設計するのではなく、それがなぜそういう仕様になっているのかを理解することで、より美しいAPIを設計できるようになるでしょう。

[†5] https://www.youtube.com/watch?v=-C-JoyNuQJs

1.6　RESTとWeb API

さて次章から本題に入る前に、RESTと本書のスタンスについて述べておく必要があります。RESTという言葉は、よくさまざまな公開されているAPIにおいて「REST API」という言葉で使われており、一般には「HTTPでアクセスでき、データをXMLやJSONを返すAPI」というような認識をされています。そういった定義の中では、本書で解説しているのはREST APIの設計ですが、本書ではこれらのデザインについてRESTという言葉は極力使わずに解説を行っています。

なぜならもともとのRESTという言葉の定義しているものと、本書が良いパーツとして紹介するルールが、必ずしも一致しているとはかぎらないからです。

RESTは2000年にHTTP仕様の策定にかかわった一人であるRoy Fielding氏の論文[†6]で初めて使われた言葉で、詳しくはWikipedia（RESTの項目）[†7]などを参照していただきたいのですが、現在は以下のように2種類の意味に使われています。

1. FieldingのRESTアーキテクチャスタイルの原則に合わせたウェブサービスシステム。
2. RPCスタイルに合わせた簡易なXML（やJSON）＋HTTPインターフェイスを採用したシステム（SOAPは使わない）。

すでに述べたように本書では2番目の定義におけるRESTなAPIをいかに美しく設計するかに重きを置いています。その中で1番目のFieldingの定義やそのAPI的解釈を適用する場面は非常に多いのですが、時にFieldingの定義にそぐわない場面が出てきてしまいます。たとえばRESTにおけるURIはリソースを表すため、操作を表すような動詞がAPIの中に入ることをよしとしません。しかしたとえば検索の際に「search」という単語を出したほうがわかりやすい場合がありますし、バージョン番号についての議論（5章）においては、URI中にバージョン番号を埋め込む方法が出てきますが、これもRESTの精神には反しています。

実際にはRESTをより厳密に考えていくとより深い議論になりますので、本書では基本的にそこには触れません。ちなみにFielding氏は2008年に「REST APIs must be hypertext-driven」[†8]というブログ記事でウェブベースのAPIが何でもRESTと呼ばれることに不満を漏らしています。現在は当時に比べるとAPIの設計に関する知識と常識は格段に良くなってはいますが、それでもなお議論の余地はあります。本書は現実的なWeb APIを「美しく」設計することに主眼を置いているため、RESTという言葉を使ってしまうことで混乱を招くことは避けることにしています。

1.7　対象となる開発者の数とAPIの設計思想

2013年12月にNetflix社のAPI担当エンジニアリングディレクターのDaniel Jacobson氏は「The future of API design: The orchestration layer」[†9]という記事において、LSUDs（large set of unknown developers）とSSKDs（small set of known developers）という概念について言及しま

[†6]　http://www.ics.uci.edu/~fielding/pubs/dissertation/top.htm
[†7]　http://ja.wikipedia.org/wiki/REST
[†8]　http://roy.gbiv.com/untangled/2008/rest-apis-must-be-hypertext-driven
[†9]　http://thenextweb.com/dd/2013/12/17/future-api-design-orchestration-layer/

した。

　これはそれぞれ未知のたくさんの開発者、既知の小数の開発者という意味で、APIがターゲットとするのがどんな開発者なのか、ということを表すために使われています。LSUDsをターゲットとするAPIとは、FacebookやTwitterをはじめ、パブリックにAPIをドキュメントともに公開し、誰でもが登録して使えるようにしたものです。一方でSSKDsをターゲットとしたAPIとは、たとえば自社サービスのスマートフォンクライアント向けのAPIなど、APIを利用する開発者が限られている場合を指します。

　誰が使うかわからないLSUDs向けのAPIは、さまざまなユースケースを想定してなるべく広く汎用的にしなければならないでしょうし、一方でSSKDs向けのAPIは特定の開発者やその先に存在するエンドユーザーにとって便利で使いやすいものになるはずで、そこにある「美しさ」の定義は大きく違うはずです。

　本書でもこれから設計について述べていくにあたってこの考え方は非常に重要であり、しかもLSUDsとSSKDsという言葉は非常に便利なので、今後もこの言葉を使っていくことにします。

　またこのDaniel Jacobson氏の記事ではそのあと、SSKDs向けにより使いやすいAPIを提供するためにはRESTのようなリソースベースの考え方を適用したAPIでは不十分であり、それを解消するためにオーケストレーション層というものを導入するという考え方に言及していますが、これについてはまた後ほど触れることにします。

1.8　まとめ

- [Good] Web APIを公開していないなら、すぐにその公開を検討する
- [Good] Web APIを美しく設計する
- [Good] RESTという言葉にこだわりすぎない

2章
エンドポイントの設計と
リクエストの形式

本章からいよいよ具体的な API 設計のルールや方法について見ていくことにします。Web API を公開するにあたっては、まずは何を API として公開するのか、そしてどういった API として公開するのかを考えなければなりません。まずはそのための公開する機能の決定と公開するエンドポイントの決め方、およびエンドポイントの設計について考えてみることにします。

2.1　APIとして公開する機能を設計する

API を公開するにあたってはまず、API として何を公開するのかを決めなければなりません。そこでここではあなたがごく簡単な SNS サービスを作っていると仮定して、実際にどんな API を作るべきかを考えてみましょう。あなたが開発している SNS サービスは**表 2-1** のような機能があり、ウェブ、あるいはモバイル向けのクライアントアプリケーションを経由して操作することができます。あなたは公開する API を自分で開発を行うモバイルアプリケーションからのアクセスだけでなく、広く一般に公開してユーザーが利用できるものとしたいと考えています。

表2-1　SNSサービスの機能

機能
ユーザー登録、編集
友達の検索、追加、削除
友達の間でのメッセージのやりとり

では、この場合どういう API を用意すればよいでしょうか。

非常にシンプルに API を設計する方法として、サービスが利用するデータベースのテーブルを直接操作するようなものを作ることもできます。たとえばこの SNS サービスの場合は、ユーザー、友達のソーシャルグラフ情報、タイムラインの 3 つのテーブルが存在していると思われるので、それらをそれぞれ検索、編集できるようにすれば、サービスの操作は一応できてしまいます。

しかしそんな SQL 文をただ包んだだけの設計では決して使いやすい API にはなりません。なぜならそんな API では、データが内部的にどのように格納されているか、どういうリレーションを

持っているかなどを理解していないと使うことができませんし、そもそもそんな内部構造を公開してしまうことはセキュリティを考えても大変危険なことだからです。したがってAPIはもう少し高い次元での機能を表すものである必要があります。

ではどのように設計を行えばよいでしょうか。ポイントは、公開したAPIがどのように使われるのか、そのユースケースをきちんと考えることです。今回の設計ではモバイルアプリケーションのバックエンドとサードパーティ向けのオープンなAPIの両方を兼ねるものを作ろうとしています。サードパーティ向けのユースケースは、誰がどういったものを作ろうとするかは言ってみればわからないので、まずはモバイルアプリケーションのバックエンド向けのAPIを題材にユースケースを考えてみます。これなら目的がはっきりしているので、想像するのがずっと簡単です。

2.1.1 モバイルアプリケーション向けAPIに必要な機能

APIを設計するにあたり、クライアントアプリケーションの画面とその遷移をまずは考えます。今回は非常に簡単なSNSアプリケーションなので、図2-1のようなものを考えたとします。このアプリケーションでは、簡略化のために友達は片方が登録すると相手の承認なしに登録が行われるものとします。またタイムラインやソーシャルグラフ、個人情報をどこまで他人に見せるかといった設定も存在せず、メールアドレスやパスワードといったもの以外は基本的に他人もアクセス可能であるとします。

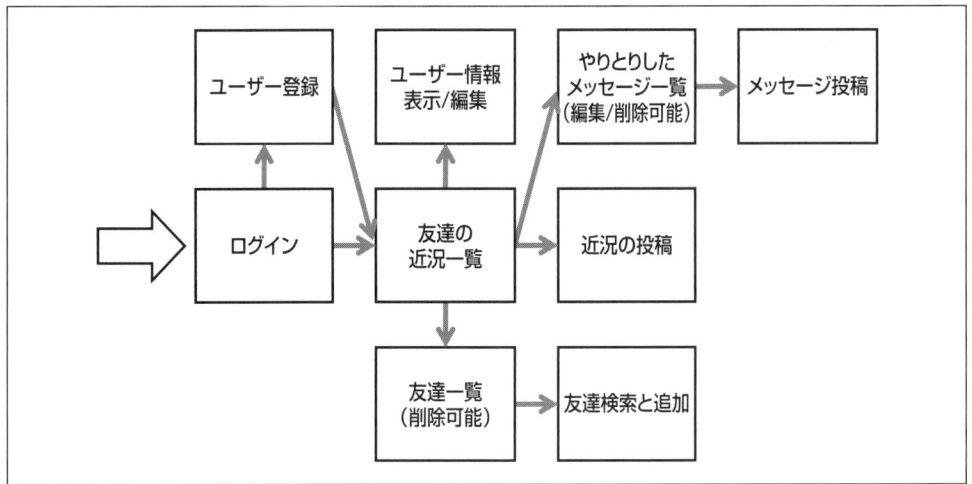

図2-1 簡単なSNSサービスのモバイルアプリケーションの画面とその遷移

この画面遷移を見ながら、どんな機能をAPIとして提供しなければならないかを考えてみます。すると以下のようなものが列挙できます。

- ユーザー登録
- ログイン

- 自分の情報の取得
- 自分の情報の更新
- ユーザー情報の取得
- ユーザーの検索
- 友達の追加
- 友達の削除
- 友達の一覧の取得
- 友達の検索
- メッセージの投稿
- 友達のメッセージの一覧の取得
- 特定の友達のメッセージの取得
- メッセージの編集
- メッセージの削除
- 友達の近況の一覧
- 特定のユーザーの近況の一覧
- 近況の投稿
- 近況の編集
- 近況の削除

　このリストと図2-1を見比べ、過不足がないかを考えてみてください。それぞれの動きをひとつひとつ追いながら、個々の機能が上記のAPIで事足りるかを見ていくとよいでしょう。

　これで機能がひと通り列挙できましたが、これをすべてひとつひとつ個別のAPIとして実装するのはあまり良い方法とはいえません。なぜならこれはまだだ機能を列挙しただけで、まだ整理がなされていないからです。たとえば友達の一覧と検索など、1つにまとめられるかもしれないものも別途書かれています。

2.2　APIエンドポイントの考え方

　APIで提供する機能を決めたら、エンドポイントを考えながらAPIを整理していきます。エンドポイントという言葉は文脈によっていろいろな使われ方をしますが、Web APIにおけるエンドポイントとは、APIにアクセスするためのURIのことを意味します。APIは通常さまざまな機能がセットになっているので、複数のエンドポイントを持つことになります。たとえばあるECサイトがあったとして、商品情報を取得する機能と、商品を購入する機能がAPIで提供されているとすれば、それらはそれぞれにエンドポイント、つまりAPIとしてアクセスするURIを持っていることになります。上記のToDoリストの例ではたとえばユーザー情報を取得するAPIを作ったとして、以下のようなURIを割り当てたとすると、これがエンドポイントになります。

```
https://api.example.com/v1/users/me
```

モバイルアプリケーションなどのAPIの利用者はこのエンドポイントにアクセスすることで、APIの機能を利用できるわけです。

2.2.1 エンドポイントの基本的な設計

まずAPIのエンドポイントはURIですから、通常のウェブサイト、ウェブサービスと同様に良いURIの設計とは何か、という点がまず重要になってきます。まずはそこから考えていくことにしましょう。

では良いURIの設計とは何でしょうか。その非常に重要な原則は以下のようなものです。

覚えやすく、どんな機能を持つURIなのかがひと目でわかる

APIはプログラムから機械的にアクセスするものなのだから、人間の目から見てわかりやすいURIである必要があるのか、と疑問に思う方もいるかもしれません。しかし結局のところ、そのプログラムを書き、どのAPIにアクセスするかを決めるのは我々開発者であり、我々開発者が理解しやすいエンドポイントを設計することで、そのAPIを利用する開発者がエンドポイントを間違ったり、利用方法を間違ったりする確率を下げることができます。そういう配慮はアクセスする側の開発者の生産性を向上させ、あなたのAPIの評価を上げる効果があるとともに、間違ったアクセスが大量に行われて、APIを配信するサーバに負荷がかかってしまったりする問題も避けることができるはずです。

さて覚えやすくわかりやすいURIというのは少し漠然とした言葉なので、もう少し具体的に考えていくことにしましょう。美しいURIを設計する方法についてはこれまでさまざまなところで語られており、ウェブ上で検索を行ってもさまざまな記事やブログがヒットします。その中からいくつか一般的に重要な事柄を抜き出してみました。

- 短く入力しやすいURI
- 人間が読んで理解できるURI
- 大文字小文字が混在していないURI
- 改造しやすい（HackableなURI
- サーバ側のアーキテクチャが反映されていないURI
- ルールが統一されたURI

ひとつひとつどういうことなのかを、APIでの考え方に当てはめながら見ていくことにしましょう。

2.2.1.1 短く入力しやすいURI

1つ目の「短く入力しやすいものにする」というのは読んで字のごとくで、短くて、入力しやすいということは、シンプルで覚えやすいことにつながります。長いURIは往々にして不要な情報

が入っていたり、意味が重複していたりします。たとえば以下のようなエンドポイントがあったとします。

    http://api.example.com/service/api/search

この URI は「api」や「search」という言葉が入っていることから、何らかの検索用の API であることはわかります。しかし「api」という言葉がホスト名とパスの両方に重複して含まれていて、さらに「service」というおそらく類似した概念を示す言葉も含まれています。これは以下のより短い URI と、含んでいる情報が基本的に変わりません。

    http://api.example.com/search

この URI を見ても、やはり何らかの検索用 API であることは間違いありません（もしこれが検索 API でなければ、それは別の大きな問題です）。同じことを表しているなら短くてシンプルなほうが、理解しやすく、覚えやすく、入力間違いも少ないはずです。

2.2.1.2 人間が読んで理解できる URI

続く人間が読んで理解できる URI にする、というのはたとえば上記の検索 API の URI のように、その URI を見れば、それ以外の情報がなくてもそれが何を目的としたものなのかがある程度わかることを意味します。

たとえば以下のような意味不明な URI があったとします。

    http://api.example.com/sv/u/

「api」と入っていますから API であることはわかりますが「sv」も「u」も意味がわかりません。おそらく何かを省略したもので、「u」は user か何かかもしれませんし、「sv」は service かもしれませんが、確信を持つまでにはいたりません。この URI を設計した人は短い URI を目指したのかもしれませんが、わかりづらくなってしまっています。

こうしたわかりにくい URI を生み出してしまわないためには、1 つ目はむやみに省略形を使わないことです。たとえば products を prod、week を wk などと略すなどがこれにあたるでしょう。英語を母国語としている人たちが普通に略す言葉だよ、というのもあるかと思いますが、そういったものであっても極力省略をしないことをおすすめします。なぜならあなたの API を使う開発者が英語が母国語ではないかもしれないからです。

なお同じ省略形に見えても、たとえば国名を表す「jp」や「jpn」などは少し扱いが違います。国コードは ISO 3166 という名前の国際規格として標準化されているからです。こうした標準化され「コード」として体系化されたものについては、むしろ他の表記を使わずにこちらを使ったほうがわかりやすいでしょう。こうしたコードは他にも言語を表す ISO 639、航空会社や空港を表すコード（たとえば日本航空は JL、羽田空港は HND です）などがあげられます。

理解しやすい URI にするための 2 つ目のポイントは、API でよく使われている英単語を利用す

るということです。「英単語」と書いたのは、API をわかりやすくするためには、世界的な共通言語である英語を使うのが最も適切だからです。たとえば EC サイトで何らかの製品情報を取得するための API を考えてみます。

```
http://api.example.com/products/12345
http://api.example.com/productos/12345
http://api.example.com/seihin/12345
```

　最初の URI は「products」と英語が入っていますが、2 番めはスペイン語、3 番めは日本語がローマ字で入っています。どれが一番わかりやすいかは説明するまでもないかもしれません。スペイン語のケースは英語と似ているだけに間違えそうですし、スペイン語を知らない多くの人にとっては、間違えて o を入れてしまったのかと感じます。間違えて「products」という URI を使ってアクセスしようとしてくる人もたくさんいそうです。日本語の場合はまったく綴りが違うため、そもそも日本語がわからない人はその意味を想像することはできないでしょうし、我々日本人でさえ、漢字を使って意味を表すのが一般的でローマ字では意味を理解するのに少し時間がかかってしまいます。

　また、たとえ英語を使っていても一般的に API でよく使われる語彙を使っているかどうかでわかりやすさは異なってくるでしょう。たとえば検索用の API でよく使われるのは「search」であって「find」ではありません。これはそれぞれの意味が「ある場所において探す（search）」と「あるものを探す（find）」というようにとる目的語が違うからですが、こういったことは特に筆者を含め英語ネイティブではない人間には難しいので、怪しい単語を使いがちです。なのでなるべくよく使われている単語を知り、それを使うことが重要です。またよく使われている単語は「この単語はこういう機能、情報を表すのだ」という共通認識があることが多いので、URI だけを見て意味を理解する上での大きな助けになるはずです。

　一般的に API で使われる単語を知るには、実際に他の API を見てみるのが一番です。ProgrammableWeb の API のディレクトリには数多くの API が登録され、ドキュメントを読むことができます。その中にきっとあなたの API と同じジャンルの API が見つかるでしょう。この際、1 つの API だけを見るのではなく、複数の API を見るべきです。なぜなら 1 つだけだと、その API が適切な言葉を使っているかどうかを判断できないからです。複数の API を見比べて、最もよく使われている、最もしっくりくる単語を選びましょう。

　理解しやすい URI にするための 3 つ目のポイントとして、スペルミスをしないこと、があげられます。これは特に非英語ネイティブの視点から注意しておきたいことだといえます。HTTP のリクエストヘッダである Referer がスペルミスをしてしまったために、いまだにいろいろなサイトや書籍でそのわけを説明する羽目になっているのはよく知られていますが、スペルミスをすると利用者から見ると、そのスペルミスが実際の API でのスペルミスなのか、それともドキュメントのスペルミスなのかが見ただけではわからず、開発時にいちいち確かめることになって面倒になってしまいます。Google で「inurl:carendar」で検索すると calendar のスペルミスがたくさん見つかりますが、日本人は R と L を間違えやすいのは有名な話です。単語はしっかりスペルチェックを

しましょう。

　特に複数形や過去形などは間違いやすいので注意が必要です。これはURIの内部での話ではありませんが、過去にAPIが返すエラーメッセージに「check outed」という言葉が書かれているケースを見たことがあります。これは正しくは「checked out」です。気持ちはわかりますけどoutは副詞なので、少なくとも現在の英語では過去形になりません。

　もう1つ有名な言葉として「regist」というものがあります。これは「登録する」という英単語だと勘違いされがちですが、こういう言葉は英語にはなく、正しくは「register」です。registerだと名詞っぽいのでregistが動詞かなということでこの誤用が一般化したらしいのですが、registerは「登録」「登録する」と名詞、動詞どちらとしても使えるものです。URIを設計する際にはこうした英語っぽいけど英語にない言葉や和製英語は避けたほうがよいでしょう。

　理解しやすいURIにしておくことは、利用者がそのAPIにアクセスするコードを書く際のトラブルを軽減してくれます。なぜならURIからAPIの意図が理解できれば、そのAPIにアクセスしているコードを読む際、APIのドキュメントを毎回参照する必要がなくなるからです。これは開発者の効率に大きく貢献してくれます。またわかりにくいURIにしたがために開発者がアクセスすべきURIを間違え、間違ったAPIアドレスにアクセスが継続的に行われるような事態も軽減させることができます。

2.2.1.3　大文字小文字が混在していないURI

　これは以下のようにURIの中にアルファベットの大文字と小文字を混在させず、基本はすべて小文字を使うということです。

```
http://api.example.com/Users/12345
http://example.com/API/getUserName
```

　大文字小文字の混在は、APIをわかりづらく、間違えやすくします。したがってどちらかに統一したほうがよく、その場合標準的に選択されているのは小文字です。

　ちなみに、ホスト名（`api.example.com`）の部分については、大文字小文字はもともと無視される仕様ですが、通常は小文字で表記されるのはご存知のとおりです。したがってそれに続くパスの部分も小文字で統一するのがわかりやすいというわけです。

　`getUserName`のような場合はこのようないわゆるキャメルケースにしたほうがわかりやすいのではないか、と思うかもしれません。しかしこれは、`get_user_name`や`get-user-name`のようにすればよいのではないかというとそうではなく、`getUserName`というような名前の付け方にそもそも問題があります。これについては後ほど述べます。

　なお、小文字に統一するということと、大文字小文字を無視するということは厳密には異なります。小文字大文字を無視する、すなわち大文字を混ぜたURIでアクセスした場合も小文字と同じように扱い、同じ処理を行って同じ結果を返すべきでしょうか。

```
http://api.example.com/USERS/12345
```

```
http://api.example.com/users/12345
```

　これについてはいろいろなやり方があります。どちらでも同じ結果を返す方法、大文字が混ざった場合は小文字だけの URI にリダイレクトする方法、そもそも大文字が混ざった場合は正しい URI として認識せずに単に Not Found のエラーを返す方法、URI は全部小文字でないと認識しないことをエラーメッセージで返す方法などです。

　通常のウェブページの場合は、どちらでも同じ結果を返した場合に、Google などの検索エンジンが複数ページが同じ結果を返しているとみなしてページランクを下げるために、ステータスコード 301 でリダイレクトするのが最もよいとされていますが、そもそも API は検索エンジンの検索性とは無関係であるため、それはあまり問題にならないでしょう。

　既存の API を参照してみましょう。すると、**表 2-2** のように単に NotFound の 404 エラーを返すケースが多くなっています。

表2-2　404エラーを返すケース

サービス	大文字を混ぜた場合の挙動
Foursquare	エラー（404）
GitHub	エラー（404）
Tumblr	エラー（404）

　そもそも HTTP において URI は「スキーマとホスト名を除いては大文字と小文字は区別される」であると仕様に書かれています（RFC 7230）。したがって、エンドポイントを小文字としている以上、大文字を入れ込んだ場合にエラーになるのは当然ですし、特に問題がないことだといえます。

2.2.1.4　改造しやすい（Hackable な）URI

　改造しやすい URI とは英語で言うと "Hackable"、つまりハックしやすい URI ということで、URI を修正して別の URI にするのが容易であることを意味します。たとえば何らかのアイテムを取得するための（なんのアイテムかは API の種類によって異なる）エンドポイントがあったとします。

```
http://api.example.com/v1/items/12346
```

　この URI を見て直感的にわかるのはおそらくこのアイテムの ID が 123456 であるという点です。そしておそらくこの番号を変えると、別のアイテムの情報にもアクセスができるであろうことも予想できます。

　もちろん URI の構造は API のドキュメントで明記されるべきです。しかしドキュメントに書いてあれば URI がわかりにくくてもよいというのは大きな間違いです。往々にして開発者はあまりドキュメントを熟読せず、どんどん開発を進めてしまうからです。API を使う側からすれば、開発

の際にいちいちドキュメントを首っ引きで見なければならない API を扱うのはストレスのたまるものです。

　ある URI から他の URI を想像することが可能であれば、あまりドキュメントを見なくても開発を進めることができ、しかもドキュメントを見なかったことによって引き起こされるバグなどの問題も起こりづらくなります。

　極端な例を考えてみましょう。何らかの理由でたとえばエンドポイントが表 2-3 のようになっていたとします。

表2-3　エンドポイント

ID の範囲	エンドポイント
1 〜 300000	`http://api.example.com/v1/items/alpha/:id`
400001 〜 500000	`http://api.example.com/v1/items/beta/:id`
500001 〜 700000	`http://api.example.com/v1/items/gamma/:id`
700001 〜	`http://api.example.com/v1/items/delta/:id`

　仕様を見ると、もしかしたらデータベースのテーブルを分割したせいでこのようなことが起こっているのかな、と想像もつきます。しかしこんな仕様では、クライアント側はいちいち ID を見ながら場合分けをしなければならず、しかも分割も不規則なため将来の予測を立てることができません。今は 700001 以上の ID はすべて同じ法則でアクセスできますが、この構造を見るかぎり ID が増加していったら、将来きっとまたエンドポイントの法則が変わるケースが出てきそうです。それをいちいちチェックしてクライアントを更新するのは大変ですし、iOS のクライアントアプリケーションのように開発が終わってから公開までに時間がかかるケースではそもそも素早い対応が不可能です。

　こうしたサーバ側の都合はサーバ内で処理をして、利用者にそれを意識させないのが美しい設計だといえるでしょう。

　なおエンドポイントの URI が「Hackable」にさせる必要がない、という意見もあります。ただしこれは上記のような「単にわかりにくいケース」を容認する、という意見ではまったくなく HATEOAS と呼ばれる REST を拡張する概念においては、すべてのエンドポイントは処理の流れの中でリンクとしてサーバから提供されるべきであり、クライアントは URI を Hack してアクセスをするべきではない、という考え方からきています[†1]。HATEOAS については本章の最後に触れます。

2.2.1.5　サーバ側のアーキテクチャが反映されていない URI

　サーバ側のアーキテクチャとは、たとえばどんなサーバソフトウェアを利用しているか、どんな言語を使って実装を行っているか、サーバサイドのディレクトリやシステム構成がどうなっているかということです。たとえば API にアクセスして情報を取得するにあたり、以下のようなエンド

---

†1　http://blog.ploeh.dk/2013/05/01/rest-lesson-learned-avoid-hackable-urls/

ポイントにアクセスする必要があったとしましょう。

```
http://api.example.com/cgi-bin/get_user.php?user=100
```

これを見るとこのAPIがおそらくPHPで書かれていてCGIとして動作しているんだろうなあということがわかってしまいます。こうした情報はAPIの利用者的にはまったく必要ありません。利用者にとってはAPIのサーバがPHPで書かれていようとCOBOLで書かれていようと、まったく関係がないからです。一方でこうした情報を喜ぶ人たちもいます。それはサーバの脆弱性を突いて悪事を働こうとする人たちです。たとえばCGI版のPHPの脆弱性はよく知られていて、2012年にはソースコードを表示したり、任意のコードを実行したりできてしまう脆弱性が発見されて話題になりました。上記のようなURIはアーキテクチャの特定を容易にしてしまい、攻撃を受ける可能性を上げてしまいます。

ウェブアプリケーションでは、URIがサーバ側のアーキテクチャやディレクトリ構造を反映する必要はまったくありません。Web APIにおいても、URIが反映すべきは機能やデータの構造と意味であり、サーバがどうやって動いているかではないのです。

2.2.1.6　ルールが統一されたURI

ルールとは利用する単語、URIの構造などを意味しています。Web APIを提供する場合、1つ、あるいは一種類のルールで表せるエンドポイントだけですむ場合というのは少なく、複数のエンドポイントを公開する場合がほとんどです。たとえば本章の冒頭であげたSNSの例でいえば、友達の情報の取得、メッセージの取得などがあります。しかしこれらのAPIがそれぞれぜんぜん異なるルールで構築されていたらどうなるでしょうか。

❖友達の情報の取得
```
http://api.example.com/friends?id=100
```

❖メッセージの投稿
```
http://api.example.com/friend/100/message
```

上記の例ではある友達の情報を取得するAPIには`friends`と複数形が使われていて、しかもIDはクエリパラメータで指定するようになっています。しかしメッセージに関しては`friend`や`message`と単数形で、しかもIDはURIのパスに入れる形になっています。これは明らかに統一感がなくてバラバラですが、こうなってしまっていると格好悪いだけでなく、クライアントを実装する場合に混乱を招きやすく、トラブルの温床になるであろうことは容易に想像がつきます。

以下のようにルールを統一しておいたほうがわかりやすいのは一目瞭然です。

❖友達の情報の取得
```
http://api.example.com/friends/100
```

❖メッセージの投稿
http://api.example.com/friends/100/messages

さてここまで見てきたのは、一般的な良い URI の設計のうち、API にも適用可能なものでした。そして API にはこれに加えて API のエンドポイントとしての美しい設計があります。しかしそれらについて触れる前に、HTTP のメソッドとエンドポイントの関係について触れておくことにしましょう。

2.3　HTTPメソッドとエンドポイント

さて API のエンドポイントと HTTP のメソッドは切っても切れない関係にあり、API へのアクセス方法として同時に考えなければならないものです。HTTP のメソッドとは、HTTP でのアクセス時に指定するもので、GET/POST などが有名です。ウェブアプリケーションを開発したことがあれば、フォームの method 属性に指定するものだと言えばわかりやすいでしょう。HTTP のメソッドは HTTP リクエストヘッダの先頭行の最初に以下のように付けられて、サーバに送信されます。

```
GET /v1/users/123 HTTP/1.1
Host: api.example.com
```

URI とメソッドの関係は、操作するものと操作方法の関係であるといえます。つまり URI が API（HTTP）において"操作する対象＝リソース"を表すものだとすれば、HTTP メソッドは"何をするか"を表すものだといえます。URI の R は"Resource"を意味しています。リソースは日本語でいえば資源であり、つまりは何らかのデータを表しています。ウェブページの場合は、ウェブページに記述された内容がリソースであり、API であればそのエンドポイントで取得できる情報がリソースです。そしてメソッドはそのリソースをどう操作するかを表すものです。たとえばリソースを取得したいのか、それとも修正したいのか、削除したいのか、そういったことを指定するのがメソッドなのです。

1つの URI のエンドポイントに異なるメソッドでアクセスすることで、情報を取得するだけでなく、情報を変更したり、削除したりとさまざまな操作を行うようにすることで、リソースとそれをどう扱うかをきちんと分離して扱うことができます。これは HTTP の本来の考え方に合致しており、Web API ではこの考え方に沿って設計を行うことが主流になっています。

ウェブアプリケーションを作る上でよく知られているのは、サーバ側の情報を取得するために利用する GET、サーバ側の情報を修正するために利用する POST です。ウェブページにおいて A 要素を利用する通常のリンクは GET を使ってアクセスするものとみなされます。そして Form を使った場合は POST と GET を選択することができます。

HTML 4.0 では Form において POST と GET しか使うことができないため、通常ウェブアプリケーションを作る際には GET と POST だけを利用する場合が多いのですが、HTTP の仕様ではもう少し多くのメソッドが定義されています。そして Web API では GET と POST 以外のメソッドも

利用するケースが多くなっています。表 2-4 にその一覧を示します。

表2-4　メソッドの例

メソッド名	説明
GET	リソースの取得
POST	リソースの新規登録
PUT	既存リソースの更新
DELETE	リソースの削除
PATCH	リソースの一部変更
HEAD	リソースのメタ情報の取得

2.3.1　GETメソッド

　GET メソッドはウェブへのアクセスで最も多く利用されているもので、「情報の取得」を表すメソッドです。ブラウザの A 要素を使ったリンクはすべて GET として扱われます。URI で指定されたリソース（＝情報）を取得するために用います。したがって、GET を使ったアクセスで、サーバ上のリソースが変更されることは基本的にありえません（もちろん既読／未読や最終アクセス日付など、GET によりリソースが参照されたこと自体を記録している場合などは例外です）。

　Google などの検索エンジンのクローラも GET メソッドを利用しますが、これも彼らが情報を取得するためにアクセスを行っているからです。よくある笑い話に、データの削除処理を Form ではなく通常の A 要素のリンクとしてページ上に並べており、サーバ側で GET メソッドでも削除処理が実行されるようにしてあったために、Google のクローラにデータをすべて削除された、というものがありますが、GET メソッドに対してサーバ側の情報を変更する処理を書くのは、ご法度なのです。

2.3.2　POSTメソッド

　POST メソッドは GET メソッドと対になって利用されることが多いため、GET メソッドが情報を取得するものであるのに対し、POST メソッドが情報を更新するものであると思われがちですが、実際は少し違います。

　POST メソッドは指定した URI に属する新しいリソースを送信する、つまり簡単に言えば新しい情報を登録するために利用するのが本来の目的です。情報の変更や削除のためのメソッドは別途用意されています。したがってユーザーを新規登録する、新しいブログやニュースの記事を投稿する、などの目的には POST が適切ですが、既存のユーザー情報を修正する場合や、登録済みのデータを削除する場合には本来は PUT や DELETE を使うべきであり、POST を使うべきではありません。

　しかし HTML 4.0 の Form では method 属性に指定できるのが GET と POST だけになっているため、ブラウザから Form を使って送信する場合には、削除や更新も含めてすべての処理を

POSTでやるのが一般に普及してしまいました。初期のHTML5のドラフトではFormでPUTやDELETEも使える仕様が盛り込まれましたが、結局その後仕様が最終的にまとまらず、議論[†2]の末に削除されてしまいました。

しかしWeb APIの場合はブラウザでFormを使ってアクセスすることはあまりありませんし、アクセスの意味をより明確にするほうがあとあと便利でもあるので、PUTやDELETEを利用したほうがわかりやすくなります。

2.3.3　PUTメソッド

PUTメソッドはPOSTと同じくサーバ側の情報を変更するためのメソッドですが、POSTとの違いはそのURIの指定の仕方にあります。POSTメソッドでは、送信したデータは指定したURIに"従属（subordinate）"したものになります。従属とは下位に属する、という意味です。たとえばファイルシステムでいえばディレクトリの中にファイルが入っている場合、ファイルがディレクトリに従属している、というような関係を表します。したがってディレクトリやカテゴリなどデータの集合を表すURIに対してPOSTを行うと、新しいデータがその配下に作られるというイメージです（図2-2）。

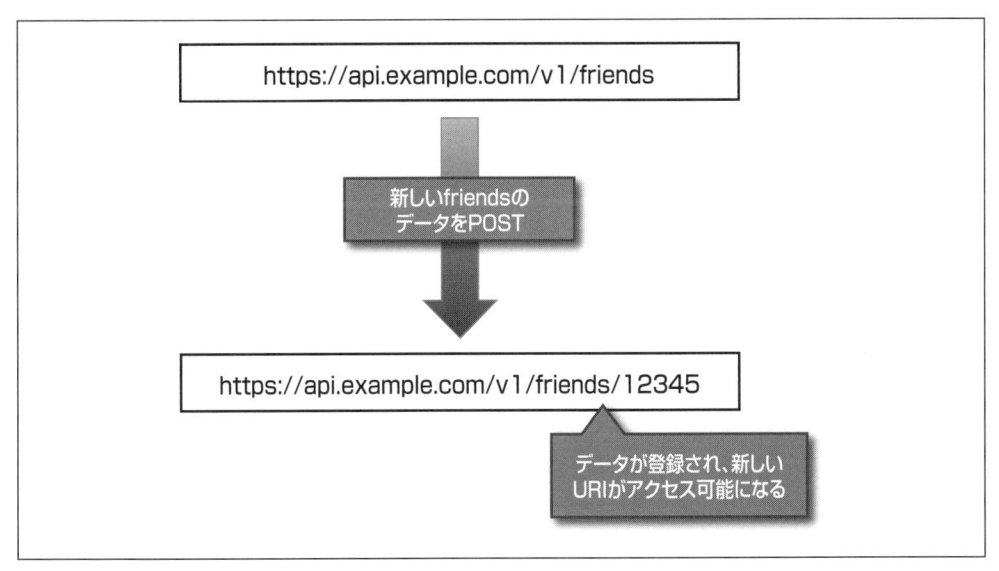

図2-2　POSTは指定したURIの配下にデータを登録する

一方PUTは更新したいリソースのURIそのものを指定し、その内容を書き換えます（図2-3）。

[†2]　http://www.w3.org/wiki/User:Cjones/ISSUE-195

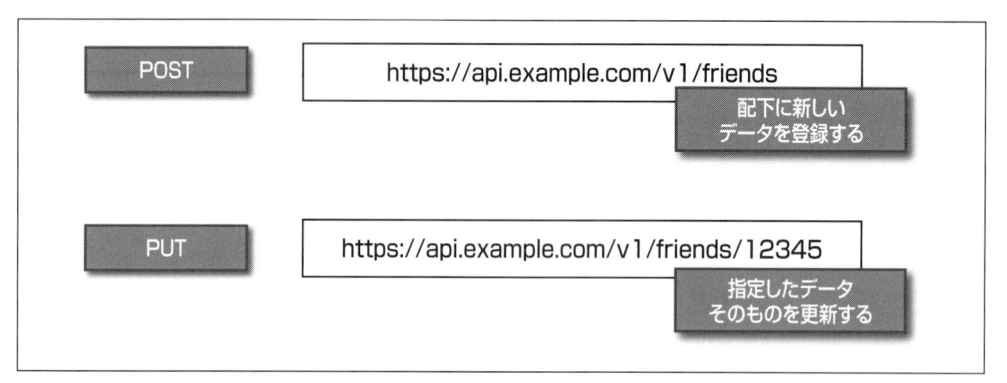

```
POST    https://api.example.com/v1/friends
                                    配下に新しい
                                    データを登録する

PUT     https://api.example.com/v1/friends/12345
                                    指定したデータ
                                    そのものを更新する
```

図2-3　POSTとPUTの違い

　もしそのURIのリソースがすでに存在していた場合、PUTはそれを修正することを意味します。HTTPの定義的には指定したリソースがまだ存在していない場合でもPUTでデータを送信し、新しいリソースを生成することが可能ですが、Web APIではデータを修正するという場合にPUTを用い、新しいリソースを生成する場合はPOSTを利用するのが一般的です。

　またPUTは送信するデータでもともとのリソースを完全に上書きする、というものです。データの一部だけを更新したい場合はPATCHという別のメソッドを利用します。

2.3.4　DELETEメソッド

　DELETEメソッドはその名のとおりリソースの削除を行うメソッドです。URIで指定したリソースを削除します。

2.3.5　PATCHメソッド

　PATCHメソッドはPUTと同じく指定したリソースを更新するために利用するメソッドですが、"パッチ"という名前からも想像がつくかもしれませんが、すべてを変更するのではなく"一部を変更する"ということを明示したメソッドです。PUTが送信したデータでもともとのリソースを置き換えるものであるのに対し、PATCHではその一部だけを更新したい場合に使います。たとえば複数の値で構成されるたとえば1MBもあるような巨大なデータのごく一部を変更したい場合に、変更のたびにPUTでいちいち1MBを送信していては非効率です。そこでPATCHを使えば、変更箇所だけのごく小さなデータを送るだけですむわけです。

　ちなみにPATCHはHTTP 1.1を定義したRFCにおいて、RFC 2068で一度定義されたけれどもほとんど利用されずにRFC 2616で一度削除され、2010年3月に発行されたRFC 5789で再度定義され直したという経緯があります。

2.3.5.1　X-HTTP-Method-Override ヘッダ

　HTTPのメソッドのうち、GETとPOSTはHTTP 0.9の時代から存在しており、非常に多くの

場面で利用されてきました。しかしPUTやDELETE、さらに新しく追加されたPATCHなどは、環境によっては利用できない場合があります。よく引き合いに出されるのはHTMLのFormで、HTMLのFormの仕様ではGETとPOSTのみがサポートされているため、それ以外のメソッドを利用することができません。しかしそれ以外にも、たとえばクライアント開発時に利用しているライブラリがGETとPOSTにしか対応していないなど、さまざまな要因によりGET/POST以外のメソッドが使えない、あるいは使いづらい状況が発生する場合があります。

そういった場合を考慮すると、ただDELETEやPUTを使ってください、とだけいうのは不親切です。自分たちで作るスマートフォンアプリケーションのクライアント・サーバ間のAPIであれば、特に問題にならないかもしれません。しかし一般に広く公開するAPIでは、もしかしたらPUTやDELETE、PATCHが使えないために、APIを利用できないケースが出てくるともかぎりません。そういったケースに備え、API側でGETとPOST以外のメソッドをPOSTを使って表現することを許可することが可能です。そのための方法として、よく利用されている一般的な手法が2つあります。

どちらもメソッドとしてはPOSTを利用して、メタ情報として本当はこのメソッドを使いたい、ということをサーバに送信します。1つはX-HTTP-Method-OverrideというHTTPリクエストヘッダを利用する方法、そしてもう1つが_methodというパラメータを利用する方法です。

X-HTTP-Method-Overrideリクエストヘッダは以下のようにPOSTメソッドに対して、実際に利用したいメソッドをヘッダ内に記述するために利用します。

```
POST /v1/users/123 HTTP/1.1
Host: api.example.com
X-HTTP-Method-Override: DELETE
```

一方で_methodパラメータは、Formのパラメータの1つとして、application/x-www-form-urlencodedというContent Typeで表されるデータの一部として送信します。これはRuby on Railsなどが採用している方法です。

```
user=testuser&_method=PUT
```

application/x-www-form-urlencodedはHTMLのフォームデータを送信する際に使われるメディアタイプであり、x-という接頭辞が付いてはいますがIANA（Internet Assigned Numbers Authority）に登録された正式なメディアタイプです。

さまざまなクライアントの環境を考慮すべき場合には、このうちのどちらかをサポートしておくことは、意味のあることです。ではどちらを利用すべきでしょうか。両方をサポートすることも可能ですが、どちらがより利用しやすいかといえばX-HTTP-Method-Overrideを使う方法だと筆者は考えています。なぜなら_methodを使う方法はapplication/x-www-form-urlencoded以外の形式でデータを送信する場合に使うことができない（使い方がはっきり定義できない）ですし、リクエストデータの中にデータ以外のメタ情報が入ってしまうのは送信データ

を分類するという意味においてあまり好ましくないからです。

　ただし、_methodを使う方法はブラウザのFormに隠しパラメータとして入れることで、ブラウザからAPIを利用可能にできるというメリットはあります。

　ちなみにたとえばEtsyはmethodというパラメータで同じ機能を用意していますが、このように独自のパラメータを定義してしまうことは、これから新たにAPIを設計する場合には、他と同様あまりおすすめできません。

```
https://openapi.etsy.com/v2/users/__SELF__/favorites/listings/12345?method=DELETE
```

　なお本来のメソッドを送る方法として_methodやX-Http-Method-Overrideを使うべきもう1つの理由として、サーバ側のフレームワークやミドルウェアがこれらのヘッダやパラメータを標準でサポートして自動的にその意味を解釈してくれる場合も多く、独自の方法で本来のメソッドを送信する場合と比較して、実装やテストの手間が軽減されることもあげられます。

2.4　APIのエンドポイント設計

　ここまでURI設計とHTTPのメソッドについて見てきました。これを組み合わせてAPIのエンドポイントをどうすべきかを考えておくことにしましょう。

　ここで本章の最初に検討したSNSアプリケーションで必要なAPIをもう一度掲載しておきます。

- ユーザー登録
- ログイン
- 自分の情報の取得
- 自分の情報の更新
- ユーザー情報の取得
- ユーザーの検索
- 友達の追加
- 友達の削除
- 友達の一覧の取得
- 友達の検索
- メッセージの投稿
- 友達のメッセージの一覧の取得
- 特定の友達のメッセージの取得
- メッセージの編集
- メッセージの削除
- 友達の近況の一覧
- 特定のユーザーの近況の一覧
- 近況の投稿

- 近況の編集
- 近況の削除

　この API において取得、更新がなされるデータは、ユーザー情報、近況情報、そして友達関係を表すソーシャルグラフの3つです。まずは一番最初に必要なユーザー情報の取得や変更に関する API の設計を考えてみましょう。

　ユーザー情報、近況情報のようなデータベースのテーブルに格納されているようなイメージで考えることができる、ある種類のデータがたくさんあり、それを取得、変更するような場合には、ほぼ決まった型の API 設計を行うことができます。

　まずは基本的な設計を**表 2-5** に示します。

表2-5　基本的な設計

目的	エンドポイント	メソッド
ユーザー一覧取得	`http://api.example.com/v1/users`	GET
ユーザーの新規登録	`http://api.example.com/v1/users`	POST
特定のユーザーの情報の取得	`http://api.example.com/v1/users/:id`	GET
ユーザーの情報の更新	`http://api.example.com/v1/users/:id`	PUT/PATCH
ユーザーの情報の削除	`http://api.example.com/v1/users/:id`	DELETE

　各ユーザーには固有の ID が割り当てられているとします。上記のエンドポイント設計でカバーできるのはリストアップした API の機能のうちの以下のものです。

- ユーザー登録
- 自分の情報の取得
- 自分の情報の更新
- ユーザー情報の取得
- ユーザーの検索

　API としては5つになっていますが、エンドポイントは2つだけです。ユーザーの検索は、ユーザー一覧の取得 API に対してクエリパラメータで絞り込みを行うことで実現します。クエリパラメータの利用については後ほど述べることにします。

　それぞれの URI のパスの先頭の `/v1` の部分は API のバージョンを表す部分です。API のバージョニングについては5章で議論をするのでここではひとまず置いておいて、その先だけを考えると `/users` と `/users/:id` という2つです。これらはそれぞれ「ユーザーの集合」と「個々のユーザー」を表すエンドポイントです。`:id` はユーザー ID を表すプレースホルダです。たとえばユーザー ID が 12345 なら、`/users/12345` になります。

この2つの概念は、データベースでたとえるならテーブル名とレコードの関係だといえるでしょう。そしてそのテーブルやレコードに対してどんな処理を行うかを表しているのがHTTPのメソッドというわけです。テーブルに対してGETを行えば一覧を取得することができ、POSTを行えば新しいレコードが作られます。そして個々のレコードに対してはGETで取得が、PUTとPATCHで更新が、DELETEで削除を行うことができます。

なおもちろん、誰もが勝手に他人の情報を変更したり削除したりできては困りますから、権限が設定されていて、ログインしたユーザーは自分の情報だけを変更したり削除できたりします。他のユーザーの情報を操作しようとした場合はエラーとなります。ユーザーが誰であるかをどのように識別するかについては、本章で後ほど考えていくことにします。

この「あるデータの集合」と「個々のデータ」をエンドポイントとして表現し、それに対してHTTPのメソッドで操作を表していく考え方は、Web API設計の基本中の基本であり、多くのAPIがこれに沿った、あるいはそれに近い設計になっています。

特に「個々のデータ」を表すデータをこの形式で表す方法はほぼあらゆるところで見られます（表2-6）。

表2-6　個々のデータを取得する記法

サービス	エンドポイント
Twitter	/statuses/retweets/219477795900469248.json
LinkedIn	/companies/162479
Foursquare	/venues/123456

一方で一覧を取得する記法については、実は各種APIは意外にバラバラで、あまり統一されていないのが現状です（表2-7）。

表2-7　一覧を取得する記法

サービス	エンドポイント
Twitter	/statuses/mentions_timeline.json
YouTube	/activities
LinkedIn	/companies
Foursquare	/venuegroups/list
Disqus	/blacklists/list.json

DisqusやFoursquareなどが利用している"list"という言葉を付けるパターンは多く見かけます。エンドポイントを設計する際に「一覧である」ということを頭に描いていると"list"と付けたくなる気持ちはなんだかすごくわかりますが、なくても一覧であることは意味が通じますし、URIも短くなるので不要なら取り去ってしまってかまわないでしょう。

では続いて友達（ソーシャルグラフ）関連のAPIの設計を考えていきます（表2-8）。

表2-8　友達（ソーシャルグラフ）関連のAPI

目的	エンドポイント	メソッド
ユーザーの友達一覧取得	http://api.example.com/v1/users/:id/friends	GET
友達の追加	http://api.example.com/v1/users/:id/friends	POST
友達の削除	http://api.example.com/v1/users/:id/friends/:id	DELETE

これで対応できるAPIの機能は以下の4つです。

- 友達の追加
- 友達の削除
- 友達の一覧の取得
- 友達の検索

　友達情報は特定のユーザーに紐づくものですから、友達情報を取得するエンドポイントは/users/:id/friendsのように個々のユーザーを表すURIに紐づく形になります。こうしたエンドポイントにしておくことで、URIを見ただけで、何を取得するものなのかがはっきりと理解できます。

　友達一覧の取得と友達の追加はこれまでのルールと同じで問題ありませんが、友達の削除を行う際に1点考えなければならない点があります。上記の設計では友達の削除のエンドポイントにだけ、友達のIDを指定しなければなりませんが、このIDに何を指定するかについて2種類の考え方ができるからです。

- 友達のユーザーID
- ユーザーIDとは異なる、友達関係を表現する固有のID

　背後で利用されているであろうデータベースのテーブルが、ユーザーのテーブルと友達関係を表すテーブルの2つで構成されていると考えれば、ユーザーテーブルのIDを使うか、友達関係を表すテーブルにもIDを定義してそちらを使うか、と考えるとわかりやすいかもしれません。

　どちらを使うのがよいかを考えると、友達のユーザーIDをそのまま使うほうがよいと筆者は考えます。直感的には同じIDが別の意味で使われているように見えはしますが、結果的にエンドポイントは"自分のユーザーID" + "友達のユーザーID"という形でユニークになっており固有のリソース（その二人の友人関係）を表すことができていますし、友達関係IDのような新たな数値が入ってくるよりも、利用者にもわかりやすく扱いやすく、しかもエンドポイントの生成も容易（つまりHackable）になります。

　サーバの内部的には友達関係のテーブルに固有のIDがあったとしても、それを利用者に意識させる必要はありません。繰り返しになりますが、内部のアーキテクチャの都合をAPIに反映させる必要はまったくないのです。

では続いて近況（これはFacebookのタイムラインのようなものを想定しています）に関するエンドポイントを考えていきます（表2-9）。

表2-9　近況に関するエンドポイント

目的	エンドポイント	メソッド
近況の編集	`http://api.example.com/v1/updates/:id`	`PUT`
近況の削除	`http://api.example.com/v1/updates/:id`	`DELETE`
近況の投稿	`http://api.example.com/v1/updates`	`POST`
特定ユーザーの近況の取得	`http://api.example.com/v1/users/:id/updates`	`GET`
友達の近況一覧の取得	`http://api.example.com/v1/users/:id/friends/updates`	`GET`

これで対応できるAPIの機能は以下のとおりです。

- 近況の投稿
- 友達の近況の一覧の取得
- 特定ユーザーの近況の取得
- 近況の編集
- 近況の削除

近況情報はやはりそれぞれIDを持つことを想定しています。したがって編集と削除はユーザー情報と同様に`/updates/:id`に対する`PUT`、`DELETE`で対応が可能です。投稿が`/updates`に対する`POST`であるのも同様です。

特定ユーザーの近況の取得に関しては、「ユーザー情報に紐づく近況」ということで個別ユーザーを表すエンドポイントに`updates`を付けて`/users/:id/updates`に対する`GET`を行うことで取得させるのがよさそうです。

最後の「友達の近況一覧の取得」は、たとえばあなたに3人の友達がいるなら、それら3人すべての近況をまとめて取得するためのエンドポイントです。この設計はなかなか悩むところですが、友達一覧を表す`/users/:id/friends`の下に`updates`を付けることで対応することにしています。

2.4.1　リソースにアクセスするためのエンドポイントの設計の注意点

さてここまででログインなどの一部機能を除き、SNS用のAPIに必要なエンドポイントを考えてきました。ここまでで出てきたAPIに共通なのは、それらがすべて「サーバ上に存在するリソースにアクセス／操作を行う」ためのものであったということです。すなわちユーザー情報、ユーザーの友達関係情報、近況情報ですが、こうしたリソースにアクセスするAPIはWeb APIを作成する中でも最も多く、繰り返し設計する必要が出てくるものです。こうしたエンドポイントを設計

する中で注意すべき点をいくつか見ておきましょう。

- 複数形の名詞を利用する
- 利用する単語に気をつける
- スペースやエンコードを必要とする文字を使わない
- 単語をつなげる必要がある場合はハイフンを利用する

2.4.1.1　複数形の名詞を利用する

　ここまでのエンドポイントの設計では users、friends、updates とすべて名詞の複数形を使って「リソースの集合」を表しています。これは単数形でも見た目に意味はわかりますし、以下のような特定のリソースを表す場合は単数形でも問題ないようにも見えます。

```
http://api.example.com/v1/user/12345
```

　実際英語圏のサービスを含め、単数形が使われているものもあります。しかしデータベースのテーブル名が複数形を用いるのが適切であるといわれるのと同様に、users や friends は「集合」を表しているものであるので、複数形のほうが適切であるとされています。

　ただし複数形は、単複同形があったり mouse と mice のように大きく形が変化するもの、categories など語尾が変化するものなどあり、日本人は間違えやすいので辞書を引くなどして確認したほうが無難です。たとえば media の複数形は medias ではなく、medium が media の複数形です。また SNS の API の例でも出ている updates ですが、update は不可算名詞としても利用されるのでその場合は複数形にはなりませんが、ここでの文脈では近況の投稿ひとつひとつを update という言葉を使って表しているため可算であり、複数形にしています。

　またそもそもなぜ名詞なのか、という点も触れておきましょう。これは HTTP の URI がそもそもリソースを表すものであるという考え方からきています。そして繰り返しになりますが、HTTP のメソッドが動詞を表すものであり、その組み合わせを使うことが最もシンプルに行いたいことを表すことができるからです。

　実際 API の中には動詞がエンドポイントに含まれているものも存在します。たとえば 43things の API[†3] は以下のようになっています。

❖ 43things
```
http://www.43things.com/service/get_person?q=erik@mockerybird.com
```

　これはユーザー情報を取得する API であり、そのことは見ればすぐに理解できるので、そういう意味では問題がありません。しかしアクセスに GET メソッドを使う以上、URI に get という単語がもう一度登場するのは冗長です。エンドポイントはなるべく短いほうがよいのです。

　また Web API 以外の API、たとえばアプリケーション構築時のライブラリの API や RPC など

[†3] http://www.43things.com/about/view/web_service_api

では、get_person あるいは getPerson といった形の関数名を利用します。しかし Web API、特に REST の概念を一部取り入れた本書が目指す形の API では、URI は基本的にはリソースを表すものであると考えるため、動詞は極力エンドポイントに入れないのが基本です。

2.4.2 利用する単語に気をつける

これは API の設計そのものとは直接関係がありませんが、エンドポイントで利用する単語（英単語）についても注意を払うべきです。特に筆者を含め英語がネイティブではない場合、残念ながら適切な単語を選ぶのはなかなか難しいからです。

たとえば何かを探す場合の単語として search と find を学校で学びましたが、この違いは何でしょうか。調べてみると find は探すものを目的語にとり、search は探す場所を目的語にとる[†4]ということのようです。

search と find の場合は、基本 API で利用されるのは search という単語ばかりなので search を利用すればよいでしょう。しかし他にもどういう単語を使えばよいか迷うケースは数多く出てくるはずです。

そういった場合には、他の類似の API がどのような単語を使っているかを調べてみるのが一番です。それも 1 つだけではなく、複数の API を調べるようにしましょう。1 つだけでは、その API も間違っているかもしれないからです。ProgrammableWeb（http://www.programmableweb.com/）を探せば、さまざまな API を見つけることができます。

たとえばレストランやお店などの場所の情報はどんな名前がよいでしょうか。Foursquare をはじめ多くのサービスが venue を使っています。ToDo リストサービスでの各 ToDo 項目は何がよいでしょうか。item がよさそうです。写真は picture ではなく photo のほうが使われています。このように他を参考にしながら単語を決めるのがよいでしょう。

2.4.3 スペースやエンコードを必要とする文字を使わない

URI では利用できない文字があり、そういった文字はパーセントエンコーディングと呼ばれる %E3%81%82 のような文字コードを % 付きで表した表記方法を利用する必要があります。しかし API のエンドポイントにはパーセントエンコーディングされた文字が入らないようにすべきです。

理由は簡単で、そのエンドポイントがどのようなものなのかがひと目ではわからなくなってしまうことと、日本語のようなエンコーディングによってコードが変わる（UTF-8 や Shift JIS など）ものについては、そこに何が書かれているのかも曖昧になってしまうからです。

    http://api.example.com/v1/%E3%83%A6%E3%83%BC%E3%82%B6%E3%83%BC/123

たとえばこんなエンドポイントがあっても、まったく意味がわかりません。なお ASCII の範囲にも % や &、+ などパーセントエンコーディングが行われる文字もあるので注意しましょう。また、ホワイトスペースは URI 中では + に変換されてしまいます。見づらさでいうとパーセントエ

[†4] http://yohshiy.blog.fc2.com/blog-entry-136.html

ンコーディングほどではありませんが、空白も避けるようにしたほうが無難です。

2.4.4　単語をつなげる必要がある場合はハイフンを利用する

　エンドポイント中で単語を2つ以上繋げる必要が出てきた場合に、それをつなぐ方法はいくつかあります。

[1] `http://api.example.com/v1/users/12345/profile-image`

[2] `http://api.example.com/v1/users/12345/profile_image`

[3] `http://api.example.com/v1/users/12345/profileImage`

　それぞれ単語のつなぎをハイフン、アンダースコア、そして次の単語の先頭を大文字にすることで表しています。[2] はスネークケース（snake case）、[3] はキャメルケース（camel case）と呼ばれます。それぞれ蛇と駱駝のような形だからです。[1] はスパイナルケース（spinal-case）やチェインケース（chain-case）などと呼ばれます。

　URI において複数の単語をつなぎ合わせる必要がある場合はどのようにすればよいでしょうか。実際に公開されている API を見ると、かなりばらばらで決定的なものがない状態です（**表 2-10**）。

表2-10　サービスごとの例

サービス	ルール	例
Twitter	スネークケース	/statuses/user_timeline
YouTube	キャメルケース	/guideCategories
Facebook	ドット	/me/books.quotes
LinkedIn	スパイナルケース	/v1/people-search
Bit.ly	スネークケース	/v3/user/popular_earned_by_clicks
Disqus	キャメルケース	/api/3.0/applications/listUsage.json

　ウェブ上で公開されている意見を調べると URI については [1] のようにハイフンでつなぐのがよいという意見も多く見られます。しかしその理由を見てみると、Google がハイフンを推奨しており SEO 的によい、といったものが多くあまり API デザインにおいては関係がなさそうです。ではなぜ Google がハイフンを推奨しているかといえば、Google がハイフンは単語のつなぎとみなすが、アンダースコアは単に無視してひと続きの単語とみなしてしまうからだとか。さらに他の意見としてウェブページ上ではリンクアドレスに下線が引かれるがこれがアンダースコアと重なってしまうために見づらい、アンダースコアは歴史的にタイプライターで下線を引くためのものなので目的にそぐわない、といった話も見られます。実際にウェブページの URI はハイフンでつないだものが多く、たとえば WordPress の URI は記事のタイトルをベースにスパイナルケースで生成さ

れます。しかしAPIのURIの設計において決定的な理由になりうるものはないようにも感じられます。

したがってある程度は好みで決めてしまってよいのかなとも思いますが、迷った場合、あるいは特にポリシーがない場合はハイフンにしておくのがよいでしょう。理由はまずURI中のホスト名（ドメイン名）はハイフンは許可されているもののアンダースコアは使えず、大文字小文字の区別がなく、ドットは特別な意味を持つため、ホスト名と同じルールでURI全体を統一しようとするとハイフンでつなぐのが最も適していることになるからです。

ただし実際のところ最もよいのは単語をつなぎ合わせることを極力避けることです。たとえばpopular_usersとするのではなくusers/popularとするなどパスとして区切る、一部をクエリパラメータにする、なるべく短い表現を目指すなどして単語をつなぐことを避けるほうがURIとして見やすくなる場合が多いからです。

2.5　検索とクエリパラメータの設計

さてここまで進めてきた中で、すでにユーザーや友達の検索のエンドポイントは用意できたことになっていますが、どこにあるのだろうと疑問に思ったかもしれません。実はリソースの一覧を取得するエンドポイントが検索を兼ねるようになっています。ここでそれについて詳しく見ていくことにします。

たとえばユーザーの一覧は以下のエンドポイントで取得可能であるという設計にしました。

```
http://api.example.com/v1/users
```

しかしこの設計だけではユーザーを取得するさまざまなシチュエーションに対応することができません。たとえばユーザーが1万人いたとして、このエンドポイントを叩くと1万人すべてを取得できるようにするわけにはいきません。明らかにデータサイズが多すぎるからです。Facebookのようにユーザー数が億のオーダーになってしまったら、もはやAPIとして機能するとは思えません。したがって一度に取得可能な人数の上限を決め、ページングを行ってデータを取得できるようにする必要があります。

またSNSにおいて登録されているユーザーの一覧をすべて取得するという状況が発生することは考えづらく、名前やメールアドレス、あるいは電話帳の電話番号などで検索を行って知り合いを探す、というのが主たる使い方になるでしょう。しかしこのケースにおける検索という行動は、いわばユーザーの「絞り込み」と考えることができるので、ユーザーの一覧を取得するエンドポイントに絞り込みのパラメータを実装することで、検索を行うことができるようになります。

そのときに利用するのがクエリパラメータです。クエリパラメータは以下のようにURIに対して？の後ろに付けることができるパラメータのことです。クエリパラメータはFormをGETで送信した際にも利用されるため、おなじみでしょう。

2.5.1 取得数と取得位置のクエリパラメータ

まずはたくさんあるデータの一部を取得する際にどういったパラメータで取得数と取得位置を指定するのかを考えます。これはいわゆる**ページネーション**（pagination）と呼ばれる仕組みを実現するためのもので、SQLのSELECT文でいえばlimitとoffsetで指定する数値です。これは各種APIによってかなりまちまちなのでいくつかのサービスを見てみることにします（**表2-11**）。

表2-11 クエリパラメータの例

サービス名	取得数	取得位置（相対位置）	取得位置（絶対位置）
Twitter	count	cursor	max_id
YouTube	maxResults	pageToken	publishedBefore / publishedAfter
Flickr	per_page	page	max_upload_date
LinkedIn	count	start	-
Instagram	-	-	max_id
Last.fm	limit	page	-
eBay	paginationInput.entriesPerPage	paginationInput.pageNumber	-
del.icio.us	count / results	start	-
bit.ly	limit	offset	-
Tumblr	limit	offset	since_id
Disqus	limit	offset	-
GitHub	per_page	page	-
Pocket	limit	offset	-
Etsy	limit	offset	-

これを見ると取得数はlimitとcount、per_page、取得位置はpageとoffset、cursorくらいが一般的なようです。ただしこれらの組み合わせはどれでもよいわけではなくper_pageとpage、limitとoffsetにように対応する組み合わせは存在しています。さらにpageとoffsetの意味は微妙に異なり、pageはper_page単位で1ページ、2ページと数えますが、offsetの場合はアイテム単位で数えます。したがってたとえば1ページ50アイテム存在していた場合で3ページ目（101アイテム目から）を取得する場合は、それぞれ以下のように指定します。

- per_page=50&page=3
- limit=50&offset=100

この際にpageは1から（1-based）、offsetは0から（0-based）数え始めるのが一般的です。

page/per_page と offset/limit のどちらを使うかは好みによりますが、offset/limit のほうが自由度が高いのでユーザーにとっては使いやすいとえます。API にアクセスするクライアント側で、120 アイテム目から 100 アイテム、といった取得を行いたい場合が出てこないともかぎらないからです。もちろん自由度を低くすればそれだけ想定外のアクセスも減りますし、キャッシュの効率も上がるなどのメリットがあるので、状況に応じて判断をする必要があります。ただしいずれの場合も、API 内で page/per_page と offset/limit が混在するのはわかりにくいので、どちらかに統一すべきです。

2.5.2 相対位置を利用する問題点

しかし page や offset といった相対的な取得位置でデータを取得する方法にはいくつもの問題点があります。1つ目の大きな問題は、パフォーマンスです。データを取得する際に offset や page が指定されていると、API のバックエンドではデータベースなど何らかのストレージからその部分のデータを取得する必要がありますが、その際にオフセット値、すなわち相対的な数値を使って位置を指定した場合に非常に速度が遅くなるケースがあるのです。

たとえば MySQL などの RDB では、offset と limit を使って位置を取得する場合、データ数が膨大になるとそれに応じて速度がどんどん落ちていってしまいます。これは「先頭から何件目か」を調べるために先頭から数を数える処理が行われるからです（図 2-4）。

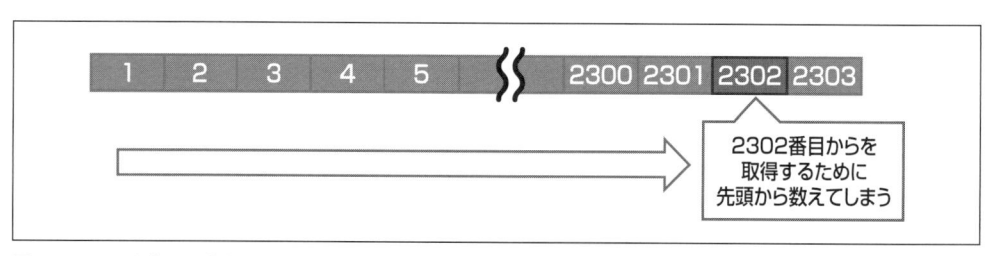

図2-4 offsetを使った場合はレコードを先頭から数えてしまう可能性がある

これはデータ件数が少なければあまり問題になりませんが、数が増えてくれば当然問題になってきます。データ件数はサービスの提供を続ければ続けるほど増えていく場合も多く、サービスインのタイミングでは問題がなかったものの、サービスを続けていくうちにパフォーマンスが低下していき、問題が発覚するケースもあるでしょう。またストレージエンジンがそもそも相対位置でのデータ取得に対応していないケースもあります。

そして相対位置指定にはもう1つ、更新頻度の高いデータにおいてデータに不整合が生じるという問題もあります。なぜなら最初の 20 件を取得してから、次の 20 件を取得する間にデータの更新が入ってしまった場合、実際に取得したい情報と取得された情報にズレが生じてしまうためです（図 2-5）。

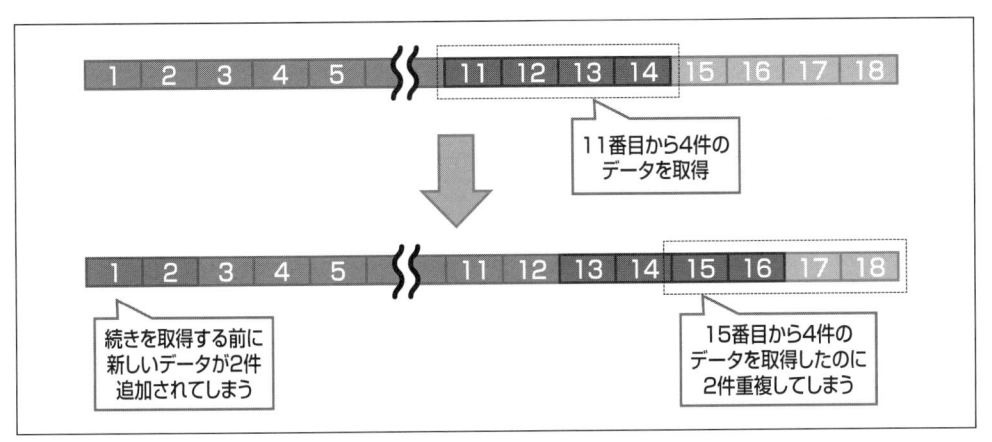

図2-5　更新頻度が高いデータをoffsetで位置指定する場合の問題

2.5.3　絶対位置でデータを取得する

　取得位置の指定方法として上記の表には「取得位置（絶対位置）」というパラメータも記載しています。これは「先頭から数えて何件目」というような表示ではなく指定したIDよりも前、あるいは指定した日時よりも前、といった方法で指定を行うものです。この方法を使うことで上記相対位置での問題点を解決することができます。

　絶対位置指定とは、オフセットで相対位置を指定する代わりに、これまで取得した最後のデータのIDや時刻を記録しておいて、「このIDよりも前のもの」や「この時刻よりも古いもの」といった指定を行う方法です。TwitterのAPIにおける`max_id`がまさにそれで、指定したID以前のものを取得するようになっています。YouTubeの場合は`publishedBefore`で、これは日時（1970-01-01T00:00:00ZのようなRFC 3339形式）で位置を指定します。

　TumblrではDashboard、つまり自分がフォローしているユーザーの投稿一覧を取得する際には`since_id`があるのでこのようなことは発生しませんが、個々のユーザーの投稿では`since_id`が利用できないために、閲覧中にそのユーザーが新しい投稿をした場合には、ずれが生じます。

2.5.4　絞り込みのためのパラメータ

　続いては絞り込み（検索）のためのパラメータです。すでに述べたように、たとえばSNSにおける名前でのユーザー検索は、ユーザー一覧の名前での絞り込みと考えることができるので、絞り込みを実装することでユーザーを検索することができるようになります（逆にSNSのような場合は絞り込みを行わないユーザー一覧の取得は意味を成さない場合が多いので、403を返すなどしてエラーとして処理させることも考えられます）。絞り込みの指定方法には2つのパターンが考えられます。たとえば自分の投稿した近況であればテキストのみの検索ですみますが、ユーザーの検索では名前やメールアドレスなど、複数の項目での絞り込みが考えられます。

　まずは複数の項目での絞り込みのパターンで、これはLinkedInのPeople SearchのAPIなどがその典型例です。このAPIはLinkedInの登録ユーザーを苗字、名前、会社名などさまざまな項目

で検索することができます。

```
http://api.linkedin.com/v1/people-search?first-name=Clair
http://api.linkedin.com/v1/people-search?last-name=Standish
http://api.linkedin.com/v1/people-search?school-name=Shermer%20High%20School
```

　この場合、クエリパラメータの名前には絞り込む要素名、値には絞り込む値を指定し、複数ある場合はそれすべてを指定するようになっています。

　またもう少し検索よりも絞り込みの要素が強いAPIの例としては、Tumblrのtagがあります。これは投稿をタグで絞り込むものです。

```
http://api.tumblr.com/v2/blog/pitchersandpoets.tumblr.com/posts?tag=new+york+yankees
```

　一方で検索するフィールドがほぼ1つに決まる場合はqというパラメータが使われる場合もあります。

```
https://api.instagram.com/v1/users/search?q=jack
```

　qはqueryの略ですが、qを使った場合は雰囲気としては部分一致も許すイメージが強くなります。したがって下記の場合、[1]は名前がkenに完全に一致するもの、[2]はユーザー情報のどこかにkenを含むものも検索結果に出る、あるいは文章であれば指定した単語が検索結果として出力されるのが直感的です。

[1] `http://api.example.com/v1/users?name=ken`

[2] `http://api.example.com/v1/users?q=ken`

　ちなみに[1]の場合はクエリパラメータ名がnameなので、絞り込み対象は名前に限定されますが、[2]の場合は全文検索、つまりユーザー情報の中で文書情報が含まれるフィールドすべて（のうち検索対象とするもの）でkenという単語が検索されるという意味にも取ることができます。全文検索のわかりやすい例として、Googleの検索もクエリパラメータ名はqであり、そこに指定した単語がどこかに含まれる（あるいはリンク元で使われている）ページが検索結果として返ります。Instagramの場合はドキュメントにqで指定するのは名前である、と明記されているので検索対象は名前だけですし、ユーザーの検索の場合は名前だけを検索するというのは直感的にも正しいのですが、検索対象によっては全文検索のほうが直感的でありえるので注意しましょう。

　APIによってはqとフィールド名を組み合わせて検索可能にしているケースもあります。たとえばTwitterの検索APIはメッセージ本文（ハッシュタグなどを含む）をqで検索可能にし、その他言語や位置情報などは別のパラメータで指定するようになっています。qで指定するメッセージ本文は自然文なので、完全一致ではなく部分一致可能なテキスト検索になっています。

```
https://api.twitter.com/1.1/search/tweets.json?q=%23game&lang=ja
```

またFoursquareのベニューの検索も、ベニュー名はqで部分一致で検索し、位置やカテゴリなどは別のパラメータで指定するようになっています。

```
https://api.foursquare.com/v2/venues/search?q=apple&categoryId=asad132421&ll=44.3,37.2&radius=800
```

2.5.4.1　URIに「Search」という単語を入れるべきか

上記の例で示したInstagramやTwitter、FoursquareのAPIは検索のためのエンドポイントにsearchという単語が入っていました。しかしそもそも「検索する」という行為は動詞であり、URIをリソースと表すものとするデザインでいえばやや王道を外れます。そうした意味においてsearchという単語を入れるべきかは大いに悩ましいところです。しかしわかりやすさの観点で言うと、このエンドポイントは「検索」のためのものであり、全リストを取得するためのものではありませんよ、ということを示すためであればsearchという単語を入れるのはありではないかと思います。たとえばFoursquareのベニューやTwitterのツイートはそのすべてを取得することは数が多すぎて現実的ではありません（取得したいと思う人はいるでしょうが、サービスとしての意思決定としてはそれは難しいでしょう）。したがって一覧は取れないけれども検索を行うためのAPIは提供しますよ、という意味を強く表すためには、検索用のAPIを用意するというのは間違った考え方ではないでしょう。特にTwitterの場合はSearch APIとAPIをいわば独立した形で公開しており、その主張がより強く出ているように思います。

2.5.4.2　検索に主体があるサービスのAPI

サービスの中には検索が主体である物があります。たとえば検索エンジンのAPIがそうです。これらのサービスは「検索を行う」ことがAPI利用の目的であり、そのためにちょっと他のAPIとは検索に対する立ち位置が異なるはずです。参考までにこれらのサービスのエンドポイントを見てみることにしましょう。

❖ Yahoo!
```
http://yboss.yahooapis.com/ysearch/web?q=ipod
http://yboss.yahooapis.com/ysearch/news?q=obama
http://yboss.yahooapis.com/ysearch/images?q=cat
http://yboss.yahooapis.com/ysearch/web,images?web.q=ipod&images.q=mp3
```

❖ Bing
```
https://api.datamarket.azure.com/Bing/Search/Web?Query=%27New+Xbox+Games%27
```

❖ WolframAlpha
```
http://api.wolframalpha.com/v2/query?input=cat
```

Yahoo!やBingのAPIはエンドポイントにsearchという単語が入っています。しかしこれはまあ"検索"APIなので不自然な感じはしません。最後がwebとなっているのは、他にも画像や動画などの検索を提供しているための区別です。厳密に言えばwebは単数形、imagesとnewsは複数形です。webは単独の「ウェブ空間」を検索するイメージですが、画像やニュースはその集合体から検索をするイメージです。クエリパラメータの名前はYahoo!はqですがBingはQueryです。WolframAlphaはURIのパスにqueryが入り、実際のキーワードを指定するクエリパラメータはinputとなっていますが、これはちょっと特殊なケースでしょう。

またTwitterやBit.ly、Dropboxなど主な検索対象が1つしかない場合にも、「検索API」を提供しているケースがあります。この場合もsearchという単語がURIに入る場合が多くなります。

❖ Twitter
https://api.twitter.com/1.1/search/tweets.json?q=%23freebandnames

❖ bit.ly
https://api-ssl.bitly.com/v3/search?query=obama&domain=nytimes.com

❖ Dropbox
https://api.dropbox.com/1/search/root/path?query=cat

❖ Pocket
https://getpocket.com/v3/get?search=cat

2.5.5　クエリパラメータとパスの使い分け

クエリパラメータに入れる情報は、URI中のパスの部分に入れることも設計上は可能です。たとえばLinkedInのAPIでは、取得する情報（フィールド）の種類をパスの中に以下のように入れるようになっています。

    http://api.linkedin.com/v1/companies/1337:(id,name,description,industry,logo-url)

したがってクライアントが指定する特定のパラメータをクエリパラメータに入れるか、パスに入れるかはURIを設計する上で決める必要が出てきますが、その判断の基準は以下のようなものでしょう。

- 一意なリソースを表すのに必要な情報かどうか
- 省略可能かどうか

まず1つ目の一意なリソースかどうか、ということですが、これはURIがリソースを表すものである、というそもそものURIの思想からきています。上記のユーザーIDの場合、ユーザーIDを指定することで参照したい情報が一意に決まりますからパスに入れたほうがよいでしょう。実際

ユーザー ID はパスに指定させる API のほうが最近では一般的です。しかし一方でたとえばアクセストークンなどをクエリパラメータとして指定する API は多くありますが、こちらは利用者の認可が目的であり、リソースとは無関係ですからクエリパラメータのほうが適しています。

省略可能かどうかはその名のとおりで、たとえばリストや検索の際の `offset`、`limit`、あるいは `page` などのパラメータは省略すればデフォルトの値が利用されるケースが多くなります。したがってクエリパラメータのほうが適しています。

```
http://api.example.com/v1/users
http://api.example.com/v1/users?since_id=12345
```

2.6　ログインとOAuth 2.0

　SNS の API を設計するにあたって、必要な API の中にまだ取り扱っていない部分がありました。それはログイン、つまり認証の API です。

　ログイン周りの API を考える際に、真っ先きに検討すべきは OAuth という標準的な仕様です。なぜならこれは、現在の Web API において非常に広く一般的に利用されているからです。Facebook や Twitter、Google などさまざまなサービスが OAuth での認証機能を提供しているので、すでに名前を知っている方も多いのではないでしょうか。

　OAuth は基本的には広く第三者に公開される API において認可（authorization）を行うために用いられます。つまり、ユーザー登録機能を持つサービス A（たとえば Facebook）が API を公開しており、サービス B（たとえばあなたのサービス）がそれを利用した機能を提供していたとします。その場合 Facebook に登録しているユーザーがあなたのサービスを使う際に、あなたのサービスは Facebook にアクセスして、そのユーザーの情報を利用したいはずです。そうした際に、あなたのサービスに対して、そのユーザーが Facebook に登録している情報を利用してよいかの許可を与えることができる仕組みが OAuth なのです（図 2-6）。

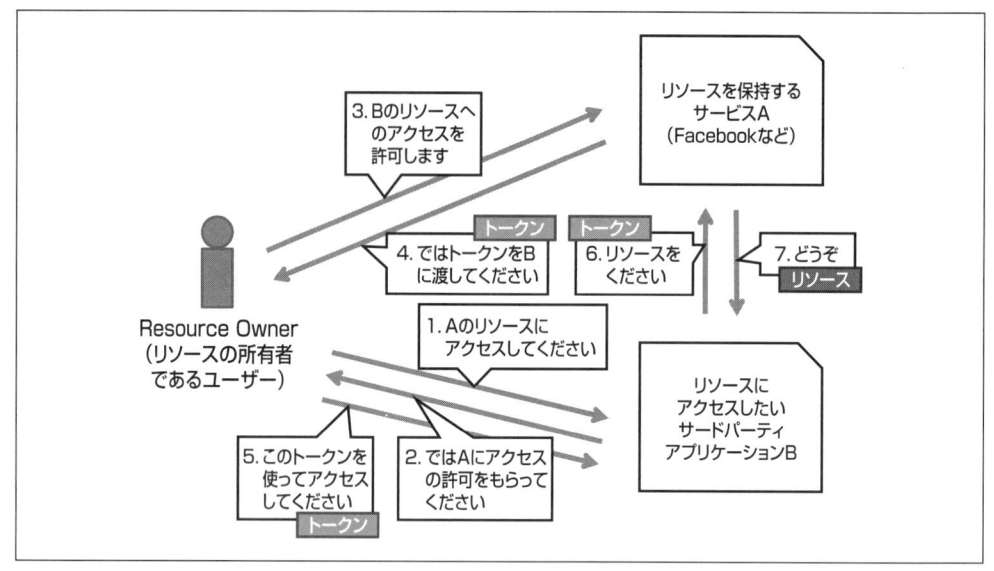

図2-6 OAuthの基本的な仕組み

　このOAuthのポイントは、あなたのサービスに対して、ユーザーはFacebookのパスワードを入力する必要がない点です。それを実現するために、認可プロセスにおいて、Facebookが提供するウェブページ（やアプリの画面）を経由し、そこであなたのサービスに対して情報を提供してよいかを確認させることができます。これはスマートフォンアプリケーションのFacebookログインでおなじみです。Facebookにログインしていなかった場合は、そこでパスワードを入力しますが、これはあくまでもFacebookのシステム上でログインをするだけなので、Facebookログインをしようとしているサービスにはパスワードが渡ることはありません（**図2-7**）。

図2-7　FacebookログインのときにはFacebookのウェブページやアプリの画面を経由する

　OAuthでのアクセスに成功すると、あなたのサービスはFacebookからアクセストークンと呼ばれるトークンを受け取ります。このトークンを利用すれば、Facebookにユーザーが保持している情報のうちの認可されたものだけに、アクセスが可能になるのです。Facebookの認可の画面には、どのような情報にアクセスが可能になるかが表示されています。その中にはタイムラインへのポストなども含まれます。

　OAuthには1.0と2.0という2つのバージョンが存在します。2.0は2012年10月にRFC 6749[5]として標準化されており、1.0とは後方互換性はないものの、よりさまざまな状況に対応可能なものになっています。今現在においてOAuth 1.0を利用する理由はないので、2.0を利用するとよいでしょう。

　提供するAPIの認証システムとしてOAuthを利用する利点はなんといってもそれが標準化された、広く認知された仕組みであることです。そのため、サーバ、クライアントともに多くの言語でライブラリが提供されており、実装が双方にとって簡単です。利用者は詳しい説明をヘルプで読まなくても利用できるため、開発の敷居も下がります。

　ところでOAuthはあるサービスのデータを第三者がアクセスしたい場合に使うものでした。それでは本章で例として利用しているような自社開発のクライアントアプリケーションにおいてユーザー名とパスワードをアプリ内で入力して認証を行うような場合はどうすればよいでしょうか。

　OAuth 2.0にはリソースにアクセスするための認可を得るためのやりとりの手順が4つ定められており、それらはGrant Typeと呼ばれています（**表2-12**）。

[5] http://tools.ietf.org/html/rfc6749

表2-12　OAuth 2.0の認可フロー（Grant Type）

Grant Type	用途
Authorization Code	サーバサイドで多くの処理を行うウェブアプリケーション向け
Implicit	スマートフォンアプリやJavaScriptを用いたクライアントサイドで処理の多くを行うアプリケーション向け
Resource Owner Password Credentials	サーバサイド（サイトB）を利用しないアプリケーション向け
Client Credentials	ユーザー単位での認可を行わないアプリケーション向け

　このうちのResource Owner Password CredentialsはサイトBが存在しない、つまりクライアントが直接ユーザーからパスワードを受け取ってサーバAからアクセストークンを受け取るフローであり、これはそのまま今回例で使っているような自社開発のクライアントアプリケーションで利用できます。

　ではOAuthを利用する際のログイン時のエンドポイントはどうすればよいかというと、これはサービスによってさまざまです。**表2-13**に一例を示します。

表2-13　OAuthのエンドポイントの例

サービス	エンドポイント
RFC 6749	/token
Twitter	/oauth2/token
Dropbox	/oauth2/authorize
Facebook	oauth/access_token
Google	/o/oauth2/token
GitHub	/login/oauth/access_token
Instagram	/oauth/authorize/
Tumblr	/oauth/access_token

　これを見るかぎり、一般公開するAPIにおいてはTwitterの/oauth2/tokenあたりが妥当なのではないかと筆者は考えています。OAuth 2.0を使っていることが明確であり、RFC 6749のサンプルとも類似性がありわかりやすいからです。

```
https://api.exmample.com/v1/oauth2/token
```

　OAuthでResource Owner Password Credentialsの認証を行う際には、エンドポイントに対して**表2-14**のデータをapplication/x-www-form-urlencoded（つまりFormを送信する際の形式）、文字コードはUTF-8で送ります。

表2-14 OAuthでResource Owner Password Credentialsの認証を行う

キー	内容
grant_type	passwordという文字列。Resource Owner Password Credentialsであることを表す
username	ログインするユーザー名
password	ログインするパスワード
scope	アクセスのスコープを指定する（省略可能）

　最後のscopeは、どんな権限にアクセスをさせるかを指定するもので、たとえばFacebookではE-Mailを取得するemailや友達一覧を取得するread_friendlistsなどを取得することができます[†6]。この名前はサービスが独自に定義することができ、スペース、ダブルクォーテーション、バックスラッシュを除くアスキー文字を使うことができます。スコープを使うことで、外部サービス（サービスB）がトークンを得る際にアクセス内容を制限し、またユーザーに「このサービスは以下の情報にアクセスできますよ」と表示することができます。必須ではありませんが、きちんと定義しておくとよいでしょう。scopeの名前については、さまざまなAPIにおけるscope名の付け方が参考になるはずです。

　まとめるとクライアントのリクエストは以下のようになります。

```
POST /v1/oauth2/token HTTP/1.1
Host: api.example.com
Authorization: Basic Y2xpZW50X2lkOmNsaWVudF9zZWNyZXQ=
Content-Type: application/x-www-form-urlencoded

grant_type=password&username=takaaki&password=abcde&scope=api
```

　なおここでAuthorizationヘッダが付けられていますが、これはクライアント認証（Client Authentication）と呼ばれ、アクセスしようとしているサービス（サービスB）やクライアントアプリケーションが何であるかを特定するための情報です。FacebookやTwitterで、アプリケーションを登録するとClient IDとClient Secretを発行してもらいますが、そうしたサービスAが発行した値をユーザー名／パスワードとみなしてBasic認証の形式でBase64変換したものが入っています。Client IDやClient Secretの利用は任意ですが、利用することでアクセスしてきたアプリケーションが何であるかを判別することができます。これはたとえばアプリケーションごとにAPIのアクセス数を制限したり、許可していないアプリケーションをブロックしたりといった用途に使うことができます。詳しくは6章で再度触れることにします。ちなみにAuthorizationヘッダではなくclient_idとclient_secretという名前でリクエストボディに入れることも可能です。

　さて、正しい情報がサーバに送られると、サーバは以下のようなJSONデータをレスポンスとして返します。

[†6] https://developers.facebook.com/docs/reference/login

```
HTTP/1.1 200 OK
Content-Type: application/json
Cache-Control: no-store
Pragma: no-cache

{
"access_token": "b77yz37w7kzy8v5fuga6zz93",
"token_type": "bearer",
"expires_in": 2629743,
"refresh_token":"tGzv3JOkF0XG5Qx2TlKWIA",
}
```

token_type の "bearer" は RFC 6750[7]で定義されている OAuth 2.0 用のトークン形式です。access_token が今後のアクセスに利用するアクセストークンです。そのあとの API へのアクセスの際にはこのトークンを送ることになります。この際もはや Client ID や Client Secret を送る必要がない点に注目しましょう。アクセストークンはクライアントごとに固有のものが発行されるため、あとは Client ID がなくてもアプリケーションを特定可能なのです。

bearer トークンの送信方法は RFC 6750 によれば、リクエストヘッダに入れる方法、リクエストボディに入れる方法、URI にクエリパラメータとして入れる方法があります。

リクエストヘッダに入れる場合は、Authorization というヘッダを使い、以下のようにトークンを指定します。

```
GET /v1/users HTTP/1.1
Host: api.example.com
Authorization: Bearer b77yz37w7kzy8v5fuga6zz93
```

リクエストボディに入れる場合は Content-Type を application/x-www-form-urlencoded にして、access_token という名前でトークンを格納します。

```
POST /v1/users HTTP/1.1
Host: api.example.com
Content-Type: application/x-www-form-urlencoded

access_token=b77yz37w7kzy8v5fuga6zz93
```

クエリパラメータに入れる場合も access_token という名前でトークンを指定します。

```
GET /v1/users?access_token=b77yz37w7kzy8v5fuga6zz93 HTTP/1.1
Host: server.example.com
```

---

[7] http://tools.ietf.org/html/rfc6750

2.6.1　アクセストークンの有効期限と更新

さてアクセストークンを取得した際のレスポンスデータに`expires_in`というデータがありました。これはアクセストークンがあと何秒で有効期限を迎えるかを秒数で表したものです。この秒数が過ぎると、アクセストークンは有効期限切れになります。有効期限が切れた場合、サーバは`invalid_token`というエラーをステータスコード401のエラーを返すことになっています（OAuth 2.0策定途中では`expired_token`というエラー名でしたが変更になりました）。

```
HTTP/1.1 401 Unauthorized
Content-Type: application/json
Cache-Control: no-store
Pragma: no-cache

{
    "error":"invalid_token"
}
```

ちなみにこの`error`というデータの入ったJSONはOAuth 2.0のエラー形式であり、RFC 6749で定義されています。`invalid_token`はRFC 6750で定義されています。

`invalid_token`が発生した際にはリフレッシュトークンを使ってアクセストークンを再度要求することができます。リフレッシュトークンは、アクセストークンを再発行してもらうための別のトークンで、アクセストークンと同時に取得できます。ただしリフレッシュトークンは返さないことも可能で、この場合はアクセストークンの再取得を行うことができません（再度ログインが必要になります）。

リフレッシュの際のリクエストは、`grant_type`に`refresh_token`を指定して、`refresh_token`とともに送信します。

```
POST /v1/oauth2/token HTTP/1.1
Host: api.example.com
Authorization: Basic Y2xpZW50X2lkOmNsaWVudF9zZWNyZXQ=
Content-Type: application/x-www-form-urlencoded

grant_type=refresh_token&refresh_token=tGzv3JOkF0XG5Qx2TlKWIA
```

2.6.2　その他のGrant Type

OAuth 2.0には認証のやりとりの手順（フロー）が4種類定められており、それらはGrant Typeと呼ばれています。ここまでResource Owner Password CredentialsというGrant Typeに注目してきました。OAuth 2.0で定義されているその他の3つのGrant TypeはAuthorization Code、Implicit、Client Credentialsです。Authorization CodeとImplicitはFacebookやTwitterが提供しているような、第三者（サービスB）があなたのサービスにユーザーが保存している情報（リソース）へのアクセスの許可を得るために利用するものです。本書ではこれについてこれ以上

詳しくは触れませんが、もしそうした第三者があなたのサービスのユーザー情報を利用するようなAPIを提供する場合は、これらのGrant Typeの実装が必要になります。

そしてもう1つ、最後のClient Credentialsはちょっと特殊で、第三者が特定のユーザーの許可を必要としない情報にアクセスしたい場合に利用するもので、この場合はユーザー名やパスワードを必要としません。

```
POST /v1/oauth2/token HTTP/1.1
Host: api.example.com
Authorization: Basic Y2xpZW50X2lkOmNsaWVudF9zZWNyZXQ=
Content-Type: application/x-www-form-urlencoded

grant_type=client_credentials
```

これはたとえばTwitterでは"Application-only authentication"[†8]という名前で実装されており、パブリックなタイムラインなどウェブ上であれば特に認可がなくてもアクセス可能な情報にアクセスするための認証です。Twitter APIではバージョン1.0まではパブリックな情報は特になんの認証がなくてもアクセスができましたが、バージョン1.1からは認証が必須になりました。これはクライアントからのアクセス数を制限するためだと思われますが、ユーザー認証が必須になると、たとえばスマートフォンアプリケーションから関連するつぶやきを表示する、といったことをするだけでもユーザーにログインを求める必要が出てしまい、ユーザビリティが下がります。そこでClient Credentialsが代わりに提供されるようになりました。このおかげで、Client IDとClient Secretさえ取得してアプリケーションに埋め込んでおけば、ユーザー名やパスワードがなくてもパブリックな情報にアクセスが可能になるのです。なおTwitterにおけるClient Credentialsでのアクセス数の制限は、その他のGrant Typeを使った場合よりもゆるく設定されています。

このようにClient Credentialsは、パブリックな情報へのアクセスであってもクライアントの認証だけは行いたい、といった場合に有用です。

自分の情報へのエイリアス

さてここまでで設計してきたSNSのサービスのAPIでは、ユーザー情報を取得するAPIをすでに用意したので、これを使えばアクセスしてきているユーザー自身の情報も取得することができます。しかし自分の情報を知るのにユーザーIDが必要になるのは不便な場合があります。自分の情報を取得したいタイミングというのは、他のユーザーの情報を取得する場合とは異なるタイミングで発生することも多く、いちいち自分のIDを調べてそれを埋め込んだエンドポイントを生成して...という処理になってしまうのは煩雑です。

[†8] https://dev.twitter.com/docs/auth/application-only-auth

そこでよく利用されているのは me あるいは self というキーワードです。ユーザー情報を取得するエンドポイントでユーザー ID を指定する代わりにこのキーワードを指定すると現在のアクセストークンに紐づいた「自分」のユーザー情報を取得できるというものです。利用例を**表 2-15** に示します。

表2-15　利用例

サービス	自分を表すのに利用されるキーワード	例
Instagram	self	/users/self/media/liked
Etsy	__SELF__	/users/__SELF__/favorites/listings/12345?method=DELETE
LinkedIn	~	/people/~
Reddit	me	/me
Tumblr	user	/user/info
Foursquare	self	/users/self/checkins
Google Calendar	me	/users/me/calendarList
Xing	me	/users/me
Zendesk	me	/users/me.json
Blogger	self	/users/self

self も me も多く使われており甲乙つけがたいので好みの問題になるかもしれません。しかしいずれにせよ自分自身のデータを取得するためにユーザー ID をいちいち指定するのではなく、me や self を使うのはクライアントの処理の手間を省くことができます。またこのようにエンドポイントを設計することで、開発を行う際にどのユーザーの情報を出力するのかということは、認証情報からの取得が必要になり、必然的に他のユーザーの情報の取得とは処理が分岐します。出力されるデータも認証したユーザー本人の情報と他のユーザーの情報では、詳細な個人情報は認証したユーザー本人にしか返してはいけないはずで、情報がそれぞれの API では異なるはずですから、処理自体が分岐することで、間違えて他人の個人情報を丸見えにしてしまう、といったバグの混入を防ぐことが容易になります。

2.7　ホスト名とエンドポイントの共通部分

　ここまで個々の機能の具体的な API の設計を見てきましたが、ここでエンドポイントの共通部分と、API を提供するためのホスト名について考えてみましょう。API はたとえば /users でユーザー一覧を取得、といったように設計しますが、エンドポイント全体としてはこれだけでは当然な

く、`https://api.example.com/v1/users` のように HTTP の URI となっています。したがって `https://api.example.com/v1` の部分はすべての API に共通する部分となるので、この部分の設計も考えておく必要があります。まずはさまざまなサービスのエンドポイントの共通部分を見てみることにしましょう（**表 2-16**）。

表2-16 さまざまなサービスのエンドポイントの共通部分

サービス	エンドポイントの共通部分
Twitter	api.twitter.com/1.1
Foursquare	api.foursquare.com/v2
Tumblr	api.tumblr.com/v2
Etsy	openapi.etsy.com/v2
Flickr	api.flickr.com/services/rest
Facebook（GRAPH API）	graph.facebook.com
YouTube	www.googleapis.com/youtube/v3
Google Calendar	www.googleapis.com/calendar/v3
Twilio	api.twilio.com/2010-04-01
last.fm	ws.audioscrobbler.com/2.0
del.icio.us	api.delicious.com/v1
LinkedIn	api.linkedin.com/v1
Yammer	www.yammer.com/api/v1
GitHub	api.github.com
NetFlix	api-public.netflix.com
楽天	app.rakuten.co.jp/services/api
ホットペッパー	webservice.recruit.co.jp/hotpepper
R25	webservice.recruit.co.jp/r25
じゃらん	jws.jalan.net/APIAdvance
mixi	api.mixi-platform.com/2
Livedoor お天気情報サービス	weather.livedoor.com/forecast/webservice/json/v1

これを見ると、パターンとしてはホスト名に `api.example.com` のように "API" という名前を入れるのが主流であることがわかります。多くの API がパスに v2 や 1.1 などの数値が入っていますが、これは API のバージョン番号を表すもので、これについては 5 章で改めて議論します。中には Yammer のように api という文字をパスの中に入れているケースがありますが、URI の長さを考えると、ホスト名に入れてしまったほうが合理的ですし、ホスト名を分けることでアクセスを DNS レベルで分割できるので管理がしやすいメリットもあります。

Etsy や NetFlix は openapi や api-public のようにこれがオープン／パブリックな（つまり第三者でも利用可能な）APIであることを明示しています。これはたとえばオープンな APIとある程度クローズドな API（たとえば特定の提携会社にのみ公開しているものなど）を異なるエンドポイントで公開している場合は有効かもしれません。しかし URI が長くなるのであまり多用すべきではないでしょう。

　Google やリクルートなど1つの企業で複数のサービスを提供している場合には、www.googleapis.com や webservice.recruit.co.jp のように複数のサービスのホスト名を1つに集約するケースも見られます。Google の場合は googleapis.com という専用のドメインを用意してまでいます。しかし筆者としては、サービスが別のドメイン名で提供されているのであれば、API もそのドメイン名（example.com で提供されているなら api.example.com）で提供するほうが利用者にとってはわかりやすいのではないかと思っています。

　また api ではなく webservice という単語を使っているサービスもあります。概念的にはウェブサービスは異なるプラットフォーム上でのサービスを相互運用するためにウェブの技術を使って提供されるサービスのことであり、APIはアプリケーションプログラミングインターフェイス、すなわち異なるソフトウェアコンポーネントが相互にやりとりするための仕様を指します。ではどちらを使うべきかというと、ウェブサービスがプログラムだけでなく人間を対象にしたサービスに対しても利用されることなどから APIのほうがプログラムがアクセスするものであることがわかりやすいことなどを考慮すると APIのほうがよいでしょう。また公開されている APIが「ウェブサービスの API」といった言われ方もするように、外部からサービスをアクセス可能にしたものを「ウェブサービス」、そしてそのインターフェイスを API（Web API）と呼ぶケースも多く、その観点からも APIのほうが適しているといえます。

　上記の例の中では楽天がやや異彩を放っています。それは app、services、api と3つの比較的似た言葉が並んでいるからです。内部的にはこれらの単語の用途には明確な違いがあるのかもしれませんが、外部から見るとかなり冗長なのでもう少しシンプルなほうがよいでしょう。

　これらのことをまとめると、example.com というサービスで APIを提供する際のホスト名は api.example.com が最も適切であることがわかります。

2.8　SSKDsとAPIデザイン

　さてここまで Web API のエンドポイントの設計について考えてきましたが、ここまで検討してきたことはどちらかというと広く一般に公開し、多くの人に使ってもらうための API、すなわち LSUDs（1章参照）向けの APIです。LSUDs 向けの APIでは、なるべく汎用的で、わかりやすく使いやすい APIの設計が最も重要です。もちろん SSKDs 向けの APIであっても汎用的で、わかりやすく使いやすい APIの設計は重要ですが、それよりももっと重要なことがあります。それはエンドユーザーにとってのユーザー体験です。

　たとえば E コマースサイトのスマートフォン向けのアプリケーションを作っていることを考えてみましょう。そのアプリ専用に提供する APIを設計しているとします。その EC アプリのホーム画面（起動してすぐの画面）には、新着の商品、人気の商品、ログイン中のユーザー情報やこれ

までの購買履歴に基づきレコメンドされた商品、そしてカートに追加されている商品件数などが出ています。もしあなたがAPIの設計を一般的な定石に従って行ったとすると、「新着商品」、「人気の商品」、「ユーザー情報」、「おすすめ商品」などはすべて異なるAPIとなってしまうかもしれません。そうしたらクライアントアプリケーションはホーム画面たった1画面を表示するのに、何度も異なるAPIにアクセスしなければならず、非効率ですし、画面を表示するまでに時間もかかってしまい、ユーザーを待たせてしまいます。これは良いユーザー体験とはいえません。したがってとにかくホーム画面で表示する情報を1つに詰め込んだ"ホーム画面表示用"APIを作成し、それに1回アクセスするだけですべての情報が確実に利便性が高いのです。

　こうしたケースでは、必要とされるAPIの設計は、必ずしも汎用的という観点からは美しい必要はありません。2014年3月に行われた「API Strategy and Practice」[†9]における「Michele Titolo氏とPaul Wright氏の講演」[†10]においても「1スクリーン1APIコール、1セーブ1APIコール」という言葉が出てきており、これはひとつの画面を表示するためにコールするのが1つのAPIですむようにそれに合わせたAPIを用意し、何らかのデータをサーバに保存する場合にも1回のコールですむようにそれ向けのAPIを用意するのがよい、ということが述べられています。何度もAPIへのアクセスを繰り返すことは、速度の問題だけでなく、データの一部だけが表示されてしまう状態や、保存の際に一部のデータだけが保存されて整合性が保たれなくなってしまうといった問題を引き起こす可能性もあるからです。

　もちろんLSUDs向けのAPIであっても、単にDBのデータにアクセスできる薄いラッパーAPIを提供しても、あまり便利ではありません。すでに述べたようにクライアントのユースケースを想像し、それを簡単にこなすために便利なエンドポイント、レスポンスデータ構造を考える必要があります。

　なお複数のクライアントアプリケーションにAPIを提供する場合などには、ユースケースが多様化しさまざまなエンドポイントを用意しなければならず、管理が大変になる可能性があります。これについてはシンプルなAPIを提供する層とクライアントの間にオーケストレーション層と呼ばれるもう一層挟む方法などが考え出されていますが、それについては5章で触れることにします。

2.9　HATEOASとREST LEVEL3 API

　ここまでAPIの設計としてデータの取得や処理を行うために、各種エンドポイントとそのレスポンスデータの形式を設計してそれをドキュメントとして公開し、その仕様に従ってクライアントが個々のAPIに独立してアクセスするやり方について述べてきました。現在公開されているほとんどのAPIはこの形式になっていますが、これとは異なるアプローチのAPI設計も提唱されています。

　Martin Fowler氏による「2010年にREST APIの設計のレベルについての記事」[†11]によれば、す

[†9] http://www.apistrategyconference.com/2014Amsterdam/
[†10] https://www.youtube.com/watch?v=8BsrAblL23U
[†11] http://martinfowler.com/articles/richardsonMaturityModel.html

2.9 HATEOASとREST LEVEL3 API

ばらしいREST APIにいたるための設計レベルには以下のようなものがあります。

- REST LEVEL0 - HTTPを使ってる
- REST LEVEL1 - リソースの概念の導入
- REST LEVEL2 - HTTPの動詞（GET/POST/PUT/DELETEなど）の導入
- REST LEVEL3 - HATEOASの概念の導入

　本書で述べている設計手法はこれによればREST LEVEL2（本書ではRESTという言葉はほとんど使いませんし、そこから外れることも言及しますが）にあたります。Martin Fowler氏の分類によればREST LEVEL3に相当するのが「異なるアプローチ」によるAPI設計です。そこで出てくるのがHATEOAS（hypermedia as the engine of application state）という概念です。

　HATEOASという概念自体は最初にRESTに言及した「Roy Fieldingの論文」[†12]ですでに言及されています。ハイパーメディアとはハイパーテキストが文書をリンクでつないだものであるように、リンクによって複数のメディアをつないだものであり、この場合にはAPIで扱われるリソースを意味します。

　HATEOASはAPIの返すデータの中に、次に行う行動、取得するデータ等のURIをリンクとして含めることで、そのデータを見れば次にどのエンドポイントにアクセスをすればよいかがわかるような設計です。たとえばSNSの返す友達一覧のデータがあったとすると、その友達のそれぞれのデータにはそのユーザーのリソースを取得するためのリンクが含まれています。

```
{
  "friends": [
   { "name": "Saeed",
      "link": {
        "uri": "https://api.example.com/v1/users/12345",
        "rel": "user/detail"
      }
    },
   { "name": "Jack",
      "link": {
        "uri": "https://api.example.com/v1/users/13242",
        "rel": "user/detail"
      }
    },

      :
      :

  ],
  "link": {
```

[†12] http://www.ics.uci.edu/~fielding/pubs/dissertation/rest_arch_style.htm

```
      "uri": "https://api.example.com/v1/users/me/friends?sence_id=34445",
      "rel": "next"
    }
  }
```

リンクは URI の他に、そのデータと現在のデータの関連性を示す rel という情報が追加されています。そしてユーザー情報にアクセスした場合は以下のように、今度は友人関係を解消するリンクやメッセージ一覧を取得するリンクなどが含まれるかもしれません。

```
{
  "id": 12345,
  "name": "Saeed",

      :
      :

  "link": {
    "uri": "https://api.example.com/v1/users/12345/messages",
    "rel": "friends/messages"
  },
  "link": {
    "uri": "https://api.example.com/v1/users/me/friends/12345",
    "rel": "friends/delete"
  }
}
```

REST LEVEL3 API では、このようにある操作やデータの取得のあとに行う行動のためのリンクを提供することで、クライアントがあらかじめエンドポイントを知らなくても動作可能にします。これはちょうど、人間がブラウザを使ってウェブサイトを閲覧するのと似ています。たとえば Facebook にアクセスして誰か友人にメッセージを送る、友人の投稿を読む、といったことは、「メッセージ送信」や「投稿閲覧」の URI を知らなくても、Facebook のトップページの URI さえ知っていて、そこにアクセスすれば可能です。それは可能なすべての機能はトップページからリンクをたどることでアクセスできるからです。

REST LEVEL3 API ではこれと同じように、入口となるエンドポイントさえ知っていれば、提供される API の機能にすべてアクセスできる状況を作ることができるのです。

なおアクセスしたデータがどんなデータなのか、ユーザー情報なのか一覧なのか、それともメッセージの詳細なのかといったことをクライアントは知る必要がありますが、そのためにはメディアタイプが使われます。メディアタイプは HTTP では Content-Type ヘッダに入れてクライアントに送られる、そのデータがどんなデータか、を表すもので通常は JSON を表す application/json や XML を表す application/xml など、データ形式を表すために使われていますが、REST LEVEL3 API ではメディアタイプを API が返すデータの形式ごとに、たとえばユーザー詳細なら application/vnd.companyname.user.detail.v1+json のように決めて、それ

を返すことでクライアントがどんなデータが送られてきたのかを知ることができるようにします。

2.9.1 REST LEVEL3 APIのメリット

　REST LEVEL3 API のメリットとしては、クライアントがあらかじめ URI を知る必要がないので、URI の変更がしやすくなる点、および URI を「改造しやすい（Hackable）」ものにする必要がなくなる、という点があります。アメリカの有名なファイナンシャル・アドバイザーであるデイブ・ラムジーのラジオ番組「The Dave Ramsey Show」の iOS アプリケーションを開発する Lampo Group の「Phil Harvey 氏の発表」[†13] によれば、このアプリケーションでは REST LEVEL3 API を利用することで、アプリケーションには入口となる URI のみをハードコードしているということです。特に変更してから配布するまでに時間がかかるスマートフォンクライアントの場合は有効ですし、そうでなくても URI の変更に応じてクライアント側を修正する、あるいはアナウンスをするという必要がなくなる点で保守が容易になります。また、URI をルールに沿って生成する、といった手間が省け、API におけるバグのなかで、URI の間違いに起因するものは発生しにくくなります。

　もう一点の URI を改造しやすくする必要がなくなる点ですが、これはつまり以下のようにアクセス先のエンドポイントを人間が見ても理解できなくすることができるという意味です。

```
https://api.example.com/3d9c000060dd6341d4e8381ac25806c5
https://api.example.com/a1f7481bd2994809be84d62a1eb4e877
```

本章では URI を改造しやすくするのが良い実装であると説明しているため、このメリットはそれと矛盾しています。しかしセキュリティなどの観点から、アクセスしてほしくない URI を想像しにくくしたい、というニーズがある場合にはこれはメリットになるでしょう。

2.9.2 REST LEVEL3 API

　それでは REST LEVEL3 API は採用すべきかというと、前述の The Dave Ramsey Show のアプリケーション向けの API のように、SSKDs 向け API、つまり特定のクライアントのみで使われるような API ではニーズ次第で採用が可能ですが、LSUDs 向け API、すなわちオープンに公開する API ではまだ時期尚早であるように思います。API のアクセスにリンクをたどるという仕組みは、これまでの API クライアントとは違った仕組みが必要ですし、そもそも REST LEVEL3 API の概念も世に広まっているとはいえないからです。

　これから将来このような仕組みが広まるかどうかはわかりませんが、上記のようなメリットもありますし、この仕組を実現するために HAL[†14] という記述ルールも考案されてそれを使うためのライブラリもさまざまな言語向けに公開されているので、クライアントもサーバも自分で開発するようなシチュエーションでは利用を検討してみるのもよいかもしれません。

[†13] http://www.slideshare.net/philharveyx/http-caching-ftw-rest-fest-2013
[†14] http://stateless.co/hal_specification.html

2.10 まとめ

本章ではクライアントがAPIを利用する際の顔ともなるべきエンドポイントの設計について見てきました。Web APIのエンドポイントはURIなので、一般的なウェブページのURIの設計の考え方がそのまま適用できるほか、APIならではのルール、デファクトスタンダードが存在しています。基本的には、URIが「リソース」を表すものであり、URIとHTTPのメソッドの組み合わせで処理の対象と内容を表すのが、現代における良いAPIの設計であるとされているので、それに従って設計を行っていくとよいでしょう。

本章ではさまざまな実際のサービスのAPIを例に紹介しました。これはこれからの章にも言えることですが、良い設計を見極めるにはさまざまなAPIの実際の設計を調べ、比較して見ることも重要です。

APIのディレクトリであるProgrammableWeb（http://www.programmableweb.com/）には、公開されているさまざまなWeb APIのドキュメントへのリンクが登録されています。このサイトを足がかりに、たくさんのAPIを見てみるとよいでしょう。

- [Good] 覚えやすく、どんな機能を持つかがひと目でわかるエンドポイントにする
- [Good] 適切なHTTPメソッドを利用する
- [Good] 適切な英単語を利用し、単数形、複数形にも注意する
- [Good] 認証にはOAuth 2.0を使う

3章
レスポンスデータの設計

前章ではWeb APIへのリクエストの設計を見てきました。続いて本章ではリクエストの結果返されるレスポンスデータをいかに設計するかについて見ていくことにします。Web APIは簡単に言えばHTMLの代わりによりプログラムで処理をしやすいデータ形式を返すウェブページの一種です。したがってレスポンスデータはできうるかぎりプログラムで処理をしやすいものであるべきです。本章では美しいレスポンスデータとは何か、どうすればよりプログラムで処理をしやすいレスポンスデータとなるかについて考えます。

3.1 データフォーマット

まず最初に考えるべきは、どういったデータフォーマットを採用するかです。ここでいうデータフォーマットとはAPIが返す構造化データをどのような表現で返すかということで、具体的に言うとJSONやXMLのことを意味します。

これに関しては実はあまり検討の余地はなく、JSONにデフォルトとして対応し、需要や必要があればXMLに対応する、というのが最も現実に即しています。というのも、世の中のAPIのデファクトスタンダードは完全にJSONになったといえるからです。現在よく使われているWeb APIを見ても、JSONに対応していないAPIはかなり少数派ですが、XMLに対応していない（というよりもJSONのみに対応している）APIは最近では非常に多くなってきました。TwitterではAPIのバージョン1.1からJSONのみとなりましたし、YelpやFoursquare、TumblrもAPIのバージョン2.0からはJSONのみになりました。このようにAPIのアップデートとともにJSONのみに切り替わるサービスも数多く見受けられ、もはやJSONさえサポートしていれば問題はない状況になったといえます（表3-1）。

表3-1　JSONのサポート状況

サービス	データフォーマット
Twitter	JSON
Facebook	JSON（FQLはXMLにも対応）
Foursquare	JSON

表3-1　JSONのサポート状況（続き）

サービス	データフォーマット
GitHub	JSON
Tumblr	JSON
Flickr	JSON、XML
Amazon	XML
OpenWeatherMap	XML、JSON
Yahoo! JAPAN	XML、JSON、PHPserialize
楽天	XML、JSON

　Web APIとしては老舗のAmazonがいまだにXMLにしか対応していないのは興味深いところですが、いまやXMLのみしか対応していないサービスのほうが見つけるのが難しくなっています。またYahoo! JAPANのようにPHPserializeというPHPのシリアライズ形式に対応しているものもあります。PHPはウェブ開発言語の中で大きな割合を占めていますから、これはそうしたPHP開発者にとってはありがたいことでしょう。

　図3-1はGoogleトレンドによる「json api」と「xml api」のトレンド比較です[†1]。これを見ると2007年くらいからJSON APIに関する情報が増えていき、2012年にXML APIの情報量を追い抜いていることがわかります。

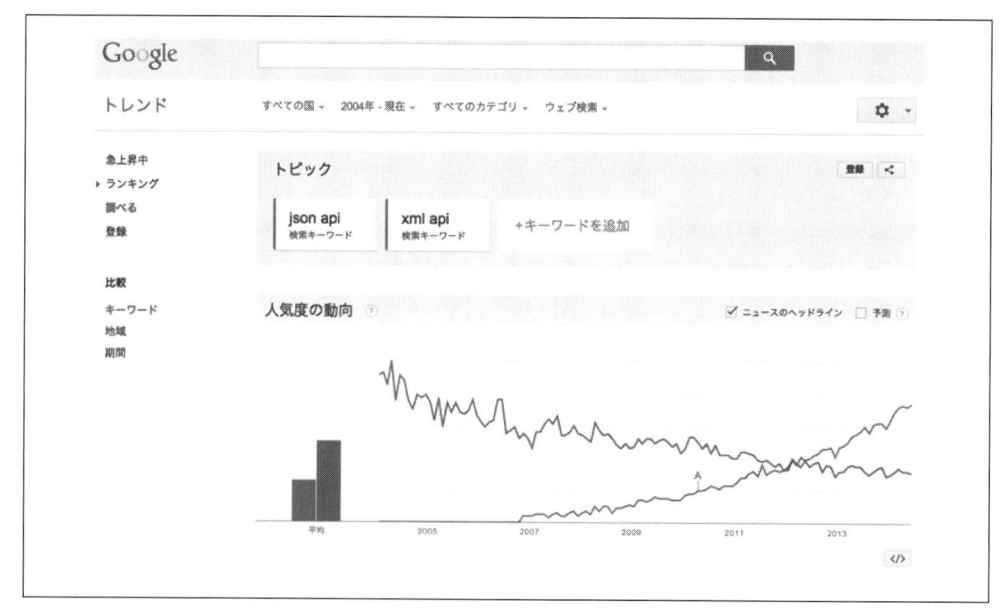

図3-1　「json api」と「xml api」のGoogleトレンドによる比較

[†1] 出典は「json api」と「xml api」のGoogleトレンドによる比較 (http://www.google.com/trends/explore?q=xml+api#q=json%20api%2C%20xml%20api&cmpt=q)

かつてはウェブ上でプログラム向けのデータをやりとりする選択肢はほぼXMLだけでした。AJAXの最後のXがXMLの頭文字であることからも、JavaScriptから非同期でHTTP通信を行うオブジェクトの名前がXMLHttpRequestであることからも、AJAXがかつてはXMLを前提としていたことがわかります。しかし現在ではデータフォーマットの主流はJSONに完全に置き換わりりました。

なぜこのようにJSONがXMLよりも広まっていったのでしょうか。その主な理由としては、JSONのほうがシンプルで同じデータを表すのにサイズが小さくてすむこと、そしてウェブの世界においてはクライアントのデフォルト言語であるJavaScriptとの相性がとてもよいことがあげられます。

XMLは名前空間やスキーマ定義の仕様がきちんと決まっていたり、要素に対して属性を付けられるなどJSONに比べて表現力は豊かですが、現状Web APIでやりとりされているデータの多くはJSONのシンプルなキーと値、および配列を使って表現可能であり、XMLのより複雑な仕様をほとんど必要としません。そのためXMLを使わなければならない理由というのはあまり存在せず、JSONで十分であるということができます。

そうなるとよりシンプルでわかりやすいものが普及していくのは世の常であり、JSONがXMLよりも普及するようになったのは必然であるともいえます。もし将来よりシンプルで使いやすい、あるいはWeb APIとして使いやすいフォーマットが登場したときには、JSONの時代は終わりを告げるかもしれませんが、現在のWeb APIではJSONでデータを返すのが最も理にかなっており、それ以外のフォーマットに関しては必要に応じて対応するとよいでしょう。

その他のデータフォーマット

APIでのやりとりに利用できるデータフォーマットはもちろんJSON/XML以外にも存在しています。ただし本文中でも述べてるようにそれ以外のフォーマットはあまり広く使われておらず、利用する側にとってあまり便利なものとはいえません。しかしそれは、APIを一般公開する場合のみに限っていえることです。しかしSSKDs（small set of known developers、1章参照）、たとえばスマートフォンアプリとそのバックエンドサーバといった特定のアプリケーション間のやりとりのみのためにデザインされたAPIにおいてはその限りではなく、その両者のアーキテクチャややりとりされるデータの内容に最も適したものを利用するほうが適切だといえます。たとえばMessagePackなど、より効率的なやりとりを目指して考案されているシリアライズ方法もあります。

ただしこれらのフォーマットはJSONと比較したとき、効率的な通信が可能である一方、データの中身が人間には読み辛く、デバッグしづらいという問題もあります。そこでJSONとMessagePackの両方に対応しておいて、開発時はJSONを使い、実際にサービスをユーザーに提供する際にはMessagePackで提供する、といった方法も考えられるでしょう。

3.1.1 データフォーマットの指定方法

現在におけるAPIのフォーマットはJSONがデファクトスタンダードとなっていると述べましたが、それでもそれ以外のフォーマットをサポートしたい、あるいはしなければならない場合もあります。そういった場合にまず考えなければならないのは、クライアントにどのように取得したい形式を指定させるべきか、という点です。たとえばクライアント側でXMLでデータを取得したいと思ったときに、どのようにそれをサーバに伝えることができるのか、ということです。それには一般的に以下のような方法が使われています。

- クエリパラメータを使う方法
- 拡張子を使う方法
- リクエストヘッダでメディアタイプを指定する方法

1つ目のクエリパラメータを使う方法は、以下のようにフォーマットを指定するクエリパラメータ（POSTの場合はフォームデータやボディを含む）を用意して、そこで`json`や`xml`といったデータ形式を指定する方法です。

```
https://api.example.com/v1/users?format=xml
```

2つ目は拡張子を使う方法で、ファイルに拡張子を付けるのと同じように、URIの最後に`.json`や`.xml`を付けてデータ形式を指定するものです。

```
https://api.example.com/v1/users.json
```

そして3つ目は`Accept`というリクエストヘッダを使う方法です。`Accept`は受け取りたいメディアタイプを指定するためのHTTPヘッダで、詳しくは4章で触れますが、ここにデータ形式を指定することで、「このデータ形式でデータを受け取りたい」ということをサーバに伝えることができます。

```
GET /v1/users
Host: api.example.com
Accept: application/json
```

`Accept`リクエストヘッダにはメディアタイプを複数指定できるため、複数指定されている場合には、先頭に指定されているものから順に見ていって、最初に出てくるサポートしているデータ形式で返す、といったことができます。

これらのうちのどれを使うかについては、かなり好みの問題といえます。HTTPの仕様を最大限活用しようと考えたとき、さらにURIをリソースとして考えたときには、最もお行儀のよい方法はHTTPのメタデータの仕様を利用したリクエストヘッダでメディアタイプを指定する方法ですが、やや利用するための敷居が高いという問題があります。実際のAPIでどの方法が使われて

いるのかを見てみると、リクエストヘッダを使う方法はほとんど採用されておらず、クエリパラメータを使う方法が最もよく使われています（**表 3-2**）。

表3-2 クエリパラメータの指定

サービス	指定方法	クエリパラメータ名	HTTPヘッダ名
YouTube	クエリパラメータ	alt	-
Flickr	クエリパラメータ	format	-
Twilio	拡張子	-	-
Last.fm	クエリパラメータ	format	-
LinkedIn	クエリパラメータ / リクエストヘッダ	format	x-li-format
bit.ly	クエリパラメータ	format	-
Yahoo! JAPAN	クエリパラメータ	output	-
楽天	クエリパラメータ	format	-
Vimeo	クエリパラメータ	output	-
GitHub	リクエストヘッダ	-	Accept

　拡張子を使う方法はあまり現在では使われていません。この方法は、かつてはTwitterなどでも使われていた方法ですし、わかりやすい方法だとは思います。
　さてそれではどの方法を採用すべきでしょうか。筆者としては1つだけを選ぶならURIでクエリパラメータを使う方法を、複数選ぶならメディアタイプをヘッダで指定する方法とクエリパラメータを使う方法を両方サポートする、というのをおすすめします。
　なぜならメディアタイプを指定する方法はHTTPの仕様には最もあった方法だといえますが、URIだけで指定できるほうが手軽であり見た目にわかりやすく、さらに初心者にやさしい方法であるからです。URIで指定する方法でも、拡張子を使う方法よりもクエリパラメータで指定するほうが好ましいのは、クエリパラメータであれば省略可能であることがわかりやすいこと、そしてURIをリソースとしてみなした際にも、クエリパラメータで指定されているほうがあっていることなどがあげられます。
　2つ以上の方法をサポートするのはLinkedInなどでも行われています。LinkedInは`x-li-format`という独自のヘッダを定義していますが、HTTPにはもともと`Accept`ヘッダが用意されているので、こちらを使うべきです。しかしこの方法だけではわかりにくいので、クエリパラメータを使う"わかりやすい"方法も提供し、API利用の敷居を下げるわけです。

3.2　JSONPの取り扱い

　JSONをブラウザに渡す方法の1つにJSONPというものがあります。これは"JSON with padding"の略で、通常は以下のようにJSONにそれをラップするJavaScriptを付け加えたものを指します。

```
callback({"id":123,"name":"Saeed"})
```

この JavaScript 部分が "padding" です。padding は詰め物、余計なものを意味しており、JSON にデータを付け加えたもの、という意味ですので JavaScript のコードである必要はなく、たとえば HTML などを加えてもよいのですが、通常は上記のように関数の引数として JSON を指定する形にして、JSON データをその関数内で処理できるようにします。この JavaScript を script 要素で読み込むと、データが読み込まれた際に callback という関数が呼び出され、そこに必要とするデータが渡されることになります。callback という関数はこの JSONP を呼び出した script 要素の存在するページにあらかじめ用意しておく必要があります。

```
<script src="https://api.example.com/v1/users?callback=callback">
```

なぜこんな方法が考案されたのかといえば、XHTTPRequest は同一生成元ポリシーの制限によって、同じ生成元（ドメインなど）へのアクセスしか行うことができないからです。しかし script 要素は同一生成元ポリシーの規制の対象外のため、JSON を script 要素を使って JavaScript として読み込めば、ドメインを超えたアクセスが可能です。したがってあなたが提供するサービスを他の利用者がページに埋め込んで利用する際などに、script 要素を使ってドメインを超えて JSON データのやりとりをすることができます。

しかし JSON ファイルは JavaScript としては正しいとはかぎらず、script ファイルを使って読み込むことができません。そこで "padding" を加えて JavaScript として読み込み、それが正しくページ内のスクリプトに渡すことができる形に整形しているのです。

たとえばあるサイトがページ内に別サービス由来のデータを定期的に更新しながら取得して表示したいと考えた場合、そのサービスのデータに動的にアクセスして読み込む必要があります。しかし同一生成元ポリシーのために XHTMLRequest は使えません。そこでその代替手段として script 要素を動的に生成し、JSONP を使ってデータを取得することができるのです（図 3-2）。script 要素を生成してページの DOM に追加すると、src で指定された JSONP のデータがスクリプトとして読み込まれ、実行されます。するとコールバック関数が呼び出され、その関数を利用して JSON の内容をその関数を用いて受け取り、内容を更新することができます。

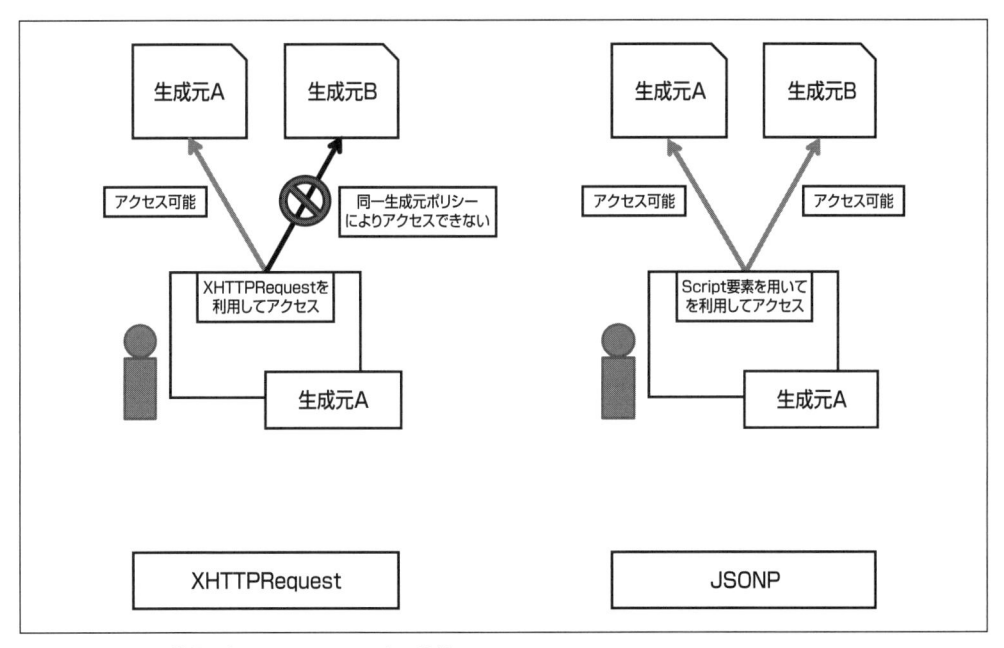

図3-2　JSONPの仕組みとXHTTPRequestとの比較

　JSONPは2005年12月にJavaScriptライブラリのMochiKitやPythonのsimplejsonライブラリの作者として知られるBob Ippolito氏がブログにて発表[†2]したテクニックで、GETしか使えずPOSTを利用できない、HTTPヘッダを独自に設定することができないなどの問題がありつつも、今日まで利用され続けています。またjQueryなどの主要なJavaScriptライブラリも標準でJSONPをサポートしています。

3.2.1　JSONPをサポートする場合の作法

　JSONPの例としてコールバック関数を用いる例を示しましたが、JSONをJavaScriptとして読み出し可能にする方法としてはもう1つ、以下のようにグローバル変数に格納するという方法もあります。

```
var apidata = {"id":123,"name":"Saeed"};
```

　この方法では、スクリプトが読み込まれてデータが利用可能になったことを検知するのにscript要素のloadイベントを利用します。しかしこの場合もこれを読み込むウェブページはグローバル変数の名前を知っている必要があるのでコールバック関数を使った場合と比べて利便性は上がりませんし、むしろ読み込みのタイミングをイベントによって検知するのは、コールバック関数の呼び出しをまつのと比べて複雑度が若干増してしまうため、あまり一般的に利用されてはい

[†2] http://bob.ippoli.to/archives/2005/12/05/remote-json-jsonp/

ません。

またコールバック関数の名前はクエリパラメータで指定できるようにしておくのが一般的です。たとえば下記の例では callback というパラメータを使って cbfunc という関数名を指定しています。

```
<script src="https://api.example.com/v1/users?callback=cbfunc">
```

このように関数名を指定可能にするとよいのには、2つの理由があります。1つ目はコールバック関数がグローバル空間に置かれるため、コールバック関数名を決め打ちにしてしまうと、その名前がページ内の他の関数と衝突してしまう可能性があること、そしてもう1つは同じ API を複数回アクセスする場合に、それぞれを異なるコールバック関数にすることで、返されたデータがどのリクエストによって得られたものなのかを区別することができるようになることです。

2つ目の理由についてもう少し詳しく見てみましょう。たとえば指定したユーザーのユーザー情報を取得する API を何回も使って複数のユーザーの情報を取得する場合を考えてみましょう。もしコールバック関数名が固定されていたら、ユーザー情報はすべて同じ関数に送られてきます。したがって関数内で、どのユーザーの情報が送られてきたのかを区別しなければならず、処理が複雑になってしまう場合があります。特にコールバック関数自身も動的に生成している場合はそうなるでしょう。

しかしコールバック関数名を指定できるようになっていれば、それぞれに異なる関数名を付けることで、別々の関数を用意することが可能になるのです。

```
<script src="https://api.example.com/v1/users/12345?callback=callback_user_12345">
<script src="https://api.example.com/v1/users/98765?callback=callback_user_98765">
```

jQuery ではコールバック関数が指定できる JSONP API で自動的にコールバック関数名を付けてくれる機能が用意されています。以下のように指定する URI のクエリパラメータの値に？を付けるとそれが JSONP でのアクセスであると認識し、関数を自動生成してその関数名をセットしてアクセスしてくれます。

```
<script>
(function() {
  var apiEndpoint = "https://api.example.com/v1/users/12345?callback=?";
  $.getJSON( apiEndpoint, function( data ) {
      // data を利用した処理
    });
})();
</script>
```

コールバック関数を受け付けるためのクエリパラメータの名前ですが、一部の例外を除いて数多くのサービスが callback という名前を利用しているので、callback を使っておけば問題ない

でしょう（表3-3）。

表3-3　JSONPを取得する方法

サービス	クエリパラメータ名	JSONPを取得する方法
Foursquare	`callback`	`callback`クエリパラメータで判断
LinkedIn	`callback`	データ形式として`jsonp`を指定
Instagram	`callback`	`callback`クエリパラメータで判断
Twitter	`callback`	`callback`クエリパラメータで判断
Facebook	`callback`	`callback`クエリパラメータで判断
GitHub	`callback`	`callback`クエリパラメータで判断
Flickr	`jsoncallback`	標準でJSONPが返る

　またフォーマットとしてJSONPを返すための指定方法ですが、単にクエリパラメータにコールバック関数の指定があればJSONPを要求しているとみなす、というのが一般的です。Flickrはちょっと特殊でJSONPがデフォルトで、`nojsoncallback=1`というクエリパラメータを付けると生のJSONになるという仕組みになっています。また、関数名を指定しないと`jsonFlickrApi`という標準の名前が使われます。

　JSONPを配信する際のもう一点注意する点は、JSONPはJSONではなくJavaScriptであるので、`Content-Type`ヘッダにセットするメディアタイプが`application/json`ではなく`application/javascript`になるという点です。これは正しく設定していなくても動作してしまうケースが多いので見落としがちですが、たとえばヘッダに`X-Content-Type-Options: nosniff`をセットしていれば最新のブラウザではエラーとなりますし、今後セキュリティ上の穴が発見されたり、ブラウザが許可しなくなったりするなど、何らかの問題を引き起こす可能性も大いにあるので正しく設定しておきましょう。

3.2.2　JSONPとエラー処理

　JSONPの大きな問題点として、サーバがエラーを返した際に正しく対応できない、というものがあります。`script`要素はエラーのステータスコード（400など）が返るとスクリプトを読み込むことをやめてしまいます。つまりJSONPに対応した場合はエラーが発生した際にステータスコードを400番台、500番台で返してしまうとクライアント側では何が起こったのかがわからなくなってしまうのです。

　そのためJSONPを使う際にはエラーが発生しても200のステータスコードを返し、レスポンスボディでエラーの内容を表現することでこれに対応することになります。たとえば以下のように本来ヘッダに入るべきステータスコードなどの情報をボディに格納することで対応が可能です。

```
{
    status_code: 404,
    error_message: "User Not Found"
}
```

Foursquareでは常に以下のような`meta`というデータにステータスコードを格納しており、さらにJSONPが使われた際にはステータスコードが常に200で返るようになることで対応しています。

```
{
  "meta": {
    "code": 200,
    メタ情報
  },
  "response": {
    実際のデータ
  }
```

こういったJSONP以外でも常にメタ情報をレスポンスボディに格納する方法については筆者はあまり好みではありませんが、JSONPに限っていえばこの方法が有効です。というよりも、きちんとこの対応をしないとあなたのAPIは使いづらいものになってしまうでしょう。

一方LinkedInではエラーのときだけに呼び出されるコールバック関数を`error-callback`というクエリパラメータで指定させる仕組みを採用しています。

```
http://api.linkedin.com/v1/people/~:(id)?callback=firstNameResponse&error-callback=firstNameError
```

この方法はアクセスが成功した場合と失敗した場合を別の関数として書くことができてよいのですが、グローバル空間に2つの関数を置かなければならなくなります。好みの問題もあるかなと思いますが、あまり一般的ではありません。

JSONPをサポートすべきか？

世の中では数多くのAPIがJSONPに対応しています。しかしだからといってJSONPは必ず対応しなければならないということはありません。というよりもむしろ、もし対応する必要がなければ、なるべく対応しないほうがよいでしょう。なぜならJSONPはブラウザがセキュリティ上の理由から対応している同一生成元ポリシーを回避するテクニックであり、そのために本来同一生成元ポリシーによって守られている攻撃手法の対象となってしまう危険性があるからです。セキュリティ上の対策を怠ったままJSONPに対応してしまうと、あなたのサービスや、あなたのサービスを利用しているウェブサイトを

危険に晒すことになってしまいます。
この話題については6章でもう一度触れますが、基本的には何でもかんでもJSONP対応するのではなく、必要な場合にのみ、想定外の情報漏洩が起きないよう安全性に十分注意を払った上で提供する必要があります。

3.3 データの内部構造の考え方

　利用するデータのフォーマットが決まったら、次にそのフォーマットを使って、実際にどんなデータを返すかを決めていくことになります。

　APIで返すレスポンスデータを決定する際にまず考えるべきことは、APIのアクセス回数がなるべく減るようにすることです。そのためにはそれぞれのAPIのユースケースをきちんと考えることが重要になってきます。

　たとえば2章で検討したソーシャルネットワークの友人一覧を取得するAPIについて考えてみます。そしてそのAPIの返す結果が以下の様だったらどうでしょうか。

```
{
  "friends": [
     234342,
     93734,
     197322,
        :
        :
  ]
}
```

　これは友達のユーザーIDだけを配列として返しています。このほうが返すデータのサイズは小さくなりますし、おそらくサーバ側の友達情報を保存しているテーブルにはID情報しか入っていないので、このほうがシンプルにサーバサイドを構築できるはずです。

　しかしこの取得した結果がどのように使われるのかを考えてみましょう。これを使うクライアントはおそらくこの情報をもとに友人一覧を画面に表示したりするはずです。そうすると、友人一覧が単なるIDの一覧でよいはずがなく、名前やプロフィールアイコン、性別などのある程度の属性情報が必要になるでしょう。もし友人一覧を表示するAPIが上記のようなものであったら、クライアントはそのIDをもとにもう一度APIにアクセスして、それぞれのユーザーの情報を取得しなければなりません。たとえユーザー情報を取得するAPIが一度に複数のユーザーを取得できるようになっていたとしても、最低2回のアクセスは必要になってしまいます。これはかなり使い勝手の悪いAPIだといえます。したがって単にIDのリストにするのではなく、以下のようなユーザー情報が入ったリストにしたほうが利用しやすさは向上します。

```
{
  "friends": [
    {
            "id": 234342,
            "name": "Taro Tanaka",
            "profileIcon": "http://image.example.com/profile/234342.png",
              ...
              ...
    },
    {
            "id": 93734,
            "name": "Hanako Yamada",
            "profileIcon": "http://image.example.com/profile/93734.png",
              ...
              ...
    },
    :
  ]
}
```

　APIのアクセス回数が増えると利用者にとって煩雑な上に、HTTPのオーバーヘッドも上がってアプリケーションの速度が低下します。しかもサーバ側の負荷も上がってしまう可能性があるのでいいことなしです。

　APIのバックエンドのデータ構造を考えると、おそらく友人関係を表すテーブルにはこういった個々のユーザーの属性情報は入っていませんから、ユーザーIDだけを返してしまいたくなるかもしれません。しかしAPIがバックエンドのテーブル構造を愚直に反映する必要などまったくありません。もちろんレスポンスが致命的に遅くなっては意味がないので、パフォーマンスの意味でまったく無視することはできませんが、Web APIは単なるデータベースのアクセスインターフェイスではなく、アプリケーションのインターフェイスであるので、そのアプリケーションの特性を踏まえた上で、利用者が使いやすい構造を検討すべきです。というよりもむしろ、もしあなたのAPIが単なるデータベースのそれぞれのテーブルの内容を返すだけのものだったとしたら、それはきっと使い勝手の悪いものになっているはずで、設計の見直しをしたほうがよいはずです。

　1つの作業を完結するために複数回のアクセスを必要とするようなAPIの設計は"Chatty（おしゃべりな）API"と呼ばれます。ChattyなAPIはネットワークのトラフィックを増加させ、クライアントの処理の手間を増やし、利用者にあなたのAPIがなんだか面倒くさい仕様であるという印象を抱かせます。つまり言い換えると良いことは何もないので、そのAPIがどのように使われるかをしっかりと想像し、少しでも利用しやすいAPI設計を心がけましょう。

　もちろんAPIを公開してその利用方法を利用者に委ねた場合、おそらくあなたが思いもよらなかった使われ方をするはずです。しかしある程度のユースケースは想定できるはずですから、そのユースケースに沿った形であれば少なくとも、できるかぎり少ないアクセス回数ですむAPI設計を心がけるべきです。またスマートフォンアプリケーションのバックエンドなど、利用するアプリ

ケーションに多様性があまりない場合には、よりユースケースを想定した API 設計をすることができるでしょう。なお、複数のユースケースに対応する方法については、5 章でバージョニングについて考える際に再び検討することにします。

3.3.1　レスポンスの内容をユーザーが選べるようにする

　では思いがけない API の使われ方に対してなんの対策も取れないかというとそんなことはありません。最もシンプルな解決方法として考えられるのは、すべての API でできるかぎり多くのデータを返す、というものです。たとえば前述のようなユーザー情報を返すケースでは常にどんな場合も、返せるかぎりのユーザー情報を返すことができます。

　しかしこれでは確かに API を何度も叩く必要はなくなりますが、今度は必要以上に大量のデータをクライアントが受け取らなければならなくなってしまいます。たとえば SNS サービスでユーザー一覧を取得したとき、もしかしたらクライアントは名前とユーザーのプロフィールアイコンを必要としているだけかもしれません。にもかかわらずその他の公開情報、たとえば職歴や出身地、投稿した写真やコメントなど大量の情報が一人ずつ、しかも 10 人や 20 人分送られてきたら、データサイズがかなり大きくなってしまいます。

　送受信されるデータのサイズはできるだけ小さいほうが望ましいのはすでに書いたとおりなので、すべての情報がいらないようなタイミングで大きすぎるデータを送るのは避けたい事態です。たとえば SNS の友達一覧の API で 20 人分のユーザーデータを返すようなケースでは、おそらくユーザーはそれを使って一覧を表示するだけなのであまり詳細な情報は不要であるケースが多いでしょう。にもかかわらず API が大量のデータを送ってきてしまった場合はダウンロードにも、そしてデータの解析にも時間がかかってしまいます。

　では API ごとに適切な情報を返そうとしても、ユースケースがまちまちでは何が適切かを決めるのは相当難しくなってしまいます。広く提供する API の場合、提供側の都合で仕様を決めすぎると、帯に短したすきに長しの状態となってしまい、誰にとっても使いづらい API になってしまう危険性をはらんでいます。

　そこでよく取られる手法は、取得する項目を利用者が選択可能にするというものです。クエリパラメータを使って、たとえばユーザー情報のうち名前と年齢を取得したい、といったことを指定することができるようにするわけです。

```
http://api.exmample.com/v1/users/12345?fields=name,age
```

　さまざまな API がこのようなフィールド名での指定に対応しています。表3-4 に例を示します。

表3-4　フィールド名での指定

サービス名	クエリパラメータ名	例	省略した場合の挙動
bit.ly	`fields`	`cities、lang、url、referrer`	すべてを返す
Etsy	`fields`	-	-

フィールドの指定を省略した場合はすべての情報、あるいはすべてだと多すぎる場合は最も利用頻度が高いと思われる組み合わせを選んで返すことになります。

ユーザー情報の種類を選ぶ方法として、各項目名を直接指定する方法の他に、あらかじめいくつかの取得する項目の量の異なるセットを用意しておいて、その名前を指定させるという方法があります。Amazon の Product Advertising API ではそうしたセットは「レスポンスグループ」と呼ばれており、たくさんのレスポンスグループの組み合わせを指定することで、必要なデータだけを取得できるようになっています。

表 3-5 に代表的なレスポンスグループの例を示します。レスポンスグループは入れ子になっており、たとえば Medium では Small の内容に加え、Images や ItemAttributes など別のレスポンスグループの内容が追加されたものになっています。

表3-5 代表的なレスポンスグループの例

レスポンスグループ名	内容（含まれるレスポンスグループ）
Small	Actor、Artist、ASIN、Author、CorrectedQuery、Creator、Director、Keywords、Manufacturer、Message、ProductGroup、Role、Title、TotalPages、TotalResults
Medium	EditorialReview、Images、ItemAttributes、OfferSummary、Request、SalesRank、Small
Large	Accessories、BrowseNodes、Medium、Offers、Reviews、Similarities、Tracks

3.3.2　エンベロープは必要か

続いてはデータの全体の構造について考えてみましょう。エンベロープとは日本語で言うと「封筒」を意味しますが、API のデータ構造の文脈で言えば、すべてのデータ（レスポンスやリクエスト）を同じ構造でくるむことを言います。たとえば以下のようなものを指します。

```
{
  "header": {
    "status": "success",
    "errorCode": 0,
  },
  "response": {
      ... 実際のデータ ...
  }
}
```

このデータを見ると返ってきた JSON は header と response という 2 つのデータを保つ構造をしており、実際のデータは response に、そして header には status や errorCode など API に共通したメタデータを入れるようになっていることがわかります。こうしたメタデータも含んだような形ですべての API が同じデータ構造を返すために実際のデータをくるむための構造を

エンベロープと呼びます。ちょうどいろいろなものを封筒に入れて送るようなものだからです。

　こうしたエンベロープは便利なように見えます。APIでレスポンスを返す際には実際のデータ以外にも返したいメタ情報はいろいろありますし、データ形式が共通になっていればクライアントサイドも抽象化しやすいからです。しかし実際にはこれは冗長な表現であるため、やるべきではありません。

　というのはWeb APIは基本的にHTTPを利用しており、いわばHTTPがエンベロープの役割を果たしているからです。HTTPにはヘッダの概念があり、そこにさまざまなデータを入れることができますし、エラーかどうかの判断もステータスコードをきちんと返すことで行うことができます。たとえばエラーかどうかの判別は適切なステータスコードを返すことである程度可能であり、より詳細な情報はHTTPヘッダに入れて返せばよいのです。エンベロープを使っているAPIに限ってエラーの場合もステータスコードが200だったりして、ステータスコードでは処理が成功したのか失敗したのかすらわからない状態になっているケースもみかけますが、これはせっかくのHTTPの機能を正しく使っておらず、好ましくありません。

　上記の例における`header`内に書かれていたようなメタ情報は、HTTPの仕様に則ってHTTPのレスポンスヘッダを使って書くことができます。そうするとHTTPのレスポンスボディは実際のデータのみを返すようにできるので、無駄を省くことができますし、レスポンスヘッダの書き方を全APIで共通にすれば、クライアント側のAPIアクセスも容易に抽象化することができます。

　HTTPの仕様に則ってメタデータやエラー情報を返す方法については4章でもう一度触れますが、HTTPという個々のWeb APIに依存しない仕様を利用してメタ情報を送信することで、そのメタ情報やエラーの意味を、HTTPの知識さえあればある程度すぐに理解できるようになるため、よりわかりやすいAPIを構築することができます。

　ただし1つだけエンベロープ的なものを利用したほうが便利な例外があります。それはすでに述べたJSONPを利用したケースで、これはJSONPを使ってブラウザでデータを読み込む場合に、ステータスコードやレスポンスヘッダにアクセスすることができないためです。

3.3.3　データはフラットにすべきか

　JSONやXMLは階層構造を表すことができるので、同じデータでもフラットに表すことも階層的に表すこともできます。たとえば2人でのメッセージのやりとりを表現するデータがあったとして、以下のようにオブジェクトの中にオブジェクトを入れる形で階層構造を使って表すこともできますし、すべてのデータを同じ階層に入れてフラットに表すこともできます。

❖階層的に表す場合
```
{
    "id": 3342124,
    "message": "Hi!",
    "sender": {
        "id": 3456,
        "name": "Taro Yamada"
    },
```

```
    "receiver": {
        "id": 12912,
        "name": "Kenji Suzuki"
    }
      :
      :
}
```

❖フラットに表す場合
```
{
    "id": 3342124,
    "message": "Hi!",
    "sender_id": 3456,
    "sender_name": "Taro Yamada",
    "receiver_id": 12912,
    "receiver_name": "Kenji Suzuki"
      :
      :
}
```

　これについては、どちらがよいのかは状況次第ではあります。GoogleのJSON Style Guide[†3]でも「なるべくフラットのしたほうがよいけど、階層構造を持ったほうがわかりやすい場合もあるよね」というようなやや曖昧な表記になっています。上記の「送信者（sender）」や「受信者（receiver）」のようにどちらも同じユーザーという構造を表す場合は階層構造で表現したほうがよい典型例だといえるかもしれません。こうすることでクライアントはそれぞれのデータをユーザーという同じデータとして処理できるようになりますし、JSONのサイズ自体も毎回senderやreceiverという接頭辞（これはキーにどんな名前を付けるかによりますが）を付けるよりも小さくなります。

　一方でたとえば以下のような単に複数項目をまとめたいがためだけに階層構造にしてしまうのは、あまりメリットがありません。

❖階層的に表す場合
```
{
    "id": 23245,
    "name": "Taro Yamada",
    "profile": {
        "birthday": 3456,
        "gender": "male",
        "languages": [ "ja", "en" ]
    }
      :
      :
}
```

[†3] http://google-styleguide.googlecode.com/svn/trunk/jsoncstyleguide.xml

❖フラットに表す場合
```
{
    "id": 23245,
    "name": "Taro Yamada"
    "birthday": 3456,
    "gender": "male",
    "languages": [ "ja", "en" ]
}
```

　この例ではユーザー情報のうちのプロフィール情報をprofileというカテゴリとして表現したいという意図で階層構造を使っていますが、これはなくてもあまりデータ構造には、コードを処理する上でも、見た目的にもあまり違いがありません。しかもJSONのデータサイズは大きくなってしまっています。そういった観点から、こうした不要な階層化はするべきではなく、Googleのスタイルガイドにあるような、なるべくフラットにすべきだけど階層化したほうが絶対によい場合は階層化もあり、というのが正しいルールといえるでしょう。

3.3.4　配列とフォーマット

　先に例としてあげたSNSの友人一覧やタイムラインなど、APIで配列を返したいケースがあります。JSONのオブジェクトは順序が考慮されませんし、JSONには配列の仕様があるのでそれを利用することができます。その際にAPIのレスポンスとしては以下のように配列をそのまま返す方法と、レスポンス全体をオブジェクトにして、その中に配列を入れる方法があります。

❖配列をそのまま返す
```
[
    {
        "id": 234342,
        "name": "Taro Tanaka",
        "profileIcon": "http://image.example.com/profile/234342.png",
             :
             :
    },
    {
        "id": 93734,
        "name": "Hanako Yamada",
        "profileIcon": "http://image.example.com/profile/93734.png",
             :
             :
    },
        :
]
```

❖オブジェクトで包む
```
{
    "friends": [
        {
            "id": 234342,
            "name": "Taro Tanaka",
            "profileIcon": "http://image.example.com/profile/234342.png",
              :
              :
        },
        {
            "id": 93734,
            "name": "Hanako Yamada",
            "profileIcon": "http://image.example.com/profile/93734.png",
              :
              :
        },
          :
    ]
}
```

　JSONはトップレベルにオブジェクトと配列のどちらでも置くことができるので、どちらもJSONとしては問題ありません。ではどちらがよいでしょうか。エンドポイントで/friendsのように友人一覧を要求しているのにオブジェクトで配列を包んでfriendsというキーを付けるのは冗長なので、配列だけを返したほうがスッキリしていてサイズも小さくなるのでよいのではないかという気もしますし、実際はどちらを選んでもさほど問題はないといえます。

　しかしいくつかの理由から、筆者としてはオブジェクトで包んだ記述方法のほうがおすすめです。そのオブジェクトで包むことのメリットは以下のようなものです。

- レスポンスデータが何を示しているものかがわかりやすくなる
- レスポンスデータをオブジェクトに統一することができる
- セキュリティ上のリスクを避けることができる

　1つ目のレスポンスデータが何を示しているものかがわかりやすくなる、というのは文字どおりで、friendsというキーが付いていることで、このデータが友人の情報であるということがレスポンスデータだけからひと目でわかります。そして2つ目のレスポンスデータをオブジェクトに統一することができるというのは、トップレベルが配列だったりオブジェクトだったりとAPIによって異なる場合、クライアントで取得した際に共通の前処理をするといったことがちょっと面倒になる可能性があります。

　ただしこの2つのメリットは比較的些細なものであり、配列で簡潔に返すのと比べて非常に大きなメリットを感じるというわけではありませんし、好みの問題といえます。しかし3つ目のメ

リットであるセキュリティ上のリスクを避けることができるというのは重要です。トップレベルが配列であるJSONは、JSONインジェクションという脆弱性に対するリスクが大きくなるという問題を抱えているのです。

JSONインジェクションとは、`script`要素を利用してJSONを読み込むことによって、ブラウザに他のサービスのAPIが提供するJSONファイルを読み込ませ、その内容を不正に入手するという手法です。

```
<script src="https://api.example.com/v1/users/me" type="application/javascript">
</script>
```

詳細については6章で再び述べますが、この問題は読み込んだJSONファイルがJavaScriptとして正しい文法になっている場合に発生します。JSONファイルはJavaScriptの文法を利用していますが、オブジェクトの場合はそれ単体ではJavaScriptの文法的に正しくはなっていません。なぜならルートに存在する`{}`はJavaScriptの場合はブロックとして判断されるため、その中にはJavaScriptのコードが存在することが期待されるからです。したがってこれを`script`要素で読み込んだ場合、ブラウザは構文エラーを起こします。一方で配列の場合は、それ単体で正しいJavaScriptになるため、問題なくブラウザに読み込まれてしまいます。

`script`要素を使ってブラウザで読み込むことができない、すなわちクッキーではなくリクエストヘッダに認証情報などを追加で入れなければ取得できないAPIの場合はこの問題は関係がないといえますが、それでも常にオブジェクトを返す癖をつけておいたほうが安全ではないかと筆者は考えています。

3.3.5　配列の件数、あるいは続きがあるかをどう返すべきか

検索結果や友達一覧などの配列を返すデータでは、2章で触れたように取得する開始位置をIDや時間で指定したり、取得数と取得位置を指定してその一部を取得するような「絶対位置での指定」を行う設計にする場合があります。こうした「一連のデータで構成されるデータセット」を操作する際には、ページングをしてデータを次々と読んでいったり、ある特定の位置にジャンプして取得したりといった動作は、APIにアクセスするクライアントを作る上でありがちなものであるといえます。

その際には取得するデータが全体で何件あるかという情報を使う場合も多いのですが、2章で述べたように全体の件数を計算する処理は重くなりがちで工夫が必要になるので、本当に件数を返すことが必要であるかをしっかりと見極めたほうがよいでしょう。

たとえば何らかの検索結果の場合には「何件検索されたか」といった情報を画面に表示したほうがユーザーの利便性が上がる場合があります。こうしたケースでは検索結果件数は必要となるでしょう。オンラインショップの商品一覧でも、全部で何件の商品があるのかを利用者は知りたいはずです。しかしたとえばSNSのタイムラインなどの時系列にデータが延々と続くようなデータの場合には、全件数が何件あるのかということはあまり重要ではないはずです。

ただし全件数が必要ではないとしても、ページネーション、すなわち全体を一気に取るのではなく、その一部ずつを取得していくことにはなるので、どこから取得するのかという指定を行う実装になるわけですが、その際に必要なのが"今取得したデータには続きがあるのか"という情報です。つまり先頭から20件を取得した際に、そのデータが本当に20件しかないのか、それとも本当は100件くらいあってその内の20件なのか、ということは知る必要があります。それがなければクライアントが続きの読み込みが必要であるかどうかを知ることができず、たとえば「次の20件」といったリンクを表示するなどもできないからです。

しかし、サーバ側の実装を考えれば、取得したデータに続きがあるかどうかを取得するために全体の件数を使う必要はなく、たとえば20件返すためには最大21件の取得を行ってみて、実際に21件取得できれば少なくとも1件の続きがあるとみなして先頭20件のデータとともに「続きがあるよ」という情報を返してあげてもよいかもしれませんし、続きがあるかを調べるために全体件数を知る必要は必ずしもありません（図3-3）。

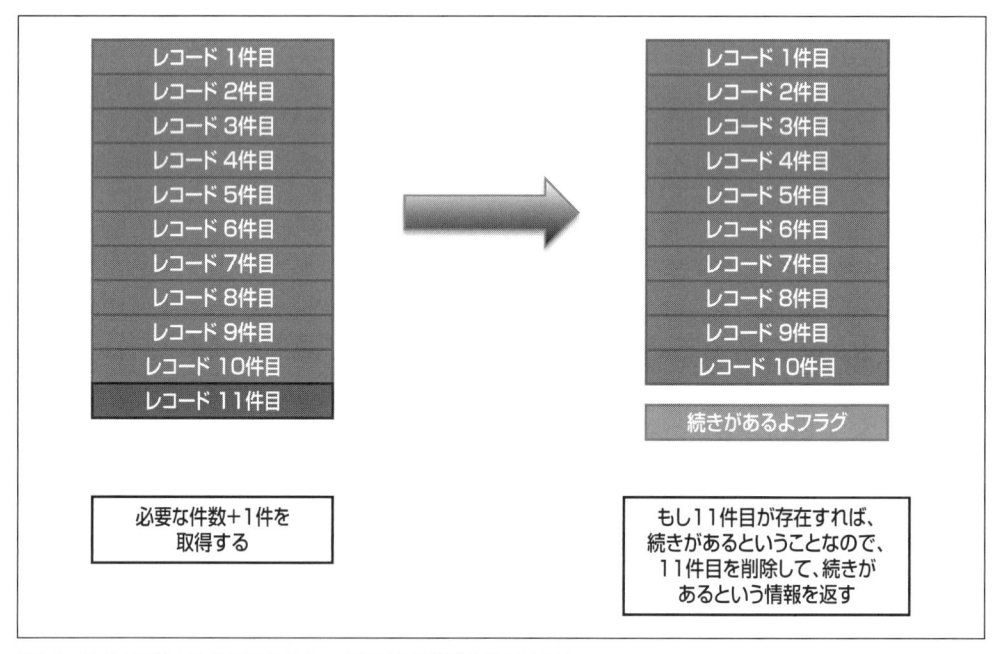

図3-3 続きがあるのかを返すのにサーバ側で全件検索の必要はない

そして続きがあるのかという情報をたとえば「hasNext」といった名前で結果に含めてあげればよいわけです。

```
{
    "timelines":[
        :
```

```
      :
    ],
    hasNext: true
}
```

なお「次があるのか」という情報を返すだけでなく、次のページのURIや、次のページの取得に必要なパラメータを返すというパターンもあります。これは2章で紹介したHATEOASの考え方にも通じる手法ですが、実際にその手法を実装している例を、Google+（https://developers.google.com/+/api/）で見てみましょう。

```
{
    "kind": "plus#activityFeed",
    "title": "Plus Public Activities Feed",
    "nextPageToken": "CKaEL",
    "items": [
        {
            "kind": "plus#activity",
            "id": "123456789",
            ...
        },
        ...
    ]
    ...
}
```

Google+のAPIでは`nextPageToken`が次のページを取得するためのトークンです。このようにトークンを使うことで、IDを使った絶対位置での指定と同様に、あとから新しいアクティビティが追加されても、正しく次の位置からの情報が取得できるようになっています。この場合はURIはHackableにならないので、そうしたHackableではないURIを必要とする場合はこちらの方法が有効でしょう。

3.4 各データのフォーマット

3.4.1 各データの名前

続いては各データ項目の名前について考えてみましょう。名前とはたとえばユーザーIDであれば`userId`のようなJSONのオブジェクトであればキーに相当するものです。これについては、エンドポイントのデザインを考えた際にあげたポイントとかなり重複するのですが、おさらいの意味も込めてもう一度見ていくことにしましょう。以下にいくつかの考え方を列挙しました。

- 多くのAPIで同じ意味に利用されている一般的な単語を用いる
- なるべく少ない単語数で表現する

- 複数の単語を連結する場合、その連結方法はAPI全体を通して統一する
- 変な省略形は極力利用しない
- 単数形／複数形に気をつける

　多くのAPIで同じ意味に利用されている一般的な単語を用いる、というのは本書のあらゆるところで述べている「よく使われている単語を使えば、その背景にある文脈がすでに共有されているので用途や意味を誤解されづらくなる」という原則に基づいています。特に広く公開するAPIの場合はこれは非常に重要です。逆に最もやってはいけないのは、よく使われている単語をまったく異なる意味に利用する、というものです。たとえば`userId`という名前にユーザー登録の時間を格納したり、`customerName`という名前で商品名を格納したりといったことをすれば、利用者を簡単に混乱に陥れることができるでしょう。こうしたことはありえないことに思えますが、何らかの制約によりデータベースの古いカラムを別の目的に利用した場合などに発生する可能性があります。とはいえ、データベースのカラム名とAPIのデータの名前が一致している必要はないので、少なくとも外部に提供するAPIにおいては、きちんと適切な意味を表す名前を付けるべきです。

　続いて、なるべく少ない単語数で表現するという点ですが、データの意味をなるべく正確に表そうとすると1つの単語ではなかなか表せなくなり、たとえば`userRegistrationDateTime`のように長い名前を使いたくなりがちです。しかしこれは確かにわかりやすいかもしれませんが、長すぎます。たとえばこれが`/users`というユーザー情報を取得するAPIなら、最初の`user`はなくても問題ないでしょう。同様に何かをした時間を表すときには`updatedAt`のように"at"を付けて表すケースが多いので、`registeredAt`とするとさらに短くなります。ユーザーが登録を行った日時、と言うのはそのユーザーデータが生成された日時ともほぼ同じなので、データが生成された日時を表す`createdAt`を利用することも可能でしょう。このようになるべく一般的な名称を使うことで、短く、利用者にとって誤解のない表現にすることが可能です。とはいえ筆者のような英語がネイティブではないものにとっては、なかなか適切な名前を選ぶのが大変なので、URIエンドポイントの場合と同様に、ProgrammableWeb（http://www.programmableweb.com/）などで既存のさまざまなAPIを調べ、それを参考にするとよいでしょう。その際には1つのAPIが利用しているからといって安易に真似をするのではなく、複数のAPIを調べてより多くのAPIで利用されている単語、表現を利用するべきです。

　続く複数の単語を連結する場合、その連結方法はAPI全体を通して統一するについてですが、これはエンドポイントの設計の際にも触れたように、たとえば"user id"という言葉を表すとして、`userId`（キャメルケース）を使うのか、`user_id`（スネークケース）を使うのか、`user-id`（スパイナルケース）を使うのか、といった話です。このうちにどれを使うのが一番よいのか、という点については議論が残るところです。JSONではキャメルケースを使うのがよいとされています。なぜならJSONがベースとしているJavaScriptの命名規約において、キャメルケースの利用がルール付けされているケースが多いからです。Mozillaのスタイルガイド[†4]やGoogleの

[†4] https://developer.mozilla.org/ja/docs/JavaScript_style_guide

スタイルガイド[†5]にも明記されていますし、jQueryなどのライブラリもすべてキャメルケースを利用しています。したがってJavaScriptの中から発見されたJSONにおいても、このルールを利用するのが最も世の流れにあっているといえるでしょう。GoogleはJSONのスタイルガイド[†6]も提供しており、そこでもやはりキャメルケースを利用することが明記されています。

しかしこの命名規約を守っていないAPI、具体的にはスネークケースを利用しているAPIはたくさんあります（表3-6）。

表3-6　各サービスの連結方法

サービス	連結方法
Twitter	スネークケース
Facebook	スネークケース
Foursquare	キャメルケース
YouTube	キャメルケース
Instagram	スネークケース

実は「スネークケースのほうがキャメルケースよりもずっと読みやすいという研究結果」[†7]もあり、どちらを使うべきかはなかなか難しい問題といえます。すでに命名規約として決められたものがあればそれを使えばよいですし、なければどちらか利用しやすい方を使うということでかまわないのではないかと思います。ただし重要なのは最初に述べた「複数の単語を連結する場合、その連結方法はAPI全体を通して統一する」ということ、すなわちあるところではキャメルケースを、あるところではスネークケースを、といったようにバラバラに利用するのではなく、そのAPIではキャメルケースを使うと決めたら、すべての場所でキャメルケースを利用することです。キャメルケースとスネークケースは機械的に相互変換が可能なので、たとえば出力形式によってXMLではスネークケースを、JSONならキャメルケースを、といったこともちろん可能ですが、こうした変換はクライアントの混乱を招く原因になりかねないので、あまりおすすめできません。

続いて変な省略形は極力利用しない、という点を見ていきましょう。これはとても簡単な話で、単語を勝手に短くすると他の人にとってわかりにくくなるため辞めたほうがよい、ということです。たとえば"timeline"を"tl"、"timezone"を"tz"と略す、"location"を"lctn"と略すなどです。仕様を策定した本人は一般的に利用されていると思っている略語であっても、それは勘違いかもしれませんし、文脈によっては異なる意味に取られてしまう危険性もあります。もちろん、利用するクライアントが自社開発のクライアントアプリケーションのみなど限定されていて、送受信するデータのサイズが大きな問題となっている（たとえば費用の問題からデータ転送量をどうしても圧縮しなければならない）ケースでは、あえてこうした短い名前を利用するケースも考えられますが、それはあくまで特殊ケースだといえます。

[†5]　http://google-styleguide.googlecode.com/svn/trunk/javascriptguide.xml
[†6]　https://google-styleguide.googlecode.com/svn/trunk/jsoncstyleguide.xml
[†7]　http://www.cs.kent.edu/~jmaletic/papers/ICPC2010-CamelCaseUnderScoreClouds.pdf

最後の単数形／複数形に気をつける、というのは、そのキーで返るデータが複数（になる可能性がある）なのか、1つだけなのかによってきちんと単数形、複数形を使い分けましょうという意味です。たとえばSNSのAPIで友人の一覧を取得する場合、友人は複数になる（一人だけの人ももちろんいるでしょうが）ので、キーの名前としてはfriendではなくfriendsのほうが適切です。データを配列で返す場合は複数形の名前に、それ以外は単数形にする、というのがわかりやすいでしょう。実際GoogleのJSONのスタイルガイド[8]でも、配列の場合は名前を複数形に、それ以外のすべての場合は単数形にする、というルールが書かれています。

3.4.2　性別のデータをどう表すか

たとえばユーザー情報など、性別情報がデータとして含まれるケースがあります。特にSNS、Dating（出会い系）、あるいは医療系やPOSなどコマースのAPIでは性別情報が使われるケースが多いと思います。こうした場合に悩むのが、それをどういう形で表すかということです。方法としては大きく分けて2種類あります。それは"male"や"female"というように文字列として表す方法と、1なら男性、2なら女性というように数値に置き換えて表す方法です。

表3-7にいくつかのサービスの例をまず示します。

表3-7　性別情報の例

API名	フィールド名	データ形式	例
Facebook	gender	文字列	male
genderize.io	gender	文字列	male
Gender API	gender	文字列	male
Google+	gender	文字列	male
rapleaf	gender	文字列	Male
楽天	sex	数値	1
Ubiregi	sex	文字列	M
Paymentwall	sex	文字列	male
Masterpayment	sex	文字列	man
23andme	sex	文字列	Male
Easypromos	sex	数値	1
mixi	gender	文字列	male
gree	gender	文字列	male
Mobage	gender	文字列	male

これを見ると、数値よりも文字列で表されているケースのほうが圧倒的に多いことがわかります。またフィールド名がsexとなっている場合は数値である場合があるが、genderの場合は文字

---

[8]　https://google-styleguide.googlecode.com/svn/trunk/jsoncstyleguide.xml

列の場合がほとんどであることもわかります。

　これは sex と gender の意味の違いによるところがあると思われます。sex はあまり種類が多くないのに対し、gender はさまざまな値が入りうるからです。なぜなら sex は「生物学的な性別」を表し、gender は「社会的・文化的性別」を表します。生物学的な性別は基本的に男性、女性であり、不明（あるいはその他）を含めて 3 種類（0.. 不明／その他、1.. 男性、2.. 女性）くらいでことたりるのに対し、gender の場合はそれ以外の値が入るケースがありえます。

　2014 年の 2 月に Facebook が選択可能な性別を一気に 50 種類以上も増やして話題となりました（表 3-8）。

表3-8　Facebookで選択可能な性別（2014年の2月時点）

性別			
Agender	Androgyne	Androgynous	Bigender
Cis	Cis Female	Cis Male	Cis Man
Cis Woman	Cisgender	Cisgender Female	Cisgender Male
Cisgender Man	Cisgender Woman	Female to Male	FTM
Gender Fluid	Gender Nonconforming	Gender Questioning	Gender Variant
Genderqueer	Intersex	Male to Female	MTF
Neither	Neutrois	Non-binary	Other
Pangender	Trans	Trans Female	Trans Male
Trans Man	Trans Person	Trans Woman	Trans*
Trans* Female	Trans* Male	Trans* Man	Trans* Person
Trans* Woman	Transfeminine	Transgender	Transgender Female
Transgender Male	Transgender Man	Transgender Person	Transgender Woman
Transmasculine	Transsexual	Transsexual Female	Transsexual Male
Transsexual Man	Transsexual Person	Transsexual Woman	Two-spirit

　これは社会的に認められつつある性別の多様性に対応したものであり、こうしたことは他のサービスにもありえます。たとえ現在男性、女性、その他しか選択肢を設けていないサービスだったとしても、将来さらなる性別を追加する可能性があります。したがってフィールド名として gender を選んだ場合は、データ形式を文字列としておいて "male" や "female" などの文字列を返すほうがよいでしょう。

　フィールド名として gender を選んだ場合でも、自社のアプリのみに利用する API などいわゆる SSKDs 向けの API であれば、それぞれの性別に数値を割り当てて運用することもありえますが、オープンな LSUDs 向けの API であれば、文字列を選択するのが妥当だといえます。

　あともう 1 点、そもそもフィールド名をどちらにするかという問題があります。しかしこちらは比較的答えは明確で、生物学的な性別が必要な場合は sex を使い、そうでなければ gender を

使うとよいでしょう。生物学的な性別が必要な場合とは、たとえば医療系のサービスなどが考えられます。しかしそれ以外、たとえば SNS や EC、その他大部分のサービスは生物学的な性別より、社会的・文化的な性別のほうがはるかに重要なはずですから、gender を使っておくとよいでしょう。

もちろんサービス全体を通して同じ単語を使うことが重要なのですでにどこかで sex という単語を使ってしまっている場合は同じものを使い続けることは検討すべきです。ちなみに Facebook では、Graph API では gender という単語を使っていますが、FQL[†9]では sex を使っています。FQL の場合も "male" や "female" というデータが返るので実体は同じもので、おそらく歴史的経緯なのかなと思いますが、統一が取れていないという問題を抱えています。ちなみに FQL は今後使えなくなる予定なので、Facebook のデータはすべて gender になることになります。

3.4.3　日付のフォーマット

続いては日付の形式について考えてみます。日付の表現方法にはさまざまなものがあります。表3-9 にいくつかの例をあげました。

表3-9　日付の形式の例

形式名	例
RFC 822（RFC 1123 で修正）	Sun, 06 Nov 1994 08:49:37 GMT
RFC 850（RFC 1036 で廃止）	Sunday, 06-Nov-94 08:49:37 GMT
ANSI C の asctime() 形式	Sun Nov 6 08:49:37 1994
RFC 3339	2015-10-12T11:30:22+09:00
Unix タイムスタンプ（epoch 秒）	1396821803

最後の Unix タイムスタンプはエポック秒とも呼ばれている、1970 年 1 月 1 日 0 時 0 分 0 秒（UTC：協定世界時）からの経過時間を秒数で表したものです。

このように時間を表すフォーマットは数多くあります。したがって API の返すデータ中で使う形式をどれにすべきか迷うところですが、結論から言えば広く一般に公開され、どんなユーザーが使うのか、あらかじめ予測が難しい API（LSUDs をターゲットとした API/1 章参照）では、RFC 3339 を使うのがよいでしょう。理由としてはこのフォーマットが、数あるこれまでの日時を表すフォーマットの問題を解決し、読みやすく使いやすいものを目指してインターネット上で用いる標準形式として決められたものだからです。

RFC 3339 形式は W3C-DTF（W3C 日付形式）と呼ばれている日付形式の年から秒（マイクロ秒を含むこともできる）までをすべて省略せずにすべて含めたものであり、"Jan" や "Fri" のような特定の言語に依存した表記を含まず、しかも日付と曜日を別に表記する、というような冗長な表現（もし曜日が含まれていると、曜日が間違っている可能性が出てきます）も排除されていま

[†9] https://developers.facebook.com/docs/reference/fql/user/

す。
　RFC 3339 は特に日本語のように「年 / 月 / 日」の順で日付を表し、しかも月を数字で表す言語を話す我々にとっては大変わかりやすいものですので、これが標準となったことに感謝しつつ、このフォーマットを利用するのがよいでしょう。
　またタイムゾーンについては、API を日本で配信しているなら日本のタイムゾーンである"+09:00"を使うという手もありますが、インターネットが（理論上は）世界とつながっており、しかも HTTP ヘッダで用いられる HTTP 時間においては UTC（協定世界時）が採用されていることから、タイムゾーン"+00:00"を使うのがわかりやすくておすすめです。ちなみに RFC 3339 では UTC を使う場合は"Z"という表記も可能です。

```
2015-11-02T13:00:12+00:00
2015-11-02T13:00:12Z
```

　ちなみに"-00:00"と書いてしまうとタイムゾーン不明を表してしまうので、注意しましょう。
　なお API を利用するクライアントが自社のスマートフォンアプリだけであるなど、あらかじめ予測可能であるばあい、すなわち SSKDs（small set of known developers ／ 1 章参照）に限られる場合は、RFC 3339 ではなく Unix タイムスタンプを利用するという手も考えられます。Unix タイムスタンプはデータ形式としては単なる数値なので、比較や保持が非常に容易でサイズも小さくてすみ、使いやすいからです。ただし Unix タイムスタンプを使った場合は、ぱっとデータを見て時間が直感的にわかりづらくなるという問題があるため、開発時やデバッグの際にはやや手間が増えてしまいます。
　さてこれは API が実際に返すデータのボディの話ですが、HTTP ヘッダに日時が入るケースも当然あります。そして HTTP ヘッダにおける日時においては、HTTP 日付と呼ばれている一連の形式しか使えません。これは上記の表の上から 3 つ（RFC 822/RFC 850/ANSI C）であり、RFC 3339 は含まれていません。実際には独自に定義した HTTP ヘッダに Unix タイムスタンプを入れている API などもありますが、特に Date や Expires など HTTP 仕様により標準で定義されているヘッダについてはそのルールに従う必要があるので注意してください。HTTP 日付については 4 章でも触れています。

3.4.4　大きな整数とJSON
　コンピュータにおける数字の表現では、表現可能な数に限界があります。これはデータを格納するサイズに限界があるためです。たとえば SQL における通常の整数（int/integer）で表現可能な数は -2147483648 から 2147483647（unsigned で正の数のみにしたばあいは 0 から 4294967295）までです。これは 32 ビットで数値を表しているからです。これを 32 ビット整数と呼びます。
　つまり Integer で数を表す場合には最大 42 億の数字を表すことができるのですが、Facebook や Twitter など億単位のユーザーを抱えるサービスでは数値で連番を振っていった場合に、これ

では足りません。そこで 64 ビット整数、つまり 64 ビットを使って数値を表しています。これは SQL では bigint、java では long、C や C++ では uint64_t と呼ばれる変数型であり、正の数のみであれば 0 から 18446744073709554615、すなわち 1800 京という数まで数えられるので（まだ）安心です。実際に Twitter はツイートの ID が 2009 年、2011 年にはダイレクトメッセージの ID が符号付き 32 ビット領域を超え、2013 年 10 月 21 日にはユーザー ID が符号付き 32 ビット領域を超えたと発表[10]しています。

こうした大きな数字は、それを処理するシステムや言語によってはトラブルを起こす可能性があるので注意が必要です。もちろん処理をするクライアントが 64 ビット整数を 32 ビットで処理しようとして桁あふれを起こす、といったアプリケーションプログラム上の問題も当然起こりえますが、そもそもこうした大きい数値を正しく扱えない言語があるからです。その代表格が JavaScript です。

たとえば以下のコードをブラウザで実行してみたとします。この 462781738297483264 という数値は Twitter の実際のツイート ID です。

```
var data = JSON.parse( '{"id":462781738297483264\}' );
console.log(data.id);
```

その結果コンソールには 462781738297483264 が表示されてほしいのですが、実際に表示されるのは 462781738297483260 です。これは JavaScript が数値をすべて IEEE 754 標準の 64 ビット浮動小数として扱うため、大きな整数を扱うと誤差が出てしまうのです。

したがって ID など巨大な数を扱う場合、あるいは Facebook ID や Twitter 関連の ID を扱う場合、数値をそのまま JSON として返してしまうと問題が起こる可能性があるのです。この問題を回避するためには、こうした数値は文字列として返すことで問題を回避できます。Twitter の API では、ID は id の他に id_str という同じ数値を文字列として格納したものを返すようになっています。

```
{
  "id": 2660312934949698048,
  "id_str": "2660312934949698048"
       :
}
```

3.5 レスポンスデータの設計

レスポンスデータの設計の基礎的な知識を見てきたところで、実際のレスポンスデータの設計、すなわちあなたのサービスのデータをどのようなデータ構造で返すかについて考えてみることにしましょう。

繰り返しになりますが、API は内部で持っている DB のテーブル構造をそのまま反映したもので

---

[10] https://blog.twitter.com/2013/64-bit-twitter-user-idpocalypse

ある必要はまったくありません。SNSの友達一覧はテーブルにはユーザーIDしか含んでいないかもしれませんが、だからといって友達一覧にユーザーIDだけ返ってきたのでは、クライアントはそれぞれのIDでユーザー情報をいちいち問い合わせなければ画面に表示することができず、便利ではないのです。

この場合はたとえばユーザー検索と同じデータ構造を返す、といったことをして「ユーザー情報はこういうデータです」というのをデータ構造として定義してしまうと、クライアント側では同じコードで処理をできるようになるから楽になります。たとえばFacebookのAds APIはドキュメント内に"Objects"[†11]という項目があり、そこに広告APIで利用されるオブジェクト構造がドキュメント化されています。このようにAPIで返される構造はなるべくわかりやすくシンプルにしておくと、クライアント側の負担を減らすことができます。

ただしここでいうシンプルは、先の例にあった友人一覧の際にIDだけを返す、といった例からもわかるように、何も考えずに物事を単純化すればよいのではなく、そのAPIのユースケースをよく考え、ユーザーが最もシンプルに扱うことができる設計を目指さなければなりません。

3.6 エラーの表現

続いてエラーをどう表すかについて考えてみましょう。APIはさまざまな状況でエラーを返す可能性があります。簡単なところでは指定されたパラメータが異なっていた場合、あるいはアクセス許可がない場合にはエラーを返さなければなりませんし、サーバがメンテナンス中であったり何らかの理由で停止しているのであれば、それをクライアント側にエラーとして伝える必要があります。

しかしエラーとなった場合に「エラーが発生しました」とだけ返すのはあまりにも不親切です。なぜならクライアントは何らかのエラーが発生したことはわかっても、何が起こったのか、どう対応すればよいのかがわからないからです。エラーが起きている状態はサーバにとっても、クライアントにとっても問題を発見して解決すべき状況であるのは間違いないので、なるべく多くの情報をクライアントに返し、クライアントが問題を解決してAPIを利用できるようにしてあげなければなりません。そうでなければ「使いづらいAPI」という烙印を押されてしまうでしょうし、行儀の良くないクライアントが間違ったアクセスを大量に行ってしまって問題が発生してしまう危険性すらあるからです。

3.6.1 ステータスコードでエラーを表現する

エラーを返す際にまず真っ先にやっておかねばならないことは、適切なステータスコードを使うことです。ステータスコードとは「200」や「404」で表される3桁の数値のことで、HTTPのレスポンスの先頭行に付けられています。

```
HTTP/1.1 200 OK
Server: GitHub.com
```

[†11] https://developers.facebook.com/docs/ads-api/objects

```
Date: Sun, 04 May 2014 22:25:56 GMT
Content-Type: application/json; charset=utf-8
 ...
 ...
```

　上記の例では200がステータスコードです。"200 OK"や"404 Not Found"、"500 Internal Server Error"などはよくブラウザの画面に表示されるので、開発者ではない人にも有名です。

　HTTPエラーについては4章で改めて触れることにしますが、ステータスコードにはそれぞれ意味があり、適切なものを返すべきです。ステータスコードは先頭の数字によってその意味が分類されているので、まずはそれに注目してみましょう（表3-10）。

表3-10　ステータスコードの分類

ステータスコード	意味
100番台	情報
200番台	成功
300番台	リダイレクト
400番台	クライアントサイドに起因するエラー
500番台	サーバサイドに起因するエラー

　注目すべきは200番台、400番台、500番台です。これを見るとわかりますが200番台である200や201は、細かい処理はさておきクライアントがリクエストした処理が成功したことを表しています。400番台はクライアントのアクセスの仕方やパラメータの内容、あるいはユーザーとして許可された処理でないなど、クライアント側のアクセスの方法がおかしいために発生したエラー、500番台はリクエストは正しかったもののサーバ側で正しく処理ができずにプログラムがエラーを吐いたとか、アクセス過多やメンテナンス中で処理が継続できない場合などサーバ側の問題で発生したエラーです。

　ここでまず押さえなければならないのは、クライアントからのリクエストが成功した場合しか200番台のリクエストは返してはならない、という点です。まれにたとえばパラメータが間違っていたり、権限がなかったりしてエラーになった場合に、データとしてはエラー情報が返ってくるものの、ステータスコードは200を返しているケースがありますが、これは使い方として正しくなく、実際に問題も引き起こします。なぜなら汎用的なHTTPのクライアントライブラリには、ステータスコードを見てまずリクエストが成功したかどうかを判断しているものも多く、たとえばエラーなのに200を返してしまうと、汎用的なエラー分岐が適切に利用できなくなってクライアント側の手間が増えてしまうかもしれないからです。

　したがってエラーは単にエラー情報をレスポンスボディで返すだけでなく、まずは適切なステータスコードを返す必要があります。なおそれぞれのジャンルには意味合いによっていくつかのコードが定義されています。すべてHTTPで汎用的に利用できるように設計されたもので、個々のエラーの内容を完璧に表しているわけではないかもしれませんが、なるべく意味合いに沿った物を

選ぶべきです。たとえば200番台には"201 Created"というステータスコードがありますが、これはクライアントからのリクエストの結果、何かサーバ側の情報が生成された場合に返すものです。ぴったりくるステータスコードが存在しなかった場合には"200"や"400"、"500"といった"00"で終わるステータスコードを付けるようにします。

3.6.2 エラーの詳細をクライアントに返す

さてエラーが発生した際には適切なステータスコードを返すことはわかりましたが、エラーが発生した際に単にステータスコードでその意味を表しておけばよいかというと、それでは不十分です。なぜならステータスコードは汎用的かつ一般的なものであり、個々のAPIの内容に関連したエラーを表現するには不十分だからです。ステータスコードで表すことができるのはあくまでエラーのカテゴリや概要であり、実際に起こったエラーが具体的にどんなものであるのかを知ることまではできないことが多くなっています。たとえば404は"Not Found"というステータスコードで、指定した何かがなかったことを意味します。しかしこれが返っても、指定したデータそのものがなかったのか、エンドポイントを間違えたのかはそれだけではわかりません。ましてや400に関して言えば、単に何かが間違っているということしかわからず、利用者は何を直してよいのか、それだけではまったく意味がわからないはずです。

そこでエラーの詳細な内容を返すことが重要になってきます。エラーの内容を返す方法は大きく分けて2つあります。1つはHTTPのレスポンスヘッダに入れて返す方法、もう1つはレスポンスボディで返す方法です。

1つ目のレスポンスヘッダに入れる方法はたとえば、以下のように独自に定義したヘッダ項目を用意して、情報を入れるというものです。

```
X-MYNAME-ERROR-CODE: 2013
X-MYNAME-ERROR-MESSAGE: Bad authentication token
X-MYNAME-ERROR-INFO: http://docs.example.com/api/v1/authentication
```

一方レスポンスボディに入れる方法は、以下のようにJSON(やXMLなど)のレスポンスボディとして、エラーの際の専用のデータ構造を用意して、そこにエラー情報を格納するというものです。

```
{
  "error": {
    "code": 2013,
    "message": "Bad authentication token",
    "info": "http://docs.example.com/api/v1/authentication"
  }
}
```

この例においてはどちらの方法も返す情報は同じで、エラーの詳細コードと、その内容を人間が読める言葉で書いたメッセージ、そしてさらなる情報が記載されたドキュメントページのURIで

す。

　ヘッダとボディ、どちらを利用すべきかはなかなか悩ましい問題です。HTTPのヘッダ、ボディという構造をデータのエンベロープであると考えると、エラー情報はヘッダに入れたほうがよい気もしますが、現実に公開されているAPIはほとんどボディにエラーメッセージを格納する方法をとっています。クライアント側から見たときの利便性などを考えるとボディのほうが処理が行いやすいからだと思われます。したがってレスポンスボディにデータを入れる方法で問題がないでしょう。

　ここでTwitterとGitHubの実際のエラーの際のレスポンスボディの内容を例として掲載しておきます。

❖ Twitter
```
{
  "errors":[
    {
    "message":"Bad Authentication data",
    "code":215
    }
  ]
}
```

❖ GitHub
```
{
  "message": "Not Found",
  "documentation_url": "https://developer.github.com/v3"
}
```

　Twitterはエラーが配列で返るようになっています。これは複数のエラーが同時に発生した場合に合理的な方法といえます。たとえばパラメータが2箇所間違っていた場合に、2箇所のパラメータ違いを別途エラーとして指定するほうが、開発者にとっては親切なことだといえるからです。

3.6.3　エラー詳細情報には何を入れるべきか

　エラー情報として返すべき情報としては、前述の例ではエラーの詳細コード、詳細情報へのリンクを含めていました。エラーの返し方としては最低限これだけあれば利用者に情報を伝えることができるかなと思います。この内エラーの詳細コードというのは、API提供側で独自にエラーごとに定義したコードのことを意味します。このコードの一覧はAPIと同時にオンライン上のドキュメントなどの形で提供されるべきです。

　詳細エラーのコードの付け方はAPIごとに勝手に決めてよいことではありますが、単に1から連番を振るようなことをしてしまうとあとから管理が大変になってしまうので、たとえば（ステータスコードと区別するために）4桁の数字にして、1000番台は汎用的なエラー、2000番台はユーザ情報のエラーというように、ステータスコードと同様のカテゴリ分けをすると便利かもしれま

せん。

またメッセージに関しては、エラーが発生したときにクライアントアプリケーションがユーザー（エンドユーザー）に直接表示できるような非開発者向けメッセージと、開発者が原因を調べられるような開発者向けメッセージを両方含める方法もあります。

```
{
    error: {
      "developerMessage": "...開発者向けエラーメッセージ...",
      "userMessage": "...ユーザー向けエラーメッセージ...",
      "code": 2013,
      "info": "http://docs.example.com/api/v1/authentication"
    }
}
```

3.6.4　エラーの際にHTMLが返ることを防ぐ

　エラーの際にリクエストボディがHTMLになってしまうAPIが存在します。これは特に500や503、404などのエラーで多く見られます。たとえば存在しないエンドポイントにアクセスしようとした時や、Web APIのコードにバグがあって処理が停止してしまった場合などです。こうしたケースではAPIの構築に利用しているウェブサーバやアプリケーションフレームワークがエラーを返しますが、デフォルトではHTMLでエラーが返るようになっているケースが多いからです。

　しかしエラーが発生したとはいえクライアント側はAPIにアクセスしているのであり、JSONやXMLなどの形式で結果が返ることを期待しています。Acceptリクエストヘッダや拡張子などでフォーマットを指定してきている場合はなおさらです。そしてもちろんクライアントがContent-Typeレスポンスヘッダをチェックして、HTMLが返ってきたことを認識してくれて適切に処理をしてくれていればよいのですが、そうでないならパースエラーを起こしてしまい、下手をするとクライアントアプリケーションがエラーで終了してしまうかもしれません。こうなってしまうとクライアントアプリケーションのユーザー体験を著しく損ねてしまいます。特に一般に公開しているAPIでは、どんなクライアントアプリケーションがAPIを利用するかわかりませんし、すべてのクライアントアプリケーションが仕様に則ってきちんと処理を行ってくれると期待するのはあまりに楽観的すぎて、頑強なAPIとはいえません。

　したがってウェブサーバの設定などもきちんとチェックして、APIの実装内部でエラーが発生したり、負荷が高くなったり、存在しないエンドポイントにアクセスした場合でも、きちんと適切なフォーマットでデータが返るようにしておくほうがよいでしょう。

3.6.5　メンテナンスとステータスコード

　APIを停止しなければならない事態というのは、基本的に極力避けるべきです。APIが停止すれば、そのAPIを利用しているクライアントのアプリケーションやサービスはすべて動作ができなくなるか、あるいは動作の一部が制限されてしまうことになるからです。一般的なウェブアプリ

ケーションであってもサービスの停止は極力避けるべきですが、APIの場合影響が第三者のアプリケーションに及ぶ場合が多く、より気をつける必要があります。

それでもどうしてもメンテナンスをしなければならないというケースがあります。そういったときにはステータスコードとして503を返し、現在サービスが停止していることを伝える必要があるでしょう。しかもそれが予期しないサービス停止ではなく、スケジュールされたものであり、終了予定時刻がおおよそわかっているものであるのなら、そのこともきちんと伝えるべきです。定期メンテナンス用のエラーコードとエラーメッセージを用意してそれを返すだけでなく、`Retry-After`というHTTPヘッダを使っていつメンテナンスが終わるのかを示します。このヘッダは「次はいつアクセスしてください」ということを表すためにHTTP 1.1の仕様で正式に定義されたヘッダで、SEO的な観点では通常のウェブサイトのメンテナンスでも利用することをGoogleも推奨しているものです[†12]。`Retry-After`の値には、具体的な日付か、現在時刻からアクセス可能になるまでの秒数が入ります。

```
503 Service Temporarily Unavailable
Retry-After: Mon, 2 Dec 2013 03:00:00 GMT
```

クライアント側の実装でも、503が返った場合にはサービスが停止していることを認識し、`Retry-After`の値があった場合には指定された時間まで待ってから再度アクセスするような実装になることが期待されます。これはクライアントの実装次第であるため、API提供側がコントロールできるとはかぎりませんが、少なくともクライアントがユーザー体験を向上できるよう、できるかぎりの情報をきちんと返してあげるべきです。

なお開発者はメンテナンスにかかる時間を短く見積もりがちで、その結果予定していたサービス開始時刻になってもサービスを再開できずメンテナンス時間の延長を余儀なくされたりしますが、これは格好良くないことですし、クライアント側の予定も狂わせる結果になりますので、メンテナンス時間は不慮の事故が発生することも念頭に入れて余裕を持って設定しましょう。メンテナンス時間が予定より短くすんで怒る人はあまりいないからです。USSエンタープライズ号の機関主任であるモンゴメリー・スコットは常にこの方法で自らを有能に見せるという作戦をとっていましたので、見習うとよいでしょう[†13]。

3.6.6　意図的に不正確な情報を返したい場合

エラーはなるべく具体的に正確に返すべきと述べましたが、セキュリティやその他の理由からあえてやや情報を曖昧にしたいケースというのも存在します。たとえばSNSやチャット系のサービスでは、嫌がらせを受けたり、やりとりを継続したくないときなどに相手をブロックする機能があります。では、ブロックされた人がブロックした人のユーザー情報を取得しようとしたらどうすべきでしょうか。正確にエラーを返すなら、これは認可のエラーになるので403を返し、エラー情

[†12] http://googlewebmastercentral.blogspot.jp/2011/01/how-to-deal-with-planned-site-downtime.html
[†13] http://ja.wikipedia.org/wiki/%E3%83%A2%E3%83%B3%E3%82%B4%E3%83%A1%E3%83%AA%E3%83%BC%E3%83%BB%E3%82%B9%E3%82%B3%E3%83%83%E3%83%88

報として相手がブロックをしていることを伝えることになります。

しかしブロックしたことを知られてしまうと、さらにトラブルが広がってしまうかもしれません。したがってそういう場合は「ブロックされた側から見るとブロックした側はもはや存在しないと同義」とみなして 404 を返す、といったことも可能です。

他の例を見てみましょう。ログインの際にメールアドレスとパスワードを送信した際に、メールアドレス自体が存在しないのか、メールアドレスは存在するけれどパスワードが違うのか、それともそのユーザーが凍結されていて使えないのか、というような内容は返すことを考えてみてください。そうした情報はログインに失敗したユーザーにより親切な情報を提供することにもなりますが、一方で不正ログインをはじめ悪意を持ったユーザーに親切な情報を与えてしまうことにもなりかねません。したがってあまり多くの情報を与えず、ログインがうまくいかない人はパスワードリセットなど別の手段でログインを試してみてね、という誘導をするにとどめるほうが安全なケースが多いはずです。

実際どういった場面でこういったことが発生するのかは API の性質に強く依存しますが、正確な情報を返すのは開発の効率化や、ユーザー体験の向上のためであるので、逆に問題が発生するようなケースにまで正確な情報を返せばよいわけではありません。もちろんそうした情報は API そのものの開発時のデバッグや問題解決には役立つでしょうが、開発時には本番とは別の開発環境を用意するケースが多いでしょうから、そのときは正確な情報を返し、本番環境ではあえて曖昧な答えを返す、ということで対応が可能です。

3.7 まとめ

- [Good] JSON、あるいは目的に応じたデータ形式を採用する
- [Good] データを不要なエンベロープで包まない
- [Good] レスポンスをできるかぎりフラットな構造にする
- [Good] 各データの名前が簡潔で理解しやすく、適切な単数複数が用いられている
- [Good] エラーの形式を統一し、クライアント側でエラー詳細を機械的に理解可能にする

4章
HTTPの仕様を最大限利用する

1章でも述べたように、公開するAPIの仕様や挙動を決定する際の原則の1つとして、既存の標準仕様を遵守することと、デファクトスタンダードはできるかぎり守ることがあげられます。Web APIはHTTP上で通信を行うので、HTTPの仕様をしっかりと理解して、それを活用したほうがより使い勝手がよいものとなります。

4.1 HTTPの仕様を利用する意義

HTTPをはじめとして、インターネット上で利用される仕様の多くはRFC（Request for Comments）と呼ばれる仕様書で定義されています。HTTPはその最新版であるバージョン1.1はRFC 7230[1]から始まる一連の文書群で定義されています。RFC 7230は2014年6月に発行された新しいRFCですが、これはHTTPのバージョン1.1の最初のRFCではなく、RFC 2616という1999年に発行されたRFCを更新するものです。RFCはそのルールとして新しく仕様を変更したり追加したりする場合は、新しいRFCを発行して古いものを上書きすることになっているからです。HTTPに関する仕様はこれ以外にも、たとえばPATCHメソッドに関するRFC 5789、新たなステータスコードを追加したRFC 6585などがあります。こうした仕様は全世界に公開されており、HTTPを使った数多くのやりとりの基礎を築いています。ですからWeb APIを設計する上でも、こうした仕様をよく理解することで不本意に独自仕様を入れてしまう危険性が減ります。

標準の仕様をできるかぎり利用して作られたAPIは第三者にとっても、少なくとも独自仕様に比べればずっと理解しやすいはずで、利用時のバグの混入を減らしたり、あなたのAPIが広く使われる、あるいはすでに存在するライブラリやコードが再利用可能になる可能性がずっと高くなります。

さて3章でレスポンスとなるJSONデータをエンベロープで包むことの是非について触れました。その際にWeb APIにはすでにHTTPプロトコルというエンベロープがあるので、2重に封筒に入れる意味はないと述べましたが、ここでそれをもう一度考えてみましょう。

HTTPは一対のリクエストとレスポンスで構成されており、それぞれにはヘッダ（リクエストヘッダとレスポンスヘッダ）とボディ（リクエストボディとレスポンスボディ）があります（図

---

[1] http://tools.ietf.org/html/rfc7230

4-1）。この中でボディはレスポンスならサーバから返ってくるデータ、リクエストの場合はサーバに送信するデータが入りますが、ヘッダはそれぞれに関するメタ情報を入れることができます。HTTPのヘッダはすでにRFCで定義されているものも多くありますが、それ以外にも独自に定義することが可能です。デファクトスタンダードとなっているヘッダもいくつか存在しますが、まったく独自のヘッダを定義することも可能です。Web APIではHTTPヘッダにさまざまな情報を入れることができるため、わざわざレスポンスデータをエンベロープで包まなくてもよいのです。

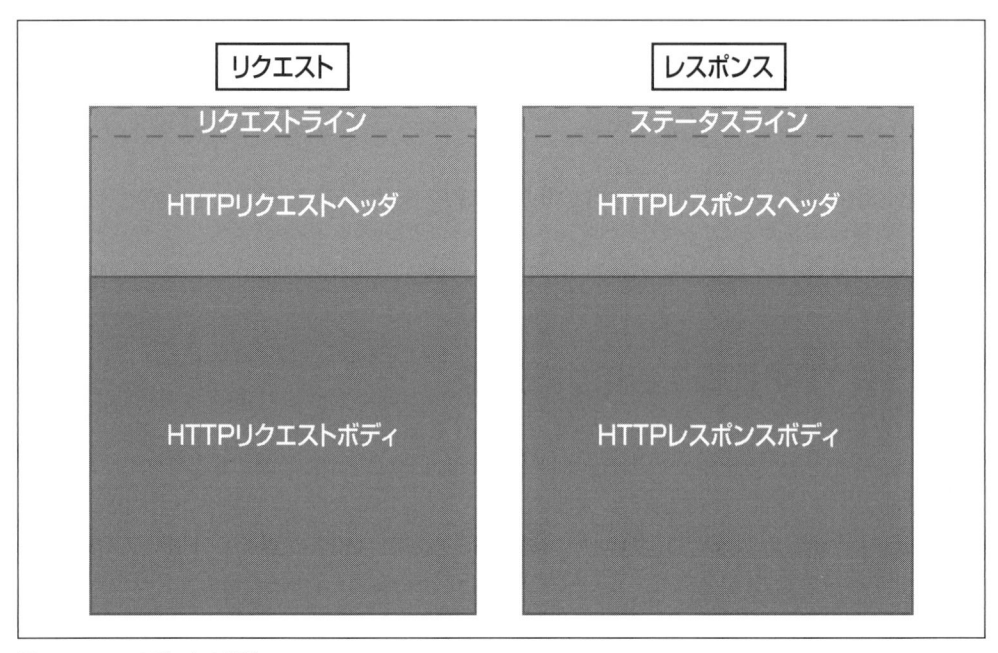

図4-1　HTTPのデータの構造

ではHTTPをエンベロープとしてAPIで有効に使うための方法を見ていくことにしましょう。

4.2　ステータスコードを正しく使う

まず最初はステータスコードです。ステータスコードとは、HTTPのレスポンスヘッダの先頭に必ず入っている3桁の数字です。"200 OK"や"404 Not Found"、"500 Internal Server Error"などは、よく知られています。ステータスコードは今更説明の必要はないかもしれませんが、リクエストがサーバによって処理された際のステータス、すなわち正しく処理が行われたのか、行われていないのであればどういった問題があったのかという概要を示すものです。

```
HTTP/1.1 200 OK
Content-Type: application/json
Vary: Accept-Encoding
Transfer-Encoding: chunked
```

```
Date: Sat, 22 Nov 2014 01:44:16 GMT
Connection: close
```

3章でも述べたようにステータスコードは先頭の数字1桁でおよその意味合いを示しています（表4-1）。

表4-1 数字1桁でわかるステータスコードのおよその意味合い

ステータスコード	意味
100番台	情報
200番台	成功
300番台	リダイレクト
400番台	クライアントサイドに起因するエラー
500番台	サーバサイドに起因するエラー

そしてそれぞれの中には、より細かくステータスコードの種類と意味が定められています。表4-2に主にAPIで利用する可能性のあるステータスコードの一覧を示します。

表4-2 HTTPの主なステータスコード一覧

ステータスコード	名前	説明
200	OK	リクエストは成功した。
201	Created	リクエストが成功し、新しいリソースが作られた
202	Accepted	リクエストは成功した
204	No Content	コンテンツなし
300	Multiple Choices	複数のリソースが存在する
301	Moved Permanently	リソースは恒久的に移動した
302	Found	リクエストしたリソースは一時的に移動している
303	See Other	他を参照
304	Not Modified	前回から更新されていない
307	Temporary Redirect	リクエストしたリソースは一時的に移動している
400	Bad Request	リクエストが正しくない
401	Unauthorized	認証が必要
403	Forbidden	アクセスが禁止されている
404	Not Found	指定したリソースが見つからない
405	Method Not Allowed	指定されたメソッドは使うことができない
406	Not Acceptable	Accept関連のヘッダに受理できない内容が含まれている
408	Request Timeout	リクエストが時間以内に完了しなかった

表4-2　HTTPの主なステータスコード一覧（続き）

ステータスコード	名前	説明
409	Conflict	リソースが矛盾した
410	Gone	指定したリソースは消滅した
413	Request Entity Too Large	リクエストボディが大きすぎる
414	Request-URI Too Long	リクエストされたURIが長すぎる
415	Unsupported Media Type	サポートしていないメディアタイプが指定された
429	Too Many Requests	リクエスト回数が多すぎる
500	Internal Server Error	サーバ側でエラーが発生した
503	Service Unavailable	サーバが一時的に停止している

　繰り返しになりますがAPIのリクエストが成功した、つまりクライアントが意図した動作をサーバ側が完了できた場合は200番台を、リクエストに何らかの不備があってサーバ側で意図を理解できなかったり、リクエストは理解できたけれど実行できない場合などは400番台を返すべきです。そしてサーバ側がエラーを起こした場合は通常のウェブアプリケーションと同様に500が、メンテナンスや何らかの理由でサービスを停止している場合は503を返します。300番台はリダイレクトや条件付きGETを行った場合に利用します。

　世の中にはこの原則を守っていないAPIもたくさんあります。たとえばどんなアクセスでも（サーバプログラム自体がエラーで停止してしまってウェブサーバが標準の500を返した場合を除き）200を返し、エラーかどうかはコンテンツの中で記述しているケースがあります。

```
HTTP/1.1 200 OK
Content-Type: application/json

{
  "head": {
    "errorCode": 1001,
    "errorMessage": "Invalid parameter"
  },
  "body": {
    :
  }
}
```

　これでも意味がわかることはわかります。しかしHTTPステータスコードにはきちんとそれぞれ意味があるので、適切なコードを返したほうが、クライアントがエラーを正しく認識してくれる可能性は高くなります。というよりも、HTTPではステータスコードの少なくとも1桁目、すなわち200番台か400番台かということに基づいて振る舞いを変えるべきとされているので、エラーであるのに成功を表す200番台を返すというのは、クライアントによっては混乱を招く可能性が

あり、少なくともやるべきではありません。特に汎用的なHTTPのクライアントライブラリは基本的にステータスコードを見て振る舞いをまず決める（たとえば200番台なら成功、400番台ならエラーとみなして呼び出す処理を分岐するなど）ので、適切でないステータスコードを返すことはクライアントが適切な分岐を行えない結果を招き、余計な問題を引き起こす危険性があるのです。

逆に200以外のステータスコードを返すと正しく処理が行われず不具合を起こすクライアントがあったとしたら、それはクライアントに問題があるともいえます。

4.2.1　200番台: 成功

指定したデータの取得に成功した、あるいはリクエストした処理が成功した場合には200番台のステータスコードを返します。中でも最も多用されるのが200で、これは非常にポピュラーなので今更説明する必要はないでしょう。201は"Created"、つまりリクエストの結果サーバ側でデータ作成が行われた場合に返します。つまり、リクエストメソッドとしてはPOSTが使われた場合です。ユーザー登録が行われてユーザーが追加された場合、ToDoの項目の追加や画像のアップロードなど、イメージとしてはサーバ側に新しいファイルができたり、データベースのテーブルに新しい項目が追加された場合に201が返ります。

202の"Accepted"は、リクエストした処理が非同期で行われ、処理は受け付けたけれど完了していない場合に利用されるものです。たとえばファイルの形式の変換や、リモートノーティフィケーション（Apple Push NotificationやGoogle Cloud Messagingなど）の処理は時間がかかる場合が多く、すべての処理を終えてからクライアントに返していたのでは、レスポンスまでの時間が非常にかかってしまいます。そこで一度クライアントにはレスポンスを返しておいて、サーバ側で非同期に処理を行う、といった方法が取られます。202はそういった処理は開始したけど終わっていませんよ、ということを通知する際に利用します。

実際のAPIでの202の使われ方を見るともう少し幅の広い解釈のもとに利用されていることがわかります。たとえばLinkedInのグループのディスカッションに投稿するAPIの場合、投稿が成功すると通常は201が返りますが、モデレータの承認を必要とする場合、すなわちすぐに投稿が表示されないケースでは202が返ります。これは広い意味で非同期ですが、いわゆるプログラム的な非同期とは異なっています。

またBoxのAPIでは、ファイルのダウンロードをする際に、そのファイルがまだ準備できていない場合に202が、処理が完了するまでの所要時間を秒で表す`Retry-After`ヘッダとともに返されることになっています。

```
202 Accepted
Date: Sat, 23 Nov 2013 10:00:32 GMT
Content-Type: text/html; charset=utf-8
Connection: keep-alive
Cache-control: no-cache, no-store
Retry-After: 100
Content-Length: 0
```

204は"No Content"という言葉が示すとおり、レスポンスが空のときに返します。APIでの利用例としてよく見られるのは、DELETEメソッドなどでデータの削除を行った際に、204を返すというものです。

それ以外にもPUTやPATCHメソッドでのデータ更新では、既存のデータを更新するだけなので204を返すほうが自然であるという意見があります。実際、SalesForceのAPIでは、PATCHリクエストでデータを更新した際に、正しく更新されると204が返ってきます。

しかし一方で204はあまり使うべきではないという人もいます[2]。その根拠はレスポンスが空であるということは情報が少なすぎて、その結果をどう解釈してよいかがわかりにくいというものです。そしてPUTやPATCHでは変更された状態のデータを、DELETEでは削除されたデータそのものを返すべきだという主張です。プログラム言語では、リストなどのデータを削除する際に削除されたデータが戻り値として返るものも多く、それと同じイメージです。そしてPUTやPATCHの場合はそれと同時に新しいETagの情報を取得することが可能であり、キャッシュのためにいずれにせよ新しいETagは必要になるのでここで取得しておくのが現実的だと主張しています。

このように204の扱いについては異なる意見があります。ではどうすればよいでしょうか。筆者の見解は、PUTやPATCHの場合は200とともに操作したデータを返し（POSTの場合は201）、DELETEの場合は204を使うというものです。こうしておけば、どちらの場合も返ってきたデータを見れば変更が正しく行われたことが理解できるからです。PUT/PATCHにおいてETagなどの情報を同時に取得できるのもメリットです。そしてDELETEで削除を行った場合に削除されたデータを返す、と言うのはAPIの性格によっては有効な場合もあると思いますが、削除しようとしているのはデータがいらないからであることが多く、そのあとそのデータを受け取るという処理はあまり考えにくいですし、そもそも削除の際に受け取るデータにクライアントが依存してしまった場合、何らかの問題によってサーバ側で削除は行われたが、データを受け取ることができなかった場合に復旧が難しくなるので、あまり有効ではないからです。

4.2.2　300番台 追加で処理が必要

300番台のステータスコードで最もよく知られているのはリダイレクト、つまりあるURIへのアクセスに対して、目的の情報は別のURIで表示されることを伝えるために利用するステータスコードです。300番台のステータスコードのうち、リダイレクトに関するものは301、302、303、307の4つあります。リダイレクトの場合はLocationというレスポンスヘッダにリダイレクト先の新しいURIが含まれます。

```
HTTP/1.1 302 Found
Date: Sat, 23 Nov 2013 12:25:37 GMT
Content-Type: text/plain
Content-Length: 41
Connection: keep-alive
Location: http://example.com
```

---

[2]　http://blog.ploeh.dk/2013/04/30/rest-lesson-learned-avoid-204-responses/

302 Found

通常のウェブサイトやウェブアプリケーションの場合、リダイレクトはページが移転した場合や、リロード時にデータが再送されることを防ぐためにPOSTによるデータ送信のあとにGETで別のページを表示したい場合などに使われます。ちなみにリダイレクトのステータスコードはもともとHTTP 1.1を定義した2つ前のRFCであるRFC 2068では、コンテンツがこれから先ずっと移動したままであることを表す301と、一時的な移動であることを表す302だけが定められていました。そしてその際には利用するメソッドはリダイレクトしたURIにおいても変更しない（POSTならPOSTメソッドでリダイレクト先にアクセスをする）ことになっていました。しかしブラウザの多くが仕様に反してリダイレクト先へのリクエストをGETで行うようになっており、POSTによるデータ送信のあとにGETで別のページを表示させるといった手法が多く用いられていたため、RFC 2616では303と307という新しいステータスコードを定義し、303をリダイレクト前にどのメソッドを使ってリクエストを行っていたかによらずGETを使ってアクセスを行うものと定義付けました。が、今も302を使ってリダイレクトを行っているケースが多く見られます。また、RFC 7238では308という新しいステータスコードが定義されました。307と308は302と301をあらためて厳密に定義し直したもので、302と301がPOSTからGETへのメソッドの変更を許可するのに対して、307と308はメソッドの変更を許可していません。

さてAPIの場合もリダイレクトを利用することはありえますが、ウェブサイトのようにURIの変更、サイトの移転や一時的な移動に伴ってリダイレクトを行うことはあまり好ましくありません。というのはリダイレクトをどのように行うかはクライアント側の実装次第であり、将来起こるかもしれないけれど起こらないかもしれないリダイレクトをクライアントが実装してくれている可能性はあまり期待できないからです。世の中に公開されているブラウザは皆きちんとリダイレクトを実装していますが、誰かが書いたAPIのクライアントが、リダイレクトが発生することを想定しておらず、まったく処理をしていないかもしれません。そうしたクライアントは、あるとき突然APIが301を返すようになった場合には、いきなり動かなくなってしまうでしょう。これはあまり歓迎すべきことではありません。

またリダイレクトが発生するとクライアントからのアクセスの回数も増えてしまうため、クライアントの手間的にもサーバのアクセス回数的にも増加してしまうため、定常的にリダイレクトが発生するようなAPIを作ることもあまり好ましくないでしょう。

しかしたとえば複数のデータを何らかの理由で1つに統合した場合（ユーザー情報を統合するなど）で指定したリソースが別のURIで提供されている場合など、リダイレクトを使うケースもないとはいえません。しかしそういったリダイレクトがあらかじめ起こりうるとわかっているケースでは、きちんとドキュメントに記述を行うべきです。

続いてリダイレクト以外の300番台のステータスコードを見ておきましょう。300は「Multiple Choices」を意味し、複数の選択肢がある場合に送信されるステータスコードです。指定したURIが取得するデータを一意に特定するには曖昧で、複数の可能性がある場合です。APIの中でこれを返すことになる可能性は極めて少ないのですが、ファイルストレージ系のサービスなどで指定した

キーに対して複数のデータが存在すると返る場合があります。またサービスではありませんが、分散データベースである Riak の API も、指定された文書のキーに対して複数のデータが存在する場合に 300 を返します。

そして 304（Not Modified）は前回のデータ取得から更新されていないことを表すステータスコードで、304 が返った場合はレスポンスボディは空になります。304 が返るのはクライアント側がきちんとそれまでのデータのキャッシュを行い、キャッシュの情報を返してくれたときだけです。しかしキャッシュが有効なら新たにもう一度データを送る必要がないので通信量が少なくすみ、それだけ高速になります。キャッシュについては本章で改めて述べることにします。

4.2.3　クライアントのリクエストに問題があった場合

続いては 400 番台です。400 番台は最も種類が豊富であり、200 番台の次によく使うであろうステータスコードです。400 番台はクライアントのリクエストに起因するエラー、すなわちサーバ側には問題がないが、クライアントの送ってきたリクエストが理解できなかったり、理解はできるが実行が許可されていなかったりしてエラーになった場合に利用するステータスコードです。400 番台のコードが返るということは、クライアントにアクセスの仕方に問題がありますよ、アクセス方法やアクセス先をチェックしてください、ということを伝えていることになります。

もちろん API が返すエラーは API の種類や性格によって千差万別であり、400 番台として HTTP で定義された数十個のステータスコードだけで表せるものではありません。より具体的にエラーの内容を返す方法については第 3 章でふれましたが、ステータスコードはいわばエラーの種別を表すものであると捉え、それぞれのエラーが属するであろう適切なステータスコードを返すことで、クライアントがたとえエラーの詳細を得るための仕様を知らなくても、おおよその問題を把握できるようになります。たとえばアクセスしたデータが存在しなければ 404 を返すことで、それが存在していないことを示せますし、ログインが必要なのにセッション情報が送られてきていなければ 401 を返す、といったことができるわけです。

ではひとつひとつコードを見ていきましょう。まず最初の 400（Bad Request）はいきなりではありますが「その他」つまり、他の 400 番台のエラーでは表すことができないエラーに使うためのステータスコードです。たとえば送られてきたパラメータに間違いがあって処理が続行できないときなど、400 番台の他のステータスコードを見て適切なものが存在しない場合は 400 を返します。

続く 401（Unauthorized）と 403（Forbidden）はよく似ているため間違えやすいのですが、401 は認証（Authentication）のエラー、403 は認可（Authorization）のエラーを表します。認証と認可の違いは、認証とは「アクセスしてきたのが誰であるのかを識別すること」であり、認可が「特定のユーザーに対してある操作の権限を許可すること」です。ややこしいのでエラーの意味を噛み砕いて言うと 401 は「あなたが誰だかわからないよ」、403 は「あなたが誰だかはわかったけどこの操作はあなたには許可されていないよ」ということを意味します。

API では何らかの方法でトークンを取得して、それを使わないことにはユーザー情報にアクセスできないケースが多くありますが、そういった API にトークンなしにアクセスをした場合には「アクセスしてきたのが誰だかわからない」ことになるので 401 エラーが返ります。一方でたとえば

管理者しかアクセスできないAPIに一般ユーザーの権限でアクセスをしようとした場合は「あなたが誰だかはわかったけどこの操作はあなたには許可されていない」状態なので403が返るというわけです。

404（Not Found）は開発者でなくても知っている人が多い「アクセスしようとしたデータは存在していないよ」という意味のエラーです。たとえば存在しないユーザーの情報を取得しようとしたり、そもそも存在しないエンドポイントにアクセスをしようとした場合に404が返るわけです。ただし何が存在しないのかということに関していえばかなりケースバイケースなので、単に404を返すだけではなく、何が存在しなかったのかということをきちんと何らかの方法で伝える必要があります。その方法については後述しますが、たとえば利用者がユーザー情報を取得しようとして404が返ってきた場合、そのユーザーが存在しなかったのか、エンドポイントのURIを間違えていてそもそも存在しないURIにアクセスしようとしてしまっているのかは、単に"404 Not Found"というエラーが返っただけでは切り分けが難しくなります。利用者の開発の効率を上げるためにも、詳しい情報を付けて返す必要があります。

405（Method Not Allowed）はエンドポイントは存在しているが、メソッドが許可されていない場合に利用します。たとえばGETを使ってアクセス可能な検索専用のAPIにPOSTでアクセスをしようとした場合や、情報を更新する専用のAPIにGETでアクセスしてしまった場合などにこのエラーが返ります。

406（Not Acceptable）はクライアントが指定してきたデータ形式にAPIが対応していない場合に返すエラーです。たとえば出力形式としてJSONとXMLしか対応していないのにYAMLを指定された、といった場合に406を返すことになります。HTTPではAcceptリクエストヘッダを利用してフォーマットを指定するのが前提ですが、APIでのフォーマットの指定の方法はそれと異なる場合があります（2章を参照）。しかしいずれにせよ、指定された形式がサポート外の場合は406を返すことができます。

408（Request Timeout）はその名のとおり、リクエストをクライアントがサーバに送るのに時間がかかりすぎてサーバ側でタイムアウトを起こした際に発生します。

409（Conflict）はリソース競合が発生した際のエラーです。たとえばIDなどのユニークキーを指定して新しいデータを登録するようなAPIがあったとして、すでに同じIDのデータが存在したときなどに409のエラーを返します。メールアドレスやFacebookのIDを使ってユーザー登録をする場合には、すでに存在するアドレスやIDで別のユーザーを登録できてしまっては困りますから、409を返してすでに使用済みのアドレスやIDであることを表すことができます。

410（Gone）は404と同じくアクセスしたリソースが存在しないことを表すステータスコードですが、こちらは単に存在しないというのではなく、かつて存在したけれども今はもう存在しないことを表しています。したがってこのステータスコードはアクセスしようとしたデータがすでに削除済みであった場合などに利用します。しかしこのステータスコードを返すためには、データを削除をしたという情報を保持する必要があり、しかもそれを保持していることが利用者からもわかるので、たとえばユーザー情報をメールアドレスで検索する、といったAPIで410を返すという仕様は個人情報保護などの観点から問題を指摘されるかもしれません。

413（Request Entity Too Large）と414（Request-URI Too Long）はそれぞれリクエストボディ、リクエストヘッダが長すぎるときのエラーです。リクエストボディが大きすぎるのは、たとえばファイルのアップロードを行うAPIにおいて、許容されるサイズ以上のデータが送られてきたようなとき、同様に414は`GET`時のクエリパラメータに長すぎるデータが指定されたときに返すステータスコードです。またこれらのコードはAPIサーバが利用しているウェブサーバのデータサイズの設定値が小さすぎたりすると、予想外のタイミングで発生してしまう可能性があるので、注意が必要です。

415（Unsupported Media Type）は406と似ていますが、リクエストヘッダの`Content-Type`で指定されているデータ形式にサーバが対応していないケースに発生します。つまり406がクライアントが受け取りたい形式にサーバが対応していないケースであるのに対し、クライアントが`POST`や`PUT`、`PATCH`リクエストで送ってきたリクエストボディのデータ形式をサーバが対応していない場合に返します。たとえばJSONでしかリクエストを受け取ることができないAPIにXMLを送り、`Content-Type`に`application/xml`が指定されていた場合などに発生します。

400番台最後の429（Too Many Requests）は2012年にRFC 6585で定義された新しいステータスコードで、アクセス回数が許容範囲の限界を超えた場合に返るエラーです。たとえばAPIが1時間に100回しかアクセスできないように制限がかかっていた場合に、101回以上アクセスをしようとするとこのエラーが返ります。こういった制限はレートリミットと呼ばれます。レートリミットについては6章でより詳しく触れることにします。

4.2.4　500番台 サーバに問題があった場合

500番台のエラーは、クライアント側ではなくサーバ側に問題があった場合のエラーです。まず500の"Internal Server Error"ですが、これはウェブアプリケーションを開発していればおなじみのエラーだと思いますが、サーバ側のコードにバグがあってエラーを吐いて処理が停止してしまった場合などに発生します。APIに限った話ではありませんが、500番台のエラーはログをきちんと監視して管理者に通知が行くように設定し、発生時には再発を防止するようにしておくのがよいでしょう。

503（Service Unavailable）サーバが一時的に利用できない状態になっていることを示すもので、意図的にせよ、意図的でないにせよ、サーバが応答しなくなった際に返るエラーです。意図的に返すケースとしては、メンテナンスのためにサービスを止めるケースが考えられます。意図的ではないケースでは、サーバが過負荷に陥ってレスポンスを返せなくなり、ロードバランサなどウェブサーバの前段にいるサーバが返すケースが考えられます。

4.3　キャッシュとHTTPの仕様

続いてはキャッシュとHTTPの仕様について知っておくことにしましょう。キャッシュの概念に関する細かい説明は省きますが、ここでいうキャッシュは、サーバへのアクセスの頻度や通信量を減らすためにクライアント側で一度取った情報を保存しておき、再度必要になったときにあらかじめ取得してあった情報を利用することを言います。

キャッシュのメリットは以下のとおりです。

- サーバへの通信を減らすことができるため、ユーザーの体感速度を上げることができる
- ネットワーク接続が切れた状態でもある程度サービスを継続できる
- サーバへの通信回数、転送量を減らすことでユーザーの通信コストを下げることができる
- サーバへのアクセス回数が減ることで、サーバの維持費用を抑えることができる

たとえば過去の特定の日の天気情報を返す API があったとします（小学生の夏休み最終日に活躍しそうな API です）。過去の天気情報のような過去の事実が変更がされるということはデータが修正された場合を除きごく稀です。たとえば 1 時間後に同じ 3 日前の日付、同じ場所の天気を取得してそれが変化しているということはまずありません。したがってクライアントは一度取得したデータを当面の間は保存しておいて、再び必要になった際にも保存してあるデータを利用していてもまったく問題ありません。もちろん必要になるたびに API にアクセスしてデータをとってもよいのですが、ネットワークアクセスの分速度が遅くなったり、通信量が余計にかかったりしてしまうわけです。

このようにキャッシュはユーザー体験にも両者のコストにも大きく影響を与えるため、可能なかぎり有効活用すべきです。

またキャッシュについて考える際には、中継するプロキシサーバについても意識をする必要があります。プロキシサーバとはクライアントとサーバの間に位置してやりとりを仲介する機能を果たしますが、その際にネットワーク通信量を減らすためにレスポンスデータをキャッシュする場合があるからです（図 4-2）。したがってキャッシュの情報をきちんと送っていないと、意図しないキャッシュが行われてしまい、正しいデータがクライアントに届かなくなってしまう危険性があります。

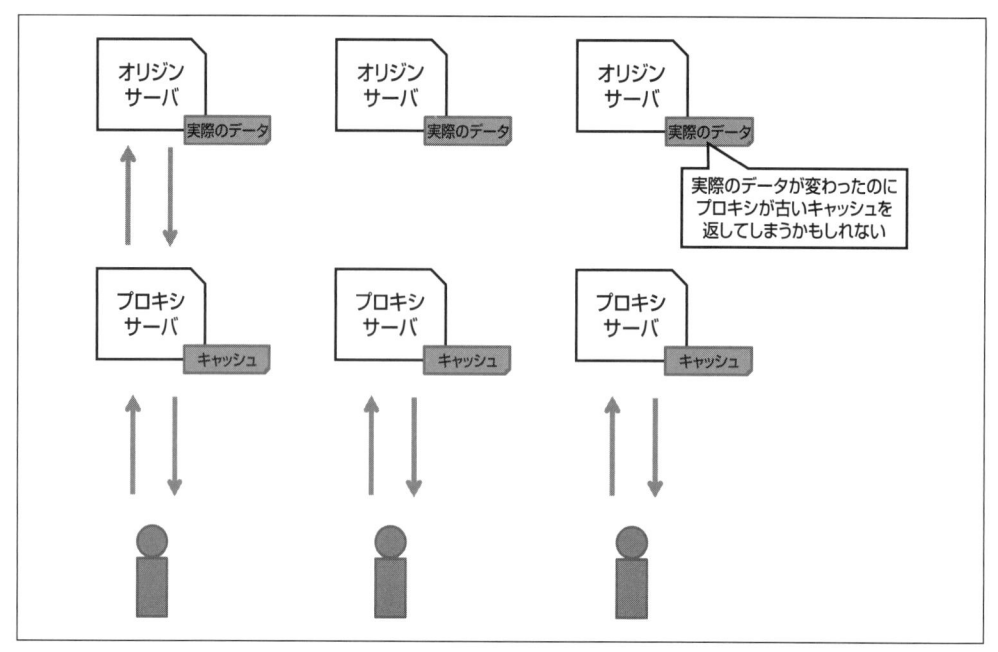

図4-2 プロキシサーバはレスポンスをキャッシュする場合がある

　たとえば下記の期限切れモデルを利用している場合、クライアント自身がキャッシュの機能を持たずデータの期限以内であろうと通常のリクエストをサーバに対して投げているつもりでも、プロキシサーバを間に挟んでいる場合には、そのプロキシサーバがキャッシュが期限内であることを認識し、サーバ（オリジンサーバ）へのアクセスを行うことなく、キャッシュを返してしまう可能性があります。

　またプロキシサーバはサービス提供側が、APIへのアクセスを高速化するために配置する場合もあります。こうしたプロキシサーバはリバースプロキシと呼ばれますが、毎回アプリケーションサーバがデータを動的に生成することを防いで効率化をはかるだけでなく、たとえばオリジンサーバからのレイテンシが大きい地域間（たとえば日本にオリジンサーバがある場合、欧米圏からのアクセスは時間がかかるかもしれません）でのアクセスを高速化するために設置されるケースも考えられます。こうしたリバースプロキシの場合においても、キャッシュのコントロールをきちんとオリジンサーバで行うことで、その効率をより高めることができます。

4.3.1　Expiration Model（期限切れモデル）

　HTTPにはキャッシュの仕組みがすでに用意されているので、APIにおいてもこれを利用することができます。HTTPのキャッシュでは、RFC 7234できちんと定義されています。HTTPのキャッシュにはExpiration Model（期限切れモデル）とValidation Model（検証モデル）という2つのタイプがあります。期限切れモデルは、あらかじめレスポンスデータに保存期限を決め

ておき、期限が切れたら再度アクセスをして取得を行うというもの、検証モデルは今保持しているキャッシュが最新であるかを問い合わせて、データが更新されていた場合にのみ取得を行うというものです。

ちなみにキャッシュが利用可能な状態を HTTP では "fresh"（新鮮）、そうでない状態を "stale"（新鮮ではない）と呼びます。

期限切れモデルは、いつ期限が切れるかをサーバからのレスポンスに含めて返すことで実現できます。そのための方法が、HTTP 1.1 では 2 種類用意されています。1 つは Cache-Control レスポンスヘッダを使う方法、もう 1 つが Expires レスポンスヘッダを使う方法です。それぞれの例を以下に示します。

```
Expires: Fri, 01 Jan 2016 00:00:00 GMT
Cache-Control: max-age=3600
```

Expires は HTTP 1.0 から存在するヘッダで期限切れを絶対時間で RFC 1123 で定義された形式で（後述の HTTP 時間形式がすべて使えるわけではない点に注意してください）表します。Cache-Control は現在時刻からの秒数で表します。Cache-Control はさまざまなキャッシュのコントロールを行うヘッダで、max-age 以外にもさまざまな指定が可能ですが、それについては後ほど触れることにします。Expires は HTTP 1.0 から存在するヘッダであり、Cache-Control は HTTP 1.1 から定義されたヘッダです。

このどちらを使うかは、返すデータの性質によります。特定の日時に更新されることがあらかじめわかっているデータ、すなわち天気情報が毎日同じ時間に更新される場合などは Expires でその日時を指定することができます。また今後更新される可能性がないデータや静的データの場合には、遠い将来の日時を指定することで、一度取ったキャッシュデータをずっと保存しておくように指示を出すことができます。ただし HTTP 1.1 の仕様によれば 1 年以上未来の日付を送るべきではないとされているので、遠い未来といっても 1 年後にしておくべきです。変化の速いウェブの世界では 1 年後はかなり遠い未来だといえるでしょう。

```
Expires: Thu, 01 Jan 2015 00:00:00 GMT
```

一方で Cache-Control は「毎日何時」などの定期更新ではないものの更新頻度がある程度限られているものや、更新頻度は低くないものの、あまり頻繁にアクセスしてほしくない場合（たとえばリアルタイム性がそれほど重要でない情報や、サーバの負荷からアクセス頻度を下げてほしい場合など）に利用することができます。

なお、Expires と Cache-Control を同時に利用した場合には、より新しい仕様である Cache-Control が優先されることになっています。

max-age の計算には、Date ヘッダを利用します。これはレスポンスが生成されたサーバ側の日時を示すヘッダで、この日時からの経過時間が max-age の値を超えた場合にはそのキャッシュは期限が切れたと考えることができます。

```
Date: Tue, 01 Jul 2014 00:00:00 GMT
```

なおDateヘッダはサーバがレスポンスを生成した日時を表すヘッダで、HTTPの仕様により500番台のエラーメッセージ以外の場合などいくつかの例外を除き、必ず付けなければならないものと定義されています。したがってAPIの場合でも、必ず付けるようにしましょう。

```
Date: Wed, 20 Aug 2014 11:10:39 GMT
```

Dateヘッダの情報はHTTP時間と呼ばれる形式で表す必要があります（コラム「HTTP時間の形式」を参照）。この値は、キャッシュの時間の計算（すでに示したようにデータの古さは現在時刻とデータ取得時のDateヘッダの値の差分から得られます）にも利用されますし、時間によって体力や何らかのパラメータが回復するゲームなどで、サーバとの同期が必要なものでは、クライアント側で勝手に日付設定を変えられてもゲーム中の時間がおかしくならないように、時間を同期するためにも利用することができます。

HTTP 時間の形式

DateやExpiresをはじめ、HTTPヘッダの中で時間を表すケースは多くあります。そしてその際にはどんなデータ形式で日時を表すかを考えなければなりません。3章では、レスポンスデータ中で時間を表す際にはRFC 3339形式やUnixタイムスタンプがよいと述べましたが、HTTPヘッダではこれらはいずれも使うことができないことになっています。なぜなら、RFC 2616によれば、HTTP 1.1ではHTTPヘッダ内で利用できる日時の形式が以下の3種類に限定されているからです（**表4-3**）。

表4-3　HTTPヘッダ内で利用できる日時の形式（HTTP 1.1）

形式名	例
RFC 822, updated by RFC 6854	Sun, 06 Nov 1994 08:49:37 GMT
RFC 850, obsoleted by RFC 1036	Sunday, 06-Nov-94 08:49:37 GMT
ANSI C's asctime() format	Sun Nov 6 08:49:37 1994

これ以外にもデルタ秒（ある基準の時間からの秒数）を指定することも可能ですが、絶対時間としてはこれらの形式しか使えません。

ただし、実際には独自に定義したヘッダなどではこれ以外の形式（Unixタイムスタンプなど）を使ってしまっているケースも散見されます。とはいえ、HTTPで正式に定義されているDateやExpiresなどのヘッダでは、なるべく多くのクライアントが解釈可能にするためにも、ルールにきちんと従うべきです。

そしてこの内のどれを使うべきかというと、RFC 1123です。残りの2つは、実は後方

互換性のために残されているにすぎず、HTTPのクライアントを作成する際には解釈できるようにしておく必要がありますが、生成の際には RFC 1123 を使う必要があります。またもう 1 つ重要なポイントとして、HTTPヘッダにおける日付では、タイムゾーンとして GMT（グリニッジ標準時）以外を使うことができません。たとえサーバが日本にあっても、そして RFC 1123 では GMT 以外のタイムゾーンを利用することができても、GMT を使う必要があります。

4.3.2　Validation Model（検証モデル）

　続いては検証モデルです。期限切れモデルがレスポンスを受け取ったときの情報だけを元にキャッシュの保持時間を決めていたのに対して、検証モデルは今持っているキャッシュが有効かどうかをサーバに問い合わせるというものです。期限が切れるまではネットワークアクセスが発生しなくなる期限切れモデルとは異なり、キャッシュのチェックの際にもネットワークアクセスが発生してしまいます。そのためネットワーク通信そのものを行うことによるオーバーヘッドは軽減できませんが、たとえば 100KB のデータをすでにクライアント側にキャッシュしているのに、まったく同じデータを再度ダウンロードするのと、データが更新されていなかった場合には「更新されていないよ」という情報だけを返すのとでは、転送データの量が変わってきます。したがって大きなデータをやりとりするような性格の API であればあるほど、キャッシュの効果が高まります（図4-3）。

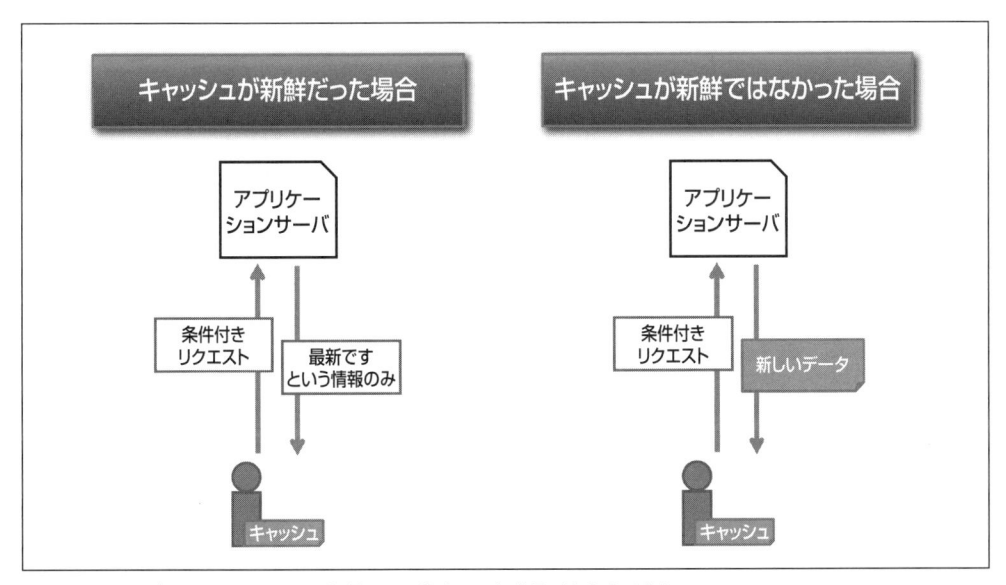

図4-3　検証モデルではキャッシュが新鮮だった場合には転送量が小さくてすむ

検証モデルを行うには、条件付きリクエストに対応する必要があります。条件付きリクエストは、「もし今保持している情報が更新されていたら情報をください」というもので、クライアントから「過去に取得したある時点でのデータ」に関する情報を送り、更新されていたときにのみデータを返し、更新されていなかったら 304（"Not Modified"）というステータスコードを返し、クライアントにサーバ側の情報が更新されていないことを伝えます。

条件付きリクエストを行うには「クライアントが現在保持している情報の状態」をサーバに伝える必要があります。そのために最終更新日付とエンティティタグのどちらかを指標として用います。最終更新日付は読んで字のごとく、そのデータが最後に更新された日付を表します。エンティティタグは「ある特定のリソースのバージョンを表す識別子」、フィンガープリントである文字列です。つまりたとえばレスポンスデータの MD5 ハッシュなど、もし内容が変化すれば同時に変換する何らかの文字列のことを指します。これらの情報はサーバ側で生成されてレスポンスヘッダに含まれてクライアントに送信され、クライアントはそれをキャッシュとともに保持しておいて条件付きリクエストに利用します。

最終更新日付とエンティティタグはそれぞれ、`Last-Modified` と `ETag` というレスポンスヘッダを使って返します。

```
Last-Modified: Tue, 01 Jul 2014 00:00:00 GMT
ETag: "ff39b31e285573ee373af0d492aca581"
```

ETag はダブルクォーテーション（`"`）で囲まれた任意の文字列を使うことができます。ETag をどうやって生成するかはサーバ側の実装に任されています。たとえばウェブサーバである Apache は静的コンテンツのエンティティタグを生成する際に、データのサイズ、更新日時、そしてディスク上のノード情報から生成します。ただしサーバのローカルなディスク情報などを使った場合は、複数のサーバで分散処理を行っている場合にそれぞれのサーバでエンティティタグが異なる問題が出るため注意が必要です（Apache の場合は計算でノード情報を使わない設定を行うなど）。

そしてクライアントは最終更新日付を使って条件付きリクエストを行う場合には `If-Modified-Since` ヘッダを、エンティティタグを使う場合は `If-None-Match` ヘッダを使います。

```
GET /v1/users/12345
If-Modified-Since: Tue, 01 Jul 2014 00:00:00 GMT

GET /v1/users/12345
If-None-Match: "ff39b31e285573ee373af0d492aca581"
```

サーバ側では送られてきた情報と現在の情報をチェックし、変更がなければ 304 というステータスコードを、変更があれば通常のリクエストと同様に 200 というステータスコードとともに変更された内容を送ります。その際に新しい最終更新日時やエンティティタグが送信されます。304

の場合はレスポンスボディは空になり、その分転送量が節約できるようになります。

　APIにおいて検証モデルを使う際には、最終更新日付としてユーザーIDのユーザー情報のような特定のリソースの場合はそのリソース自体の最終更新日付、ユーザー一覧のような複数のリソースの場合はその中で最後に更新されたリソースの最終更新日付を使います。またエンティティタグを利用する場合は、最終更新日付やデータ全体を衝突の少ない関数でハッシュ化したものを利用します。ハッシュの生成にはMD5やSHA1などの関数が利用されます。アメリカの有名なファイナンシャル・アドバイザーであるデイブ・ラムジーのラジオ番組"The Dave Ramsey Show"のiOSアプリケーションを開発するLampo GroupのPhil Harvey氏の発表[3]によれば、このアプリケーションでは高速化のためにMurmurHash3という2012年に考案された高速なハッシュ関数を利用しているということです。

強い検証と弱い検証

HTTPにおけるETagには、強い検証と弱い検証という概念があります。

(1) 強い検証を行うETag
```
ETag: "ff39b31e285573ee373af0d492aca581"
```

(2) 弱い検証を行うETag
```
ETag: W/"ff39b31e285573ee373af0d492aca581"
```

強い検証は、サーバ側とクライアント側でデータが1バイトも違わない完全一致の状態にあることを意味します。一方弱い検証は、データは完全に一致してはいないが、リソースの意味合いとしては変化しておらず同じとみなすことができる場合を意味します。これはたとえばウェブページなどで広告などの情報がアクセスのたびに差し替わるものの、リソース的には同じである場合などに用いられます。

4.3.3　Heuristic Expiration（発見的期限切れ）

　HTTP 1.1では、サーバ側が明示的な期限を与えなかった場合に、クライアントがおおよそそのデータをどれくらいの間保持すればよいかを決めるための方針についても言及されています。サーバの更新頻度や状況などを参考に、クライアントがキャッシュの期限を自分で決めるという意味で、これは**Heuristic Expiration**（発見的期限切れ）と呼ばれます。

　これはたとえば`Last-Modified`を見て、最終更新が1年前だからしばらくキャッシュしておいても大丈夫だろうとか、これまでのアクセスの結果1日1回くらいしか更新されていないから半

---

[3] http://www.slideshare.net/philharveyx/http-caching-ftw-rest-fest-2013

日はキャッシュを保持しよう、といったようにクライアント側が独自の判断でアクセス回数を減らすことを言います。

　API側でこれを容認できるかどうかはAPIの性格によりますが、更新やキャッシュのコントロールについて一番理解しているのはサーバ側であるはずなので、基本的には`Cache-Control`や`Expires`などの「どれくらいキャッシュをするべきか」という情報をきちんと返してあげるほうがお互いにとってよいでしょう。ただしキャッシュすべき期間を返さない（返せない）場合でも、`Last-Modified`などの更新関係の情報はきちんと発信することで、クライアントが無駄なアクセスを減らす努力を行えるようにしておくことが重要です。

4.3.4　キャッシュをさせたくない場合

　クライアントに対してどれくらいの期間キャッシュさせるかを明示する方法はわかりましたが、APIの性格によってはキャッシュをまったくさせたくない場合もあります。たとえば非常に高頻度で変化し、その変化がクライアントの動作に大きな影響を与える場合がゲームなどではあるかもしれませんし、株価情報などの情報の新鮮さが問われる刻一刻と変わる情報を配信するような場合は、キャッシュをしてほしくないと思うかもしれません。

　そうした場合はHTTPヘッダを使って明示的に「キャッシュをしてほしくない」と伝えることができます。そのためにも、期限切れモデルで使ったのと同様に`Cache-Control`ヘッダを以下のように使うことができます。

```
Cache-Control: no-cache
```

　なお、`Expires`で過去の日付や、日付として正しくない値（たとえば-1）を指定した場合、データがすでに期限切れであることを表すことができるため、これを利用してキャッシュを行わないように指定することも可能です。しかし`Expires`を過去の日付や不正な値にした際の挙動はブラウザによって若干異なるため、`Cache-Control`だけを使ったほうがよいでしょう。

　なお`no-cache`は厳密にはキャッシュをしないという指定ではなく、最低限「検証モデルを用いて必ず検証を行う」必要があることを意味します。機密情報などを含むデータで、中継するプロキシサーバには保存をしてほしくない、という場合には`no-store`を返します。

4.3.5　Varyでキャッシュの単位を指定する

　キャッシュを行うことを考慮する際に同時に指定しておく必要があるかもしれないヘッダに`Vary`があります。これはキャッシュを行う際に、URI以外にどのリクエストヘッダ項目をデータを一意に特定するために利用するかを指定します。なぜこのようなヘッダが必要なのかというと、URIが同一でもリクエストヘッダの内容によってデータの内容が異なるケースが存在するからです。

　HTTPでは、`Accept`で始まる一連のリクエストヘッダの値によってレスポンスの内容を変更する仕組みが存在しています。この仕組は**Server Driven Content Negotiation**（サーバ駆動型コ

ンテントネゴシエーション）と呼ばれます。これはたとえば`Accept-Language`というクライアント側が受け入れ可能な自然言語を指定するヘッダに API が対応して、レスポンスデータに含まれる言語を切り替えるようになっていたとします。これにはたとえば緯度と経度から住所に変換できる API が、返す住所情報の表示言語を `Accept-Language` の内容によって切り替える、といったことが考えられます。

```
Accept-Language: ja
```

この場合、同じ URI でも `Accept-Language` の値によって内容が同一ではなくなるため、URI だけを見てキャッシュをしてしまうと、本来取るべきデータを取ることができなくなってしまいます。たとえばクライアント側でユーザーが表示言語を切り替えた場合などに、キャッシュが表示されてしまうと設定が正しく変更されていないように見えてしまうはずです。

そこで Vary ヘッダを使って、どのリクエストヘッダをキャッシュをするかどうかの判断に使うのかを指定します。

```
Vary: Accept-Language
```

Vary は特に HTTP のやりとりがプロキシを経由しており、そのプロキシがキャッシュの機能を有している場合に用いられていますが、アクセスがプロキシを経由しているかどうかはサーバ側ではわからない場合もありますから、サーバ駆動型コンテントネゴシエーションを利用する場合には必ず Vary ヘッダを付ける必要があります。

実際に Foursquare の API では `Accept-Language` を使って言語を切り替える機能を提供しており、レスポンヘッダには以下のような Vary ヘッダが付けられています。

```
Vary: Accept-Encoding,User-Agent,Accept-Language
```

このように Vary ヘッダには複数のヘッダ名をコンマ区切りで指定することもできます。そして Foursquare の場合には User-Agent も Vary ヘッダに含まれています。サーバがサーバ駆動型コンテントネゴシエーション以外にも、ユーザーエージェントを見てコンテンツを変える場合には User-Agent も指定することになります。

API の場合はユーザーエージェントによって内容が変わるケースは少ないかもしれませんが、たとえば通常のウェブページの場合、スマートフォンからのアクセスの際には同じ URI でもモバイル向けのコンテンツを表示する、といったケースが考えられます。そのため、たとえば Google ではクローラ（検索エンジンのデータ収集用クライアント）がサーバにアクセスした際に、そのサーバが URI 以外の情報によってコンテンツを変える場合には Vary ヘッダを付けることを推奨しています。

以下は GitHub における Vary ヘッダの例です。GitHub は Accept ヘッダによるサーバ駆動型コンテントネゴシエーションに対応しているので Accept が含まれている他、認証が必要な情報

に関しては認証情報を扱う`Authorization`と`Cookie`の値が含まれています。

```
Vary: Accept, Authorization, Cookie
```

4.3.6 Cache-Controlヘッダ

すでに`Cache-Control`ヘッダは紹介していますが、このヘッダではこれまで紹介した`max-age`と`no-cache`、`no-store`以外にも、キャッシュをクライアント（やプロキシ）がどのように行えばよいかを示すための情報（ディレクティブ）を指定することができますので、これを見ておきましょう（表4-4）。`Cache-Control`ヘッダでは、以下のように複数のディレクティブを列挙することも可能になっています。

```
Cache-Control: public, max-age=3600
```

表4-4 ディレクティブとその意味

ディレクティブ名	意味
`public`	キャッシュはプロキシにおいてユーザーが異なっても共有することができる
`private`	キャッシュはユーザーごとに異なる必要がある
`no-cache`	キャッシュしたデータは検証モデルによって確認が必要
`no-store`	キャッシュをしてはならない
`no-transform`	プロキシサーバはコンテンツのメディアタイプやその他内容を変更してはならない
`must-revalidate`	いかなる場合もオリジナルのサーバへの再検証が必要
`proxy-revalidate`	プロキシサーバはオリジナルのサーバへの再検証が必要
`max-age`	データが新鮮である期間を示す
`s-maxage`	`max-age`と同様だが中継するサーバでのみ利用される

`public`と`private`は、プロキシサーバにおいてデータを共有できるかどうかを意味します。たとえば全員に配信されるお知らせの情報やある特定地域の天気の情報をAPIで送信するのであれば、それは同じリソースにアクセスする人は誰でも同じ情報を得ることができますから`public`に指定しますが、/users/meで自分自身のユーザー情報が取得できるようになっている場合は、これはユーザーごとにことなるために`private`である必要があります。

ちなみに詳細は省きますが、`Cache-Control`はクライアント側もリクエストの際に中継するプロキシサーバに対するメッセージとして送ることができます。

また、RFC 5861ではこれに加えて`stale-while-revalidate`と`stale-if-error`という2つのディレクティブの解説が行われており、これらはstale（新鮮ではない）データをキャッシュサーバが持っていた場合の振る舞いをより細かく指定するために、レスポンスヘッダにて指定できるものです。

stale-while-revalidateはstale-while-revalidate=600のように秒数を指定することで、プロキシサーバが`max-age`で指定された時間を超えたあとも、裏側で非同期にキャッシュの検証を行いつつ、キャッシュしていたレスポンスデータをレスポンスに返してよい期間を指定できます。つまり`max-age=600, stale-while-revalidate=600`という指定があった場合は、新鮮なのは10分間だけですが、そのあとの10分間はキャッシュサーバはクライアントからのリクエストに対して保持したキャッシュをそのまま返すことができます。そしてその間非同期で（つまりクライアントへのレスポンスとは別途）オリジンサーバへキャッシュの検証を行う問い合わせを行います。つまりクライアントは最大20分間はキャッシュされたデータを受け取ることになりますが、突然キャッシュの期限が切れるのではなく間にこのような期間を設けることで、キャッシュ切れが起こった際に非同期でキャッシュの交信を可能にし、クライアントへの効率のよいレスポンスを行うことができるようになります（図4-4）。

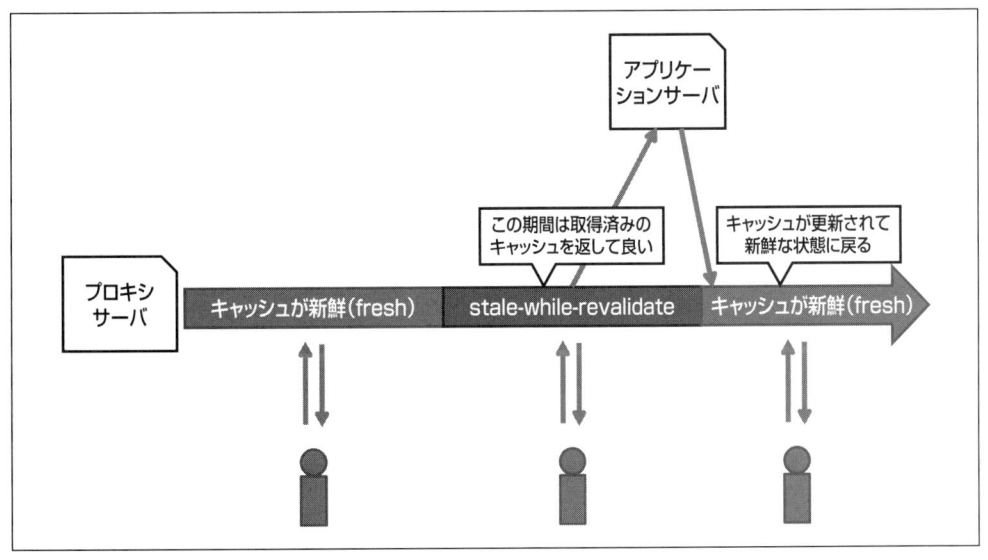

図4-4 stale-while-revalidateによる非同期のキャッシュの更新

ETagのところでも触れた"The Dave Ramsey Show"のiOSアプリケーション[†4]では、stale-while-revalidateを利用して非同期アクセスによりオリジンサーバへアクセスする仕組みを構築することで、サーバサイドAPIの速度の向上を図っているということです。

もう1つのstale-if-errorディレクティブは、オリジンサーバへのアクセスが何らかの理由でできなかった場合に、保持している新鮮ではないキャッシュをクライアントに返してよい秒数を指定します。これを利用することで、万が一不慮の事態でサーバが停止してしまうか、サービスの提供が難しくなってしまっている場合に、プロキシサーバを介しているクライアントだけにでも、多少の間アクセスを提供できるようになります。

[†4] http://www.slideshare.net/philharveyx/http-caching-ftw-rest-fest-2013

4.4 メディアタイプの指定

HTTPのリクエスト、レスポンスでは送信するデータ本体の形式を表すためにメディアタイプを指定する必要があります。メディアタイプとは簡単に言うとデータ形式のことで、レスポンスデータがどんな形式なのか、JSONなのかXMLなのか、それとも画像、あるいは単なるテキストファイルなのか、といったことを示すために利用されます。レスポンスにおいては、レスポンスボディに含まれるデータがどんな形式であるかを指定するために利用します。リクエストの場合には、クライアントがどのようなメディアタイプを理解することができるのかを指定することができます。

レスポンスでは Content-Type というヘッダを利用してメディアタイプ指定します。以下に例を示します。

```
Content-Type: application/json
Content-Type: image/png
```

1つ目の application/json は、レスポンスデータがJSONであることを意味します。2つ目の image/png は PNG 画像を意味します。application/json のようなメディアタイプは MIME タイプとも呼ばれます。MIME は"Multipurpose Internet Mail Extensions"の略で、もともとこの Content-Type ヘッダの仕様は電子メールの仕様の由来していることがわかります。パソコンでは拡張子を使って判断されることが多いデータ形式ですが、メールやウェブではこのメディアタイプを使って形式を表すわけです。メディアタイプの記述方法は以下のようになります。

```
トップレベルタイプ名 / サブタイプ名 [ ; パラメータ ]
```

トップレベルタイプ名はそのデータ形式が大別してテキストなのか、画像なのか、動画なのか、といったカテゴリを示し、サブタイプ名が具体的なデータ形式を示します。パラメータは省略可能で、テキストデータの場合の charset のように、付加情報を付けたい場合に利用します。

代表的なものを**表4-5**に示します。

表4-5 代表的なメディアタイプ

メディアタイプ	データ形式
text/plain	プレーンテキスト
text/html	HTML文書
application/xml	XML文書
text/css	CSS文書
application/javascript	JavaScript
application/json	JSON文書
application/rss+xml	RSSフィード
application/atom+xml	Atomフィード

表4-5 代表的なメディアタイプ（続き）

メディアタイプ	データ形式
application/octet-stream	バイナリデータ
application/zip	zipファイル
image/jpeg	JPEG画像
image/png	PNG画像
image/svg+xml	SVG画像
multipart/form-data	複数のデータで構成されるウェブフォームデータ
video/mp4	MP4動画ファイル
application/vnd.ms-excel	Excelファイル

　トップレベルタイプ名については、applicationとtextの区別がやや混乱しやすいかと思います。たとえばXML文書のメディアタイプはRFC 3023において定義されており、その中ではtext/xmlというメディアタイプについても言及されています。しかしその中でこのtext/xmlというメディアタイプは、"casual user"（XMLに関する前提知識がないユーザー）が読んで理解できるXMLの場合にこちらを利用したほうがよいと書かれていますが、APIの返すデータであまりそういうものは存在しなさそうですから、application/xmlを使ったほうがよいでしょう。

　全体的な流れとして歴史的経緯で昔からtextを採用しているtext/cssとtext/htmlを除くと、たとえテキストデータとしても開くことが可能でも、その形式を知らないと読みこなせないようなデータ形式はトップレベルタイプ名をapplicationとするほうが主流になってきています。JavaScriptについても以前はtext/javascriptというメディアタイプも利用されていましたが、RFC 4329において廃止されています。しかしtext/javascriptは現在のブラウザも認識可能で、HTML5においてもscript要素でtype属性のデフォルト値はtext/javascriptであるなど、まだまだ利用されていたりもしますが、サーバから返す場合はapplication/javascriptでよいでしょう。

　このように歴史的な経緯から同じものを表すメディアタイプが複数ある場合も多く、それがさまざまなトラブルの原因にもなったりしています。

4.4.1　メディアタイプをContent-Typeで指定する必要性

　Content-Typeヘッダを使ってメディアタイプを指定するのは非常に重要なことであり、すべてのAPIは適切なメディアタイプをクライアントに返すべきです。なぜならクライアントの多くは、Content-Typeの値を使ってデータ形式をまずは判断しており、その指定を間違えるとクライアントが正しくデータを読み出すことができないケースが出てくるからです。

　たとえばiOSのネットワーククライアントとして非常に多く使われているAFNetworkingというライブラリがあります。このライブラリはHTTPでのアクセスの際にレスポンスデータの解析を行うためにAFHTTPResponseSerializerというクラスを継承したシリアライザを指定しま

すが、その中ではそれぞれのシリアライザがどんなメディアタイプを受け入れるかを指定するようになっています。

JSON を解析する `AFJSONResponseSerializer` の該当部分を以下に抜き出してみました。

```
self.acceptableContentTypes = [NSSet setWithObjects:@"application/json", @"text/json", @"text/javascript", nil];
```

このように受け入れるのは `application/json`、`text/json`、`text/javascript` だけであり、それ以外のメディアタイプが `Content-Type` に指定されていた場合はエラーになってしまいます。

このように標準的なライブラリがメディアタイプに厳格である場合で、もし JSON データを `text/html`（PHP は標準でこのメディアタイプを返します）としてしまっていたら、そしてそれを利用しているユーザーがあまりメディアタイプに関する知識がなかったら、そのユーザーは（彼／彼女にとって）原因不明のエラーに悩まされることになってしまいます。したがって正しいメディアタイプを返すことは非常に重要なのです。

もう 1 つ別の `Content-Type` の利用例を見てみましょう。GitHub ではたくさんのリポジトリをホストしており、その中には当然 JavaScript などのファイルも含まれています。したがって、以下のようにファイルを直接指定すると JavaScript として読み込めてしまうような気がします。

```
<script type="text/javascript" src="https://raw.githubusercontent.com/bigspaceship/shine.js/master/dist/shine.min.js">
```

しかし実際にはこのコードは正しく動作しません。たとえば Google Chrome で上記の要素を含む HTML を開くと、以下のようなエラーが出て、JavaScript が実行されることはありません。

```
Refused to execute script from 'https://raw.githubusercontent.com/bigspaceship/shine.js/master/dist/shine.min.js' because its MIME type ('text/plain') is not executable, and strict MIME type checking is enabled.
```

なぜなら GitHub はこの JavaScript を `text/plain` というメディアタイプで送ってきているからです。

```
HTTP/1.1 200 OK
Date: Tue, 22 Apr 2014 01:55:22 GMT
Content-Type: text/plain; charset=utf-8
X-Content-Type-Options: nosniff
```

メディアタイプが JavaScript ではないため、ブラウザはこれは JavaScript のコードではないと判断してエラーを出すのです。なお `X-Content-Type-Options: nosniff` という HTTP ヘッダは IE における "Content Sniffing" というコンテンツからメディアタイプを判断する機能を無効にするもので、後ほど改めて触れることにします。

4.4.2　x-で始まるメディアタイプ

　メディアタイプの中には、`application/x-msgpack`のようにサブタイプが"x-"で始まるものがあります。これはそのメディアタイプがIANAに登録されていないことを意味しています。IANA（Internet Assigned Numbers Authority）はインターネットに関連する番号を管理する組織で、他にもドメインの管理やIPアドレスの割当などインターネットにおける非常に重要な役割を担っています。そしてメディアタイプがについても、IANAが管理しており、そこに登録されたメディアタイプについてはIANAのサイト[†5]で公開されています。

　しかしデータ形式が新しく登場したものであったり、あまり一般的ではない場合には、IANAに登録されていないケースがあります。そうした登録されていないデータ形式には x- で始まるサブタイプが使われ、それが一般的に用いられている場合があります（**表4-6**）。

表4-6　x-で始まるメディアタイプ

メディアタイプ	データ形式
`application/x-msgpack`	MessagePack
`application/x-yaml`	YAML
`application/x-plist`	プロパティリスト

　また、現在はIANAに登録済みであっても、かつて登録前にx- で始まるサブタイプが利用されていて、現在もその歴史的経緯が残っている場合があります（**表4-7**）。

表4-7　x-で始まるメディアタイプ（歴史的経緯が残っているもの）

メディアタイプ	データ形式
`application/x-javascript`	JavaScript
`application/x-json`	JSON
`image/x-png`	PNG画像

　こうしたメディアタイプは過去に使われていたり、古い情報に基づいて設計されたサービスなどではまだ使われる可能性がなくもないため、クライアント側では気にする必要がある場合もあるかもしれません。しかしAPIを提供する側としては、こうしたメディアタイプを使う必要はまったくありません。また上記以外のデータ形式を利用する際に、利用されているメディアタイプを調べたところ"x-"で始まっていた場合は、それがすでにIANAに登録されて、x- で始まらないメディアタイプが存在していないかを調べるとよいでしょう。

　ただし例外的に、HTMLのフォームデータを送信する際に使われる`application/x-www-form-urlencoded`だけは、RFC 1866で明記され、その歴史的経緯から x- が付いているにもかかわらず、IANAに登録された正式なメディアタイプとなっています。これに代わる

[†5]　http://www.iana.org/assignments/media-types/media-types.xhtml

application/www-form-urlencodedが提案されていますが†6、採用されないまま現在にいたっています。

4.4.3　自分でメディアタイプを定義する場合

では自分で新しいメディアタイプを定義する場合にはどうすべきかというと、実はx-で始まるものを定義するべきではありません。なぜなら、メディアタイプの形式やIANAへの登録方法について記述しているRFC 6838において、この方法はすでに廃止された方法であるからです。具体的に言うと、RFC 6838が発行された2013年の1月からもはやこの方法が未登録のメディアタイプを表すものとはみなされないと明記されています。ただしもちろんこれ以前に一般化してしまっているものもあり、こうしたものはベンダツリーの例外として扱われるとされています。というより実は、x-という形式はRFC 1590とRFC 1521という1993年に発行されたRFCで言及されたものの、1996年発行のRFC 2048ではすでにそれに変わる"x."という接頭辞が定義されて、古い方式になってしまっていたのですが、いまだに残っているものなのです。

では新たにメディアタイプを定義する場合にはどうすればよいかというと、RFC 6838ではサブタイプについていくつかの"Registration tree（登録ツリー）"を定義しています。これはサブタイプをその登録方法によって分類するためのカテゴリで、サブタイプの先頭に"vnd."といった接頭辞（faceted name）を付けて区分します（表4-8）。

表4-8　接頭辞による区別

ツリー名	接頭辞
Standards tree（標準ツリー）	なし
Vendor tree（ベンダツリー）	vnd.
Personal(Vanity) tree（パーソナルツリー）	prs.
Unregistered tree（未登録ツリー）	x.

標準ツリーはRFCで標準化されたりIANAに登録されている、広く一般化されたデータ形式のものです。この場合はapplication/jsonやtext/htmlのように、接頭辞はありません。

ベンダツリーは、広く利用されることを目的としているものの、特定の企業や団体が管理しているデータ形式で、たとえばExcelファイルのフォーマットはマイクロソフトが管理していますから、application/vnd.ms-excelというようにベンダツリーに属するようになっています。

パーソナルツリーは、実験的な実装、あるいは公に公開されることのない製品においてのみそのデータ形式を利用する場合などに用いるものです。

未登録ツリーはローカル環境、プライベートな環境のみで利用するためのものですが、ベンダツリー、パーソナルツリーでおおよそのユースケースはカバーされてしまうため、x.で始まるサブタイプを利用することは推奨されていません。

それでは新たなサブタイプを定義する場合どうすればよいかというと、インターネット上に

---

†6　https://tools.ietf.org/html/draft-hoehrmann-urlencoded-01

Web APIを公開する場合はベンダツリーを使うのが最も適しているでしょう。なぜなら新しく定義しようとしているデータ形式はおそらく、「広く利用されることを目的としているものの、特定の企業や団体が管理しているデータ形式」だからです。

そしてその形式は以下のように vnd. に続いて団体名などがきて、具体的なフォーマット名がくるものになります。

```
application/vnd.companyname.awesomeformat
```

前述の application/vnd.ms-excel は会社名がありませんが、Excelのように非常によく知られたデータ形式では団体名は不要ですが、それ以外の場合は団体名を付けるとよいとされています。

4.4.4　JSONやXMLを用いた新しいデータ形式を定義する場合

JSON や XML など、標準化されたデータ形式を使って、独自のデータ形式を定義する場合もよくあります。たとえば RSS や Atom は XML の上に定義されているデータ形式です。こうしたデータ形式の場合"+xml"や"+json"のように、用いたデータ形式を"+"に続けて記述するべきだとされています。実際、RSS や Atom のデータ形式ではこのルールに従っています（表4-9）。

表4-9　RSSやAtomのデータ形式

メディアタイプ	データ形式
application/rss+xml	RSSフィード
application/atom+xml	Atomフィード

独自のメディアタイプを定義、利用することで単に XML、JSON というだけでなく、より細かくレスポンスのデータ構造を表すことができるため、そのデータ形式を知っているユーザー、クライアントにはより便利な気もしますが、同時に application/json や application/xml といったシンプルなメディアタイプと比べて、あなたが決めたそのフォーマットを知っている人、あるいはクライアントでないとわかりにくいものとなるのも事実です。ライブラリによっては、未知のメディアタイプを受け取った際にエラーとして処理してしまう場合もあります。

こうなってくると利便性に問題が出てきます。そこで GitHub では標準的な application/json を返し、同時に X-GitHub-Media-Type という独自に定義した HTTP ヘッダを利用して、github.v3 のようなより細かいメディアタイプを指定するための情報を返しています。

```
HTTP/1.1 200 OK
Server: GitHub.com
Content-Type: application/json; charset=utf-8
X-GitHub-Media-Type: github.v3
```

HTTP の作法をつきつめて考えると、データを送信する際にメディアタイプとしてはなるべく

内容をきちんと反映したデータを含めることが重要ではあります。GitHub の API は HTTP の作法をなるべくきちんと守る努力をしていることが、このメディアタイプの指定以外からも見て取れます。しかし一方でクライアント側でトラブルが発生する危険性を考慮すると、このような折衷案となるのでしょう。ちなみに GitHub では API のバージョン情報をメディアタイプに含めることで、これが GitHub API バージョン 3 の JSON データであることがわかるようにしています。API のバージョン管理については 5 章で触れることにします。

4.4.5　メディアタイプとセキュリティ

　実際のレスポンスデータと異なるメディアタイプを Content-Type に指定してしまうことで、クライアントが正しくデータを認識することができない可能性が出てくることはすでに述べました。しかしブラウザを介して利用された場合に、メディアタイプが正しく設定されていない API ではセキュリティ上の問題を引き起こします。たとえば JSON ファイルを間違えて text/html で配信してしまったとします。XMLHttpRequest でその JSON ファイルにアクセスしてデータを取得している場合、たとえ JSON が text/html として渡されても、問題なく取得、解析ができてしまい、動作してしまいます。しかしこの JSON ファイルの URI を直接叩いてアクセスした場合、ブラウザは Content-Type ヘッダを元にデータ形式を決定して処理を行いますから HTML として表示されてしまいます。その結果 JSON データが画面上にそのまま表示されることになります。したがってもし、以下のように内部データに JavaScript が埋め込まれていた場合には、それが実行されてしまいます。

```
{"data":"<script>alert('xss');</script>"}
```

　"/" は JSON シリアライザによってはエスケープされる場合もあり、その場合は script タグが不完全になるのでスクリプトは実行されません。しかしエスケープはしなければならないものではなく、上記の JSON も形式としては正しいものです。そしてもし JSON の中にユーザーが送った情報（たとえばユーザーの名前など）を入れている場合、こうした Content-Type に application/json が指定されていれば、多くのブラウザでは直接このデータにアクセスしても問題はなくなります。したがって、メディアタイプは正しく指定すべきです。

　なおいくらメディアタイプを正しく指定しても、まだ問題は発生する可能性はあります。たとえば IE には"Content Sniffing"という Content-Type でメディアタイプが指定されていても、それを無視してコンテンツの内容や拡張子からデータ形式を推定するという機能が存在しており、そのせいでさらなる対策が必要となります。これについては 6 章で再び触れることにしますが、まずは Content-Type の値はきちんと指定することとし、API のテストの際にも Content-Type の値が正しいかをきちんとチェックするようにすべきです。

4.4.6　リクエストデータとメディアタイプ

　さてここまで主にレスポンスヘッダでのメディアタイプの指定について見てきましたが、リクエ

ストの際にもメディアタイプは利用されます。主に使われるヘッダは以下の2つです。

- `Content-Type`
- `Accept`

　1つ目の `Content-Type` は、レスポンスヘッダの場合と同様、リクエストボディがどんなデータ形式で送られているのかを示します。たとえば POST リクエストを送る際にデータを JSON で送っていればここは `application/json` にすべきですし、ウェブページからフォームデータを送信した場合は `application/x-www-form-urlencoded` が使われます。ちなみにこの `application/x-www-form-urlencoded` は `x-` で始まっていますが、1995 年に発行された RFC 1866（HTML2.0）にて登場したものであり、現在にいたるまで `application/www-form-urlencoded` という `x-` のないものの検討はされているものの、ずっと利用されている例外的なメディアタイプです。ちなみにフォームの POST ではファイル添付など複数のデータを混在させる場合には、`Content-Type` には `multipart/form-data` を指定します。

　一方 `Accept` は、クライアントが「どんなメディアタイプを受け入れ可能か」をサーバに伝えるために利用します。`Accept` はブラウザの場合はサポートしているデータ形式を伝えるために利用します。

```
Accept:text/html,application/xhtml+xml,application/xml;q=0.9,image/webp,*/*;q=0.8
```

　このように `Accept` ヘッダには複数のメディアタイプを列挙することができます。q は "Quality Value"（品質値）といって、そのメディアタイプを利用する優先度を指定します。q を指定しなかった場合の品質値は 1 とみなされ、最優先になります。また `*/*` のようにワイルドカードを使って「すべてのメディアタイプ」を表すことも可能です。

　上記の場合はどんなメディアタイプ（`*/*`）でも受け入れるが、HTML（`text/html`）と XHTML（`application/xhtml+xml`）、および WebP（`image/webp`）が最優先（q=1）であり、続いて XML（`application/xml`）が優先され、それらのいずれにも該当しない場合はそれ以外のメディアタイプを利用してほしい、ということをサーバに伝えることができるようになっています。サーバはこの値を見て、返すデータ形式を決めることになります。上記は Google のブラウザである Chrome で実際に送信されている `Accept` ヘッダですが、特徴としては WebP（`image/webp`）という Google が普及を目指している新しい画像フォーマットが優先されるように指定が入っている点です。WebP はまだサポートしているブラウザが少なく、サーバ側でも PNG や JPEG のように万人向けに使うことができない画像フォーマットです。そこで WebP に対応しているクライアントは `Accept` で明示的にこのメディアタイプを優先してくれるよう指定することで、もしサーバが WebP の配信をサポートしている場合はそれを送ってくれるようにお願いをすることができるのです。このように受け入れ可能なメディアタイプを指定してサーバ側に配信するデータ形式を決めて貰う方法を HTTP 1.1 では **Server Driven Content Negotiation**（サー

バ駆動型コンテントネゴシエーション）と呼びます。サーバ駆動型コンテントネゴシエーションのためには、メディアタイプを指定する`Accept`の他に、自然言語を指定する`Accept-Language`や文字コードを指定する`Accept-Charset`などの`Accept`で始まるヘッダが定義されています。

さてこのサーバ駆動型コンテントネゴシエーションの概念をWeb APIに適用してみると、`Accept`ヘッダを使ってレスポンスに利用してもらうメディアタイプをクライアントが指定する、といったことになるでしょう。たとえばあるAPIがXMLとJSONに対応しており、クライアントとしてはデータサイズが小さくなるJSONで受け取りたいのだけど、何らかの都合でサーバサイドがJSONを出力できない場合はXMLも受け取ってもいいよ、ということを表すのであれば、以下のようなリクエストヘッダをサーバに送ることができるでしょう。

```
Accept: application/json,application/xml;q=0.9
```

ただしこれはあまり実際には必要なこととは思えず、現実的な使い方としてはAPIがXMLとJSONに対応している場合に、JSONかXMLか、そのどちらを受け取りたいのかを`Accept`で指定する、ということになるでしょう。APIのデータ形式をクライアントで指定する方法については3章でも議論しましたが、サーバ駆動型コンテントネゴシエーションを利用するこの方式は最もHTTPの仕様には則った方法だといえます。しかしURIを使って形式を指定するほうが手軽といえば手軽なため、どの方法を使うかは議論が分かれるところです。

またサーバ駆動型コンテントネゴシエーションを使ってデータ形式を決定する場合は、サーバ側はレスポンスの`Vary`ヘッダに`Accept`を指定して、`Accept`の値によってレスポンスの内容が異なる可能性があることをクライアントや中継するサーバに伝えなければなりません（詳しくは本章のキャッシュの議論を参照してください）。

```
Vary: Accept
```

4.5 同一生成元ポリシーとクロスオリジンリソース共有

XHTTPRequestでは異なるドメインに対してアクセスを行い、レスポンスデータを読み込むことができません。これは**同一生成元ポリシー**（**Same Origin Policy**）というセキュリティ上のポリシーによるものです。同一生成元ポリシーは同じ生成元（オリジン）からの読み込みのみを許可するというポリシーで、生成元はURI中のスキーム（httpやhttpsなど）、ホスト（api.example.comなど）、ポート番号の組み合わせで判断されます。したがってhttp://api.example.com/とhttp://www.example.com/は異なる生成元ですし、https://example.comとhttp://example.com、http://example.comとhttp://example.com:8080も異なる生成元になります。

ブラウザから呼び出されるAPIを構築する場合、APIだけをhttps://api.example.com/のようにドメインを分けてしまうと、XHTTPRequestを行うことができなくなってしまいます。そこでJSONPなどの手法が編み出されてきたわけではありますが、JSONPは同一生成元ポリシーのいわば回避策でありセキュリティ上の問題も多かったため、利用は慎重に行う必要があります（JSONP

のセキュリティについては5章を参照）。

そこで異なる生成元にアクセスをするための手法として**クロスオリジンリソース共有**（CORS：Cross-Origin Resource Sharing）という仕様が策定されました。CORSは2005年から検討が始まり、2009年にCORSという名前が付けられて2014年1月に正式にW3C勧告[†7]になったものです。

CORSを利用すると、異なる生成元からのアクセスに対して、特定の生成元からのアクセスのみに対して、アクセスを許可することが可能になります。これはJSONPよりも安全であり、しかも公式な仕様です。新しい仕様ではありますが、技術的な検討は何年も前から行われていることもあり、ブラウザの多くはすでに対応しているので、ブラウザでの利用をターゲットにしたAPIではこれに対応しておくことには、意味があります。

XHTTPRequestにおけるCORSの対応状況としては、IEは8から、Firefoxは3.5から、Google Chromeは3.0から、Safariは4.0から対応しています（http://caniuse.com/cors）。IE8とIE9は正確に言うとXHTTPRequest自体は対応しておらず、CORSに対応したXDomainRequestというXHTTPRequest互換のオブジェクトを利用する必要があります。

4.5.1 CORSの基本的なやりとり

CORSを行うには、まずクライアントからOriginというリクエストヘッダを送る必要があります。このヘッダにはアクセス元となる生成元を指定します。たとえばhttp://www.example.com/ からhttp://api.example.com/ へのアクセスの場合にはhttp://www.example.com になります。Originの値では大文字小文字は区別されます。

```
Origin: http://www.example.com
```

サーバ側ではあらかじめアクセスを許可する生成元の一覧を保持しておいて、Originヘッダで送られてきた生成元がその一覧に含まれているかをチェックします。もしそこに含まれていない場合はアクセスを許可せず、403エラーを返します。もし一覧に含まれている場合は、Access-Control-Allow-OriginというレスポンスヘッダにOriginリクエストヘッダと同じ生成元を入れて返すことで、アクセスが許可されたことを示します。

```
Access-Control-Allow-Origin: http://www.example.com
```

なおもしアクセスしたリソースがセキュリティ上どこのページから読まれてもまったく問題がない場合はAccess-Control-Allow-Originヘッダに * を指定することで、どこからでも読み込めることを明示することができます。

```
Access-Control-Allow-Origin: *
```

たとえばGitHubのAPIはCORSに対応しており、一般にアクセス可能なAPIでは * がAccess-Control-Allow-Originに入っています。以下は公開されているユーザー情報への

[†7] http://www.w3.org/TR/cors/

アクセス例です。

❖ https://api.github.com/users/takaaki-mizuno へのアクセス例

```
HTTP/1.1 200 OK
Server: GitHub.com
Content-Type: application/json; charset=utf-8
Access-Control-Allow-Credentials: true
Access-Control-Expose-Headers: ETag, Link, X-GitHub-OTP, X-RateLimit-Limit,
X-RateLimit-Remaining, X-RateLimit-Reset, X-OAuth-Scopes, X-Accepted-OAuth-
Scopes, X-Poll-Interval
Access-Control-Allow-Origin: *
```

こうすることで、この API を XHTTPRequest などで読み込んで GitHub のユーザー情報をページ内に表示する JavaScript のコードを書くことができるようになっています。

4.5.2 プリフライトリクエスト

CORS にはプリフライトリクエストという特別なサーバへの問い合わせ方法が定義されています。これは実際に生成元をまたいだリクエストを行う前にそのリクエストが受け入れられるかどうかを事前にチェックするものです。プリフライトリクエストを行う必要があるのは以下の場合です。

- 利用する HTTP メソッドが Simple Methods（`HEAD`/`GET`/`POST`）以外である
- 以下に示すヘッダ以外を送信しようとしている
    - `Accept`
    - `Accept-Language`
    - `Content-Language`
    - `Content-Type`
- 以下に示す以外のメディアタイプを `Content-Type` に指定している
    - `application/x-www-form-urlencoded`
    - `multipart/form-data`
    - `text/plain`

プリフライトリクエストは OPTION メソッドを使って送信されます。

```
OPTIONS /v1/users/12345 HTTP/1.1
Host: api.example.com
Accept: application/json
Origin: http://www.example.com
Access-Control-Request-Method: GET
Access-Control-Request-Headers: X-RequestId
```

するとサーバはこのリクエストが受け入れ可能かを判断し、受け入れ可能な場合はステータスコード 200 で以下のようなレスポンスを返します。

```
HTTP/1.1 200 OK
Date: Mon, 01 Dec 2008 01:15:39 GMT
Access-Control-Allow-Origin: http://www.example.com
Access-Control-Allow-Methods: GET, OPTIONS
Access-Control-Allow-Headers: X-RequestId
Access-Control-Max-Age: 864000
Content-Length: 0
Content-Type: text/plain
```

このとき Access-Control-Allow-Methods には許可されるメソッドの一覧を、Access-Control-Allow-Headers には許可されるヘッダの一覧を、Access-Control-Max-Age にはこのプリフライト情報のキャッシュを保持してよい時間を指定します。

CORS に対応したブラウザでは、XHTTPRequest では状況に応じてプリフライトリクエストを自動的に行います。ただし IE8 と IE9 はプリフライトリクエストに対応しておらず、プリフライトリクエストが必要なリクエストを行うことができません。

4.5.3 CORSとユーザー認証情報

CORS ではユーザー認証情報（Credential）を送信する際には追加の HTTP レスポンスヘッダを発行する必要があります。たとえば Cookie ヘッダや Authentication ヘッダを使ってユーザー認証情報をクライアントが送ってきた場合、サーバは以下のように Access-Control-Allow-Credentials ヘッダに true をセットすることで、「認証情報を認識しております」ということをクライアントに返信する必要があります。

```
Access-Control-Allow-Credentials: true
```

これがなかった場合、ブラウザは受け取ったレスポンスを拒否してしまいます。

各ブラウザの XHTTPRequest では、クッキーなどの認証情報を送る際には withCredentials というプロパティを true にセットしなければなりません。それがないと認証情報はサーバに送られません。ただし IE8 と IE9 は認証付きの CORS リクエストにも対応しておらず、利用することができません。

4.6 独自のHTTPヘッダを定義する

すでに述べたように HTTP はデータを包むエンベロープの役割をはたします。そして、HTTP ヘッダはその中でメタ情報をデータに付けるために利用することができます。したがって HTTP ヘッダを活用することで、キャッシュやメディアタイプ、CORS の仕組みを見ていく際にいくつかの HTTP ヘッダを紹介しましたし、本書の中では他にもさまざまな HTTP ヘッダに触れていま

す。たとえば5章のセキュリティの話題においても、セキュリティの向上に役立つヘッダがいくつも登場します。

　しかしHTTPのヘッダをメタ情報を格納する場所と考え、それを活用しようとすると、どうしても既存のHTTPヘッダだけでは情報を送れなくなってきます。たとえば自社サービスのスマートフォンクライアントからアクセスの際に、クライアントの表示可能色数やデバイスピクセル比（device pixel ratio）、サーバのリクエストが正しいことを表すためにチェックサム情報を送ってほしいとき、適切なヘッダは何でしょうか。サーバからセッション情報（クッキーに格納しない）を送りたい場合に使うべきヘッダは何でしょうか。

　こうした適切なヘッダが存在しないメタデータを送りたい場合は、独自のHTTPヘッダを定義することができます。たとえば以下のような感じです。

```
X-AppName-PixelRatio: 2.0
```

　HTTPヘッダを新しく定義する場合はこのように"X-"という接頭辞を最初に付けて、次にサービスやアプリケーション、組織などの名前を付けるというのが一般的です。たとえばGitHubではX-GitHub-Request-IdというヘッダでリクエストごとのユニークなIDを返しています。LinkedInでは同じようなリクエストIDがx-li-request-idという値で入ります。それぞれ"X-"と"GitHub"および"li"というサービス名を付けて独自のヘッダを定義しているのがわかります。

```
X-GitHub-Request-Id: 719794F7:4A38:5D361F:5355AB70
x-li-request-id: HY98X9OYAX
```

　これと同様に自分のサービス名などを使ってヘッダ名を決定するのが現在最も一般的なやり方です。あとはURIやレスポンスデータなどの命名と同様に、IANAのHTTPヘッダの一覧[†8]などを参考に名前を付けるとよいでしょう。ちなみにHTTPヘッダは仕様的には大文字小文字は同一のものとして扱われますが、さまざまな例にあるように先頭や単語のつなぎを大文字にするパスカルケースを使い、単語間はハイフンでつなぐのが一般的です。また、カッコやアットマーク（@）、セミコロンなどの文字は使うことができません。RFC 7230における具体的なヘッダの定義の部分を抜き出してみると以下のようになっています。

```
message-header = field-name ":" [ field-value ]
field-name     = token
token          = 1*<any CHAR except CTLs or separators>
CHAR           = <any US-ASCII character (octets 0 - 127)>
CTL            = <any US-ASCII control character
                  (octets 0 - 31) and DEL (127)>
SP             = <US-ASCII SP, space (32)>
HT             = <US-ASCII HT, horizontal-tab (9)>
```

[†8] http://www.iana.org/assignments/message-headers/message-headers.xhtml

```
separators     = "(" | ")" | "<" | ">" | "@"
               | "," | ";" | ":" | "\" | <">
               | "/" | "[" | "]" | "?" | "="
               | "{" | "}" | SP  | HT
```

これを見ると、ヘッダとして使えるのは token、すなわち文字コードで 32 〜 126 の ASCII 範囲の文字のうち、separators と呼ばれるものを除いたもの、となっています。

ところで API やその他さまざまな用例を見ると X- という接頭辞を付けるのがあたり前のようになっていますが、近年この X- という接頭辞を付けるべきではないのではないか、という流れになっており、「Deprecating the "X-" Prefix and Similar Constructs in Application Protocols」[†9] というタイトルの RFC 6648 が 2012 年 6 月に発行されています。この RFC は「Best Current Practice」、すなわち現在の最善の方法という位置づけでそのルールを強制をするものではありませんし、どちらかというと新しいプロトコルを定義したりする際には将来正式に採用されることも念頭に入れてきちんとした名前を付けるべきで、X- を使うのはやめようという趣旨ですが、プライベートなプロトコルに関しても X- を使うことはおすすめできないとしています。

こうしたプライベートなプロトコルは、広く一般に使われるようになることを意図していないですし、あまりにも一般的な名前にすることは逆に問題となると思いますが、たしかに X- を付けなくても自分たちのサービス名などを接頭辞として付けた時点で、プライベートな HTTP ヘッダであることは一目瞭然なので、X- を必ずしも付ける必要はないかもしれません。

```
AppName-Request-Id: 1234567890
```

X- を付けるべきか、という議論はなかなか難しく、筆者としてはこれまでの慣れもあって X- が付いていたほうが「独自に定義したものである」という印象を持ちやすいのですが、X- を付けない方法も検討してもよいでしょう。ただし重要なことは、サービスに複数の独自のヘッダがあったときに、一部は X- が付いていて一部は付いていない、といったような統一のなさが一番問題であり、すでに X- を付けたヘッダを使っているのであれば、今後定義するヘッダも X- を付けたほうがよいでしょう。

4.7 まとめ

- [Good] HTTP の仕様を最大限利用し、独自仕様の利用を最低限にとどめる
- [Good] 適切なステータスコードを用いる
- [Good] 適切な、なるべく一般的なメディアタイプを返す
- [Good] クライアントが適切なキャッシュを行えるように情報を返す

[†9] http://tools.ietf.org/html/rfc6648

5章
設計変更をしやすいWeb APIを作る

Web APIは通常のウェブサービスと同様に一度公開したらそれで終わりではなく、ずっと公開していかなければ意味がありません。そして公開を続けるうちには、公開当初には想像しなかったような使われ方をされるようになったり、新たな機能要件を追加しなければならなくなったりすることも少なくありません。また、何らかの理由によりAPIの公開を止めなければならないこともあるでしょう。

本章では、その際に直面する大きな課題であるAPIの変更、および廃止に関する問題を取り扱います。

5.1 設計変更のしやすさの重要性

Web APIは何らかのアプリケーションのインターフェイスとしての役割を持ちます。そしてそのアプリケーションは、一度公開されたらずっと同じというわけにはなかなかいかず、機能の強化やバグの修正、あるいは場合によっては機能の廃止など、さまざまな状況に応じて変化していくものです。そしてその際には、そのアプリケーションの、他のアプリケーション向けのインターフェイスであるWeb APIもその影響を受けて変更をしなければならない場合があります。もちろん、サービスのちょっとした見た目の変化や、コンテンツに影響があっても、コンテンツの形式そのものに影響がないケースではAPIは更新する必要がありません。しかしデータの形式が変わったり、情報の検索に追加でパラメータが必要になったり、といった場合にはAPIの変更が必要になってきます。

たとえばテキストとして返されるデータの内容がより詳細になるとか、内部のアルゴリズムのアップデートにより検索の精度がより向上したなどの場合は、同じAPIを叩いた場合に返ってくるデータの内容は（多くの場合は改善される方向に）変化するでしょうが、データ形式が変化しないのでAPIの仕様変更は必要ありません。ウェブサービスの運営では、こうした形式は変わらないけれども内容がより改善される、といったことは日々発生します。

一方で、データの形式そのものが変わる場合、たとえば数値として公開されていたIDを文字列に変更した、これまで内容に含まれていた「おすすめ関連情報」が廃止されてしまった、年月日、それぞれを別の項目として出力していたが1つにまとめたなど場合は、必然的にAPIのレスポン

ステータの形式が変わってきます。また情報取得の際にカテゴリをこれまで文字列で指定していたがIDを使うようになった、検索を性別で絞り込めるようになった、ユーザー登録の際にメールアドレスが不要になった、という場合にはリクエスト時のパラメータに変更が生じるでしょう。あるいはAPIの仕様にセキュリティホールにつながるなど致命的な問題が見つかり、内容に修正を行う必要が出てくる場合もあるかもしれません。

しかしこうしたAPIの変更は非常に大変です。なぜかというと、そのAPIを利用している外部のシステムやサービスにも変更の影響は及び、どれくらいそのサービスが影響を受けるかがわからないからです。

5.1.1 外部に公開しているAPIの場合

最もわかりやすいのは、LSUDs（large set of unknown developers）、すなわち外部に広く公開されているWeb APIのケースです。たとえばFacebookやTwitterのAPI、日本ならYahoo! JAPANや楽天など、公開されているエンドポイントを叩くだけで、あるいは簡単な登録を行うだけで誰でも使うことができるようなものです。こうしたAPIの仕様がある日突然変更になったらどうなるでしょうか。そのAPIを使っているサービスは、その途端に内容を理解できなくなり、エラーを吐いて処理が止まってしまうかもしれません。処理が止まらなかったとしても、データがその利用者の期待する形式ではなくなっていますから、表示がおかしくなるなど何らかの不具合が生じる可能性は高いでしょう。そうなればAPIを利用している人たちは、修正をしなければならなくなります。

もちろんそれによってAPIが劇的に便利になり、利用者もすごく幸せになれるのなら、大きな変更もそれ自体は許容されるでしょう。しかしいずれにせよいきなり予告もなくインターフェイスが変更になったりしたら、絶対にトラブルが発生します。利用者があなたの修正のタイミングに合わせて待機して、切替のタイミングでサービスを変更してくれることを期待するのは、ちょっと虫がよすぎるというものです。

さらに、APIの利用者があなたのAPIを自分たちのサービスのあくまで付加価値的に使っていたとしたら、わざわざその切替のために、変更に合わせて待機してくれることは、まず期待できないでしょう。

またそもそも、その変更を利用者全員に周知するのも一苦労なはずです。ドキュメントやウェブサイト上で通知を出すことはできますが、それを出したからといってどれくらいの人が読んでくれるかわかりません。もしサービス利用時にメールアドレスの登録を義務付けていれば、そのアドレスにメールで連絡することもできるでしょうが、メールを受け取ったからといって、忙しくてすぐには作業できないかもしれません。小規模のユーザーにだけ公開しているAPIであれば一人ひとり連絡をとってタイミングを確認することも可能でしょうが、インターネット上ですべてを公開しているサービスであればそうはいかないでしょう。

そしてもし、利用者がきちんと対応を行えないままに変更を強行してしまったとしたら、たちまちあなたのAPIを利用しているサービスは次々と不具合を起こし、あなたのAPIやサービスは「いきなり仕様変更をする信頼の置けないサービス」の烙印を押され、ユーザーが離れていってし

まいます。誰だって、いきなり仕様が変更されて急ぎの対応を迫られるAPIなんて使いたくないはずだからです。

5.1.2 モバイルアプリケーション向けAPIの場合

　モバイルアプリケーション向けのAPIはSSKDs（small set of known developers）であり、利用しているのはあなたが公開しているアプリケーションだけですから、修正をしなければならないのはあなただけです。したがってまだAPI変更の影響範囲は小さいといえます。しかしだからといって、自由にAPIを更新できるわけではありません。なぜなら、モバイルクライアントはユーザーが自分でアップデートしなければ古いままであり、古いクライアントを使い続ける人がいるからです。

　そもそも、クライアントを更新するには時間がかかります。iTunes AppStoreや一部のAndroidマーケットなど、審査が必要なマーケットではクライアントアプリケーションの完成から公開まで非常に時間がかかりますし、Google Playであっても、アップロードした新しいバージョンがデバイスで認識されるまでには1時間以上かかります。たとえマーケット上に新しいバージョンが公開されたからといって、すべてのユーザーがすぐにアップデートしてくれるとはかぎりません。たしかに以前と比べればモバイルアプリケーションのアップデートは簡単になってはいます。Androidには自動でアップデートを行うオプションもあります。しかしiOSではいまだマニュアルでのアップデートが必要ですし（iOS 6.0からパスワードの入力は必要なくなってやりやすくはなっていますし、自動でアップデートする機能もありますが、すべての人がそれを利用しているわけではありません）、人間というのは元来面倒くさがりであり、そして物事を忘れる生き物です。実際にモバイルアプリケーションを更新しない人はたくさんいます。中には「アップデートをすると遅くなったり不具合が起きたりするし、今のバージョンで満足しているからアップデートをあえてしない」といったユーザーもいます。

　OSのバージョンが古くてアップデートできないユーザーもいます。たとえばAndroidだとOpenSignalの2014年8月のレポート[†1]によれば、いまだに20%以上のユーザーがバージョン2.3以下のバージョンを使っています。これらのユーザーは、もしあなたのアプリがすでにAndroid 4.0以上対応だった場合にはおそらくAndroid 2.3対応だった時代の古いクライアントを使っていて、APIが更新された瞬間に使い続けることができなくなってしまうでしょう。

　もちろんあなたのサービスを使っているユーザーのうち、どれくらいのユーザーが古いバージョンのクライアントを使っているのかということは、きちんと調べてどのバージョンまでをサポートするのかなどを決める必要がありますが、いずれにせよ、そうしたユーザーがAPIを変えた途端にサービスがエラーを出していきなり使えなくなるという状況になるのは間違いありません。

5.1.3 ウェブサービス上で使っているAPIの場合

　自分たちのサービスで使っているAPIの場合は、多少は状況は楽にはなります。クライアント側のコードも自分たちのサーバから配信しているわけなので、同時に更新することもさほど難しく

[†1] http://opensignal.com/reports/2014/android-fragmentation/

ありません。しかしそれでも、ブラウザのキャッシュの問題は残っています。APIの返すデータとそれを解析して処理するクライアントのコード、どちらもキャッシュされている可能性があります。どちらかが更新され、どちらかが古いままだった場合、やはりデータが不整合を起こしておかしなことになってしまう可能性があります。

特にiOSのWebViewではキャッシュが長期間保存されることは非常に有名であり、キャッシュの更新に気を配らなかった場合に、iOS上でウェブアプリケーションが正しく動作しない問題が起こりやすくなっています。

ここで3つのパターンについて、急なAPI変更がもたらす問題について見てきましたが、一言でまとめると「一度公開をしたWeb APIの仕様を変更するのはいずれにせよ問題が発生する危険性がある」ということになります。ではどうすればよいのでしょうか。

5.2　APIをバージョンで管理する

最もよいと思われる方法は、一度公開したAPIをできるかぎり変更しないことです。となると、サービスの改善が難しくなってしまうではないか、ということになりますが、実際のところはそうではありません。なぜなら、新しいAPIを別のエンドポイント、あるいは別のパラメータを付けたURIなど、何らかの新しいアクセス形式で公開すればよいからです。

つまり、古い形式でアクセスしてきているクライアントに対してはそれまでと変わらないデータを送り、新しい形式でのアクセスには、新しい形式のデータを返すのです。複数のバージョンのAPIを提供するというわけです（図5-1）。

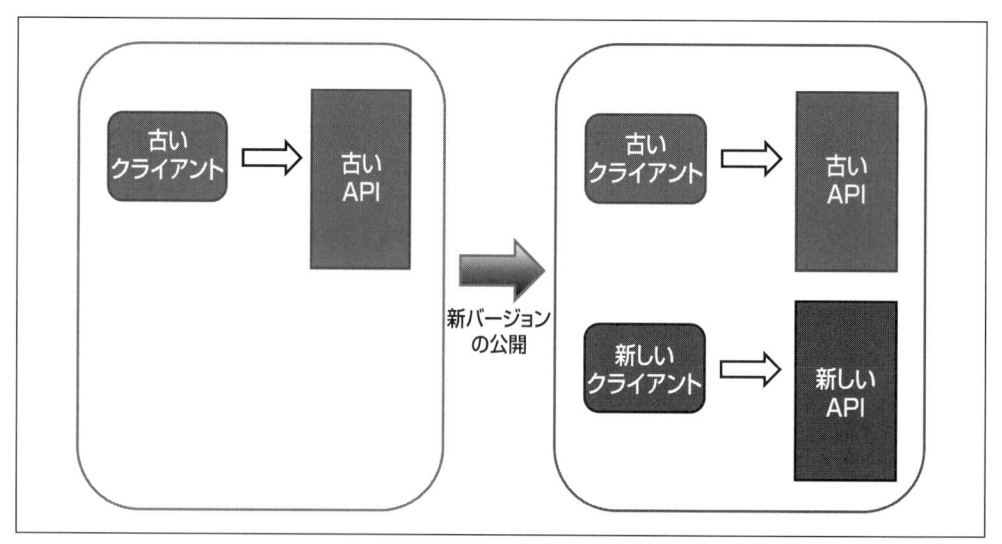

図5-1　新しいAPIを新しい形式で公開し、古いものはそのまま残す

新旧2つ以上のAPIを共存させる方法はいろいろありますが、例として一番わかりやすいのは

まったく異なるURIでAPIを公開する方法です。

❖ 古いURI
http://api.example.com/users/123

❖ 新しいURI
http://newapi.example.com/users/123

こうしておけば、これまでのAPIを使っていたユーザーは、新しい変更を気にせずに使い続け、都合のよいタイミングで移行することができますし、新たに使い始めるユーザーは最初から新しいAPIを使うことができます。ただしこの例は"例"としてはわかりやすいのですが、実際のURIとしてどうかと考えるとまったくイケていません（あえてそういう例にしたのですが）。"new"という名前を付けるのはかなり問題があります。なぜなら新しいのは公開直後だけですし、今後更に新しいバージョンが出てきたときにどうするのかという問題がすぐにでてくるでしょう。日本でも、新快速や新千歳空港など、新しくないのに新が付いている名前のものが多くありますが、さらに新しいものを用意しなくてはならなくなった場合、どのURIが最も新しいAPIのものなのかを見極めるのは極めて困難になってしまいます。

ではどうするのがよいかというと、ソフトウェアと同様にバージョン番号を振っていく、というのが最もわかりやすいといえるでしょう。つまりAPIへのアクセスの際に何らかの形式でバージョン番号を送るようにしてもらうことで、複数のバージョンのAPIを共存させるのです。これならバージョン1よりもバージョン2が新しいのは明らかですし、より新しいバージョンはバージョン3として公開すればよいのです。

ここで「何らかの形式」という言葉を使ったのには理由があります。それはバージョン番号をどういった形式で表すのかについてはいくつかの方法が提案されているからです。このAPIのバージョンをどうやって指定するかについては、2011年から2012年くらいにかけて議論が巻き起こった話題であり、その際にさまざまな方法が検討されました。その中でたくさんの議論がなされていますが、何が絶対に正しい決めることはなかなか難しいのです。ここでは参考までに、それらの方法を見ていくことしますが、まずはその中でも最も一般的でわかりやすくておすすめな、URIのパスにバージョンを埋め込む方法を中心に考えていきます。

5.2.1 URIのバージョンを埋め込む

まずはURIにバージョンを埋め込んだ例を見てみましょう。

❖ Tumblr
http://api.tumblr.com/v2/blog/good.tumblr.com/info

これはTumblrのAPI（http://www.tumblr.com/docs/en/api/v2）です。パスの先頭に"v2"という部分があり、これがバージョン番号です。ちなみにバージョン2ということからもわかるように、TumblrのAPIにはバージョン1（http://www.tumblr.com/docs/en/

api/v1）も存在しています（なおバージョン 1 の API はすでに廃止になっています）。

❖ **Tumblr（バージョン 1）**
`http://www.davidslog.com/api/read`

　こちらはバージョン番号が付いていません。2012 年に公開されたバージョン 2 はバージョンを URI に入れるというトレンドを取り入れていますが、古くに公開されたバージョン 1 はその慣例に従っていないのです。公開されている API では、このようにあるバージョンからバージョン番号が付くようになったケースは多く見受けられます。たとえば Twitter の API が 1.0 から 1.1 に上がった際も、新たにバージョン番号が付くようになりました（**表 5-1**）。Twitter の API の場合は、同時にバージョン 1 のエンドポイントも変更になっています（古いエンドポイントもしばらくそのまま使い続けることはできました）。

表5-1　Twitterのバージョン番号

サービス	エンドポイント
Twitter（旧バージョン 1）	`http://twitter.com/statuses/user_timeline.xml`
Twitter（新バージョン 1）	`https://api.twitter.com/1/statuses/user_timeline.json`
Twitter（バージョン 1.1）	`https://api.twitter.com/1.1/statuses/user_timeline.json`

　このように URI のパスの一番先頭に着けるのが、バージョン番号を URI に埋め込む方法としては一般的であり、最もわかりやすい方法だと考えられています。

　ただし、Twitter と Tumblr では URI へのバージョンの振り方にちょっとした違いがあります。1 つ目はバージョンの前に"v"を付けているかどうか、2 つ目は Tumblr が 1、2 とメジャーバージョンの表記になっているのに対し、Twitter は 1.1 とマイナーバージョンを含めている点です。

　どのような書き方が最もわかりやすいでしょうか。他の API の例もいくつか見てみましょう（**表 5-2**）。

表5-2　バージョン番号が付くケース

サービス	エンドポイント
Facebook	`https://graph.facebook.com/v2.0/me`
LinkedIn	`http://api.linkedin.com/v1/people`
Foursquare	`https://api.foursquare.com/v2/venues/search`
ぐるなび	`http://api.gnavi.co.jp/ver1/RestSearchAPI/`
ホットペッパー	`http://webservice.recruit.co.jp/hotpepper/gourmet/v1/`
Dropbox	`https://api.dropbox.com/1/account/info`
mixi	`https://api.mixi-platform.com/2/people/@me/@friends`
CrunchBase	`http://api.crunchbase.com/v/1/company/facebook.js`

これを見てもわかるように大きく分けてバージョンの前に"v"を付けているかどうかで分かれています。どちらがよいのか、と言うのは好みによるところもありますが、筆者は"v"を付けるほうが好みです。なぜならそれがバージョンである、ということがはっきりとわかるからです。中にはぐるなびやCrunchBaseのようにやや独自な書き方もあります。こういう書き方をして大きな問題となることはないでしょうが、よほどそれが気に入らないかぎりは、あえてこのような書き方をする必要はないでしょう。

5.2.2 バージョン番号をどう付けるか

APIのバージョン番号については、しっかりとしたルールはもちろんないものの、整数でカウントアップするのが一般的であり、おそらく最も適した方法だといえるでしょう。なぜならAPIのバージョンは、そうそう簡単に上げるべきものではないからです。

通常ソフトウェアのバージョンを付ける際には、1.2.3や4.5.6.7のように複数の数字をドットでつないだものが使われます。そしてその数字はそれぞれ先頭から、メジャーバージョン、マイナーバージョンと呼ばれ、3つ目以降はビルド番号、リビジョン、メンテナンスバージョンなどさまざまな呼び方をされます。.NETフレームワークのように1.2.3.4という4つの数字を使って、メジャー、マイナー、ビルド、リビジョンと表す場合もあります。

バージョニングのルールとして広く知られている手法に**セマンティックバージョニング**（http://semver.org/）があります。これはGitHubのファウンダーであるTom Preston-Wernerによってルール化されたソフトウェアのバージョニング方法で、RubyGemsやCocoapodsといったパッケージ管理システムで推奨されている他、Rubyなどでもその基本的な考え方が導入されています。セマンティックバージョニングでは、バージョンは基本的には"1.2.3"という上記と同様の3つの数値をドットでつないだものになっています。そしてそれぞれの数値はメジャー、マイナー、パッチと呼ばれ、以下のようなルールが適用されます。

- パッチバージョンはソフトウェアのAPIに変更がないバグ修正などを行ったときに増える
- マイナーバージョンは後方互換性のある機能変更、あるいは特定の機能が今後廃止されることが決まった場合に増える
- メジャーバージョンは後方互換性のない変更が行われた際に増える

したがってバージョン番号を1つの整数で表す、ということはメジャー番号だけをURIに含めていることになります。これはすなわち、メジャーバージョンアップの際にだけAPIのバージョンを上げますよ、ということを意図しています。APIのバージョンは、あまり頻繁に上げるべきではありません。理由については後ほど詳しく見ていきますが、複数のAPIのバージョンをメンテナンスするのはコストが掛かりますし、利用者側から見てもわかりにくいからです。したがって、小さな変更はなるべくバージョンを上げることなく後方互換性を担保して対応し（つまりマイナーバージョンアップ以下の変更で対応し）、後方互換性を失ってもよいと判断できるほどの本当に大

きな変更を行いたいときにのみ、バージョンを上げるべきなのです。そうしたことを考えると、メジャーバージョンで表す、というのは適切だといえるでしょう。

ただしFacebookやTwitterは1.1や2.0という"マイナーバージョン"までをURIに含めています。FacebookとTwitterというAPIの"2大巨頭"がマイナーバージョンを含めているので、これが一般的に思えてしまうかもしれませんが、これはむしろ少数派です。Twitterの場合は、1.1とはいうものの1.0との互換性がない2.0といってもまったく問題がない大きな変更でした。なので1.1とマイナーバージョンの更新にとどめた理由は不明ですが、特に真似をすべきものでもありません。Facebookの場合は2014年の4月にバージョン2.0が発表になったのと同時にURIにバージョンを入れる仕様になり、APIのドキュメント[†2]に今後2.1や2.2が登場するであろうことが書かれています。Facebookの場合、2.0のリリースと同時に一度リリースしたAPIを新バージョンリリース後2年間は動作保証することを発表したため、バージョンを細かく刻むことでメンテナンスがしやすくなる道を選んだのだと考えられます。この点についてはAPIの廃止について述べる際に再度触れますが、FacebookのようにAPIの利用者だけでも膨大な数に登るようなサービスはさておき、筆者としてはURIに含めるのはメジャーバージョンまでにするほうが、通常は楽なのではないかと思います。セマンティックバージョニングにはより詳しくルールが明記されているので、こちらに是非目を通しておくとよいでしょう。

バージョン番号を日付で表す

APIによってはバージョンを日付で表しているケースがあります。

❖ twilio
https://api.twilio.com/2010-04-01/Accounts/AC3094732a3c49700934481add5ce1659/Calls

❖ 楽天
https://app.rakuten.co.jp/services/api/IchibaItem/Search/20130805

これは今日においてはあまり一般的ではありませんが、伝統的な方法です。というのもWeb APIの草分け的な存在であるProduct Advertising API（公開当時はAmazonが出しているウェブサービスはこれしかなかったため、AWSといえばProduct Advertising APIを指していました）が、日付をバージョン番号として利用していたからです。Amazonの場合はURIのPATHではなくクエリパラメータとして埋め込むようになっています。

❖ Amazon
http://webservices.amazon.com/onca/xml?

[†2] https://developers.facebook.com/docs/apps/versions

```
Service=AWSECommerceService&Version=2011-08-01
```

AWSは（Product Advertising API以外も）いまだに日付をバージョンとして使っていますし、日付の場合も、新しい日付のほうが新しいAPIであるのは明確なので、比較はしやすいので悪くない方法のようにも思えます。しかしあまり使われていないのは、1や2といったバージョンと比べて長くて覚えづらいからではないかと思われます。また変化の早いインターネットの世界で古い日付をバージョンで使っていると、古臭いAPIを公開しているという印象を与えてしまう気もします。特に大きな理由がなければ使う必要はないでしょう。

5.2.3 バージョンをクエリ文字列に入れる

続いてはURIのパス以外の場所にバージョンを指定する方法を見ていくことにします。パス以外の場所でよく使われているのは、同じくURIのクエリ文字列です。

❖ Netflix
http://api-public.netflix.com/catalog/titles/series/70023522?v=1.5

❖ Amazon
http://webservices.amazon.com/onca/xml?
Service=AWSECommerceService&Version=2011-08-01

パスとクエリ文字列の最大の違いは、それが省略可能になるという点です。そのため、こうしたAPIでは省略した場合のためのデフォルトのバージョンが決まっているのが普通です。デフォルトのバージョンは、最新版となっているケースが多いのですが、この場合バージョンを省略して利用していたユーザーが、突然のAPIの変更によりトラブルに巻き込まれる危険性があります。

たとえばAmazonのProduct Advertising APIではバージョンが省略されると、最新版として扱われます。ちなみにAmazonの場合、これまで何度か、大きなバージョンアップの際にはURI全体が大きく変更されています。それに伴って名前も変更になっており（AWS → EC2 → Product Advertising API）、日付でのバージョンの差異は比較的小さめな変更を行う際に利用されているようです。後方互換性もきちんと配慮されています。とはいえアクセスの際に必ず署名を付けなければならなくなるなど、利用者が変更をしなくてはならないタイプの変更が含まれる場合もあり、比較的アグレッシブなスタンスをとっているといえるでしょう。

一方Netflixは原稿執筆時のAPIの最新バージョンは1.5ですが、バージョンをクエリ文字列で示さない場合はバージョン1.0がデフォルトとなっており、過去のユーザーとの互換性をより重要視したスタイルといえます。

URIの中でパスとクエリ文字列のどちらにバージョンを入れるのがよいかと考えると、筆者はパスに格納するほうが好みです。それはクエリ文字列に入れた場合は見た目に冗長になることや、省略した場合にどのバージョンを示すのかが自明ではないことなどがあげられます。そして常に最

新版を同じ URI で提供することによって、利用者にトラブルを発生させてしまうリスクもあります。

5.2.4　メディアタイプでバージョンを指定する方法

　3つ目の方法は、メディアタイプでバージョンを指定する方法です。メディアタイプは3章でも触れましたが、データ（文書）のデータ形式を表すもので、HTTP では Content-Type ヘッダを指定します。たとえば JSON では application/json、XML なら application/xml になります。

　そして JSON や XML の書式に則って定義された何らかのデータ形式もメディアタイプを割り当てることができ、たとえば RSS の場合は application/rss+xml のように、XML であることを表すために +xml をサブタイプの後ろに付けます。あるサービスの API 用に設計されたデータ形式もこうした方式を使って表すことができ、たとえば GitHub ではバージョン3の API データのメディアタイプを application/vnd.github.v3+json としています。このメディアタイプを見れば、そのデータが GitHub のバージョン3のデータ形式であり、JSON を利用していることが一目瞭然です。

　メディアタイプを使ってバージョンの指定を行う場合には、クライアントからのリクエストの際にバージョン番号を含むメディアタイプを Accept ヘッダに入れてサーバに送信します。

```
Accept: application/vnd.example.v2+json
```

　サーバ側では要求されたメディアタイプをもとに、レスポンスを生成し、それをクライアントに返します。その際には Content-Type と Vary ヘッダを付けます。

```
Content-Type: application/vnd.example.v2+json
Vary: Accept
```

　Vary は3章でも触れたように、キャッシュをする際に考慮すべきリクエストヘッダです。この場合は Accept で指定されたメディアタイプによってレスポンスが変化する可能性があるので、Vary ヘッダは必須になります。

　この方法は API のバージョンというプレゼンテーションレベルの指定が URI に含まれることがなくなり、URI が純粋にリソースを表すものとして使えるなど、HTTP の文法にかなりきちんと則ったものになっているので、美しい方法だといえますが、Content-Type が完全に application/json と一致していないと JSON と判断してくれないクライアントライブラリがあって独自のメディアタイプをエラーと認識してしまう危険性があるなどの欠点があります。

　そこで独自の HTTP ヘッダを定義して、そこでバージョンを指定するようになっているものもあります。たとえば Google の各種 API では GData-Version というヘッダを利用することができるようになっています。

```
GData-Version: 3.0
```

5.2.5　どの方法を採用するべきか

　ここまで紹介した方法の中でどの方法を利用すべきかというと、実際のところどの方法が最も優れている、ということはないので、どれを使ってもよさそうではあります。しかし最もよく利用されている方法はURIのパスにバージョンを入れる方法で、バージョンとしてはセマンティックバージョニングのメジャーバージョンを使うものです。すでに述べましたが、この方法はURIを見るだけでAPIのバージョンがはっきりわかるので、受け入れられやすいのでしょう。特にこだわりがなければこの方法を使うのが最も無難といえます。

　TwitterやFacebook、Tumblrなどバージョンアップと同時にURIのバージョンを入れるタイプに移行したサービスも数多く見られます。

　またYouTube Data APIは2014年に廃止になったバージョン2まではクエリパラメータとリクエストヘッダ（独自のGData-Versionヘッダ）を使う方法の両方をサポートしていましたが、新しいバージョン3からはURI中にパスを指定する方法に変わりました。独自のヘッダを使ってメディアタイプを指定する方法はHTTPの仕組みを最も正しく使っているかもしれませんが、わかりやすさや普及度から言うとわかりづらく、よりわかりやすい方法にシフトしたのかもしれません（なおGoogleではSpreadsheets APIなどまだクエリパラメータとリクエストヘッダ（GData-Versionヘッダ）を使う方法を用いるものもあります）。

5.3　バージョンを変える際の指針

　ではここでバージョンをどのように変えていくか、という方針について考えていきたいと思います。APIのバージョニングは、APIをあとから変更しやすくするものではありますが、それはAPIの変更をいくら変えてもよいという意味ではありません。繰り返しになりますが、APIのバージョンを増やすことは、API公開側のメンテナンスのコストも、それを利用するクライアント側の対応のコストも増やしてしまいますから、できるかぎりバージョンを上げないに越したことないのです。クライアント側のコストはもちろんコードを新しいAPIのバージョンに変更するコストですが、サーバの場合も複数のバージョンをメンテナンスするコストだけでなく、SDKという形で各種言語や環境向けのクライアントライブラリを提供している場合（iOS向け、Android向け、Ruby、Python、PHP、JavaScriptなど）、それらをすべてメンテナンスするという手間も発生します。

　したがって後方互換性を保つことが可能な変更は可能なかぎり同じバージョンでのマイナーバージョンアップで対応し、バージョンを上げるのは、どうしても後方互換性を保ったまま修正を行うことが難しい変更を加えなければならないときにのみ、バージョンを上げるべきです。

　他のAPIとの整合性や整理のためにレスポンスで返すデータの名前やデータ形式を変更する、といった軽微な変更ではバージョンを上げるべきではありません。たとえば性別をgenderという数値の項目として男性は1、女性は2で表していたものをmaleとfemaleに変えるといった場合、genderをいきなり数値から文字列に変えてしまうと後方互換性がなくなってしまいますから、genderは数値のまま残しておき、genderStrという新しい項目を付け加える、といった形の対応を行うほうが安全です。そしてその際、ドキュメントも更新してgenderを数値で表す

やり方はもしメジャーバージョンアップが行われた場合には廃止されるから`genderStr`を使ってね、と明記します。つまりセマンティックバージョニングなどでいうところの廃止予定とマークした状態にするわけです。

こうしておけば少なくともこれまでのクライアントは問題なくAPIを利用し続けられますし、今後利用を始める開発者は（古いコードをコピーせずにきちんとドキュメントを読んでくれれば）新しい`genderStr`を使ってくれるでしょう。そして本当にどうしても後方互換性を保てない変更を行う際に、まとめて更新を行えばよいのです。その際には数値での性別表示は廃止し、`gender`で文字列の性別を返すことができます。

ちなみにどれくらいの変更であれば後方互換性を保たなくてよいのか、という具体的な指針はありませんが、その理由として1つ大きく考えられるのは、セキュリティや権限などのルールを変更した場合です。たとえばTwitterでは1.0までパブリックなタイムラインであれば特になんの認証もなく自由にアクセスすることができましたが、1.1からはすべてのAPIにおいて認証が必要になりました。これはTwitterがより世の中に広まったことを受け、APIへのコントロールをよりきちんと管理したいという考え方によるものだと思われます。Facebookもアクセス権限の整理を行いました。GitHubはバージョン3.0にした際にベーシック認証を廃止し、OAuthのみに切り替えました。こうした変更はセキュリティや利便性の向上のためにサービス側としてはぜひ行いたいものの、後方互換性を保ったまま行うのは難しいため、メジャーバージョンアップとともに行われるわけです。

ほかにもこれまであまりルールが整理されずに進化してしまったAPIをより使いやすく、整理するために思い切ってバージョンアップを行うケースもあります。こうしたケースでは継続的にバージョンアップを行うというよりは「今後バージョンアップを少なくするために」あるいは「ユーザーがバージョンアップの影響を受ける危険性を下げるために」、一度バージョンアップを行っておく、というタイプのもので、2.0の公開とともにバージョンアップのルールをしっかり公開したFacebookや、それまでごくシンプルな機能しか提供していなかったのをきちんと整理して公開したTumblrなどがそれに該当します。

5.3.1 常に最新版を返すエイリアスは必要か

特にバージョンをクエリパラメータで指定するタイプのAPIでは、クエリパラメータを省略すると最新版のAPIにアクセスできるようになっているケースがあります。たとえばAmazonのAWSなどがそれに該当します。URIのパスでバージョンを指定するタイプのAPIでも、パスからバージョン番号を取り除くと最新版にアクセスするような設計も考えられます。

こうした「最新版にアクセスするためのエイリアス」は必要なのでしょうか。筆者はこの機能は不要であると考えています。なぜならこのエイリアスは、将来同じ方法でアクセスしたにもかかわらず、挙動が変化する可能性があるからです。APIはプログラム的にアクセスするものなので、もし突然挙動が変わってしまったら、数値で返っていた項目が文字列になるだけでも、エラーが発生する可能性はあります。したがってクライアントの視点から見れば、こうしたエイリアスを使うのは怖いはずです。

ちなみにエイリアスを提供する場合でも、たとえば Google の提供する API では、「バージョンを指定しないとサポートされる最も古いバージョンとみなされる」という仕様になっており、こちらのほうが理にかなっているといえるかもしれません。

5.4　APIの提供を終了する

さてバージョンで API を分けることによって、古いバージョンを使い続けているユーザーに大きな影響を与えることなく、新しいバージョンの提供を開始できますが、複数のバージョンを運用し続けるのは、運用側のコスト増にどうしてもつながります。たとえ古いバージョンのインターフェイスをこれ以上変更しないと決めても、セキュリティ上の問題が発見されれば更新せざるを得ませんし、バックエンドの更新（たとえばデータベースのスキーマの変更）に伴って、インターフェイスを変更しないために、コードを修正しなければならない場合も出てくるかもしれません。

そういった手間を省くために、なるべく API のバージョンを上げず、後方互換性を担保しつつ修正を加えていくほうが好ましいということについてはすでに述べましたが、それでも長い年月サービスを継続していれば、後方互換性のない変更を行わなければならない回数も増えてくるでしょう。そういったとき、古いバージョンをいくつもサポートし続けるのはコストを考えると現実的ではなく、どこかのタイミングで古いバージョンを廃止する必要が出てきます。

また古いバージョンに構造的なセキュリティの問題がある（たとえば個人情報が暗号化されずに送信されてしまう、他人の情報が取得できてしまうなど）など、一刻も早く古いバージョンの公開を取りやめたい場合もあります。

API の古いバージョンの提供を終了する場合、なんのアナウンスもなくいきなり古いバージョンの提供をやめてしまってアクセスができない状態にしてしまったとしたら、古いバージョンを使い続けていたユーザーは突然アクセスができない状態となってしまいます。そのせいでアプリケーションがエラーになったり、ウェブページの一部（や全体）が表示されなくなってしまったりしたら、大きな問題です。

そこで API を終了する場合、特に広く一般に公開された API の提供を終了する場合には、事前に終了日時をアナウンスして、それまでに対応してくれるように周知徹底しなければなりません。これはなかなか大変な作業ではありますが、API を公開、運用する上での重要なものでもあります。

5.4.1　ケーススタディ: Twitterの場合

Twitter では 2012 年にバージョン 1.1 を公開し、それに伴い 1.0 の廃止を段階的に行いました。この作業は API 廃止の手順として参考になるので、順をおって追いかけてみることにしましょう。

まず API 1.1 のリリースの発表が 2012 年 8 月に行われました。その際には数週間以内にバージョン 1.1 が公開されること、そしてそれから 6 ヶ月以内に 1.0 が廃止になることが告げられます。そして 2012 年 9 月に、1.1 が実際にリリースされました。その 1 ヶ月後の 2012 年 10 月には 1.0 のエンドポイントが変更され、URI にバージョン番号が入った新しい URI でないとアクセスできなくなります。

そして 2013 年の 3 月には "Blackout Test" と呼ばれる、一時的に 1.0 の API を停止してアクセ

スができないようにするテストが行われます。このテストは廃止までに何度か行われました。

　バージョン1.0の廃止の日付は2013年3月時点では5月7日[†3]と発表されていましたが、その後追加でBlackout Testを行うために6月11日に延期[†4]されます。そして実際に6月11日、1.0はついに廃止されました。

　Twitterの場合は利用者も多く、1.0廃止までの間にさまざまなブログやニュースメディアがそれについて触れたため、周知も比較的きちんと行われましたが、こうした「継続的な告知」や「Blackout Test」などは非常に参考になるのではないでしょうか。

5.4.2　あらかじめ提供終了時の仕様を盛り込んでおく

　APIのバージョンアップやそれに伴う古いAPIの廃止は、どんなAPIであっても起こってしまう可能性がありますし、それに伴って利用するユーザー、そしてAPIを利用したサービスを利用するその先にいるエンドユーザーにも不便をかけてしまうものです。そこで1つあらかじめ取っておける対策として、APIが公開終了になったとき、どういったことが起こるかをあらかじめ仕様に盛り込んでおくというのがあります。

　たとえば一番簡単なのは、APIが公開終了した際にはステータスコード410（Gone）を返すというものです。410はそのURIがもはや公開されていないことを意味します。さらに410を返すだけでは不親切ですから、エラーメッセージとして「このAPIは公開が終了しました。より新しいバージョンを使ってください」のようなメッセージを返すのです。そしてAPIのドキュメントに、410が返った場合は公開が終了したことを意味する旨を明記しておけばよいでしょう。

　自社のスマートフォン向けのAPIなどの場合には、あらかじめAPIの提供が終了した際の仕組みをクライアント側にも組み込んでおくべきです。一番簡単なのは「強制アップデート」です。これはアプリケーションを立ち上げた際に、現在のバージョンと、サーバ側で配信する最低限サポートされるクライアントのバージョンの情報を比較し、サポートの切れたバージョンを使っていた場合に「サービスを使い続けるにはクライアントをアップデートしてください」と表示して、App StoreやGoogle Playなどを開く、といったものを指します。強制アップデートはユーザー離脱を招く要因の1つなのであまり頻繁に行うべきではありませんが、なんの前触れもなくアプリケーションを使おうとすると（APIが廃止されたせいで）エラーが出るようになる、というよりははるかにましなユーザー体験を提供できるので、必ず仕込んでおくべきだと筆者は考えています。

　同時にユーザー解析のツールを使っていまあなたのサービスを利用しているユーザーのバージョン分布を調べ、強制アップデートの影響を受けるユーザーが許容範囲以内に収まるようになってから行うべきです。

　またスマートフォン向けのアプリケーションの場合、古いデバイスを使っている結果OSのバージョンを上げられず、アプリケーションの対応OSバージョンの問題でアプリケーション自体もバージョンアップができない、といったケースが考えられます。したがってユーザーが利用しているOSのバージョンのトレンドもきちんとチェックしておく必要がありますし、クライアントが

[†3] https://blog.twitter.com/2013/api-v1-retirement-final-dates
[†4] https://blog.twitter.com/2013/api-v1-retirement-date-extended-to-june-11

利用する API のバージョンを上げるタイミングと、対応する OS バージョンの切り上げ（古い OS
バージョンのサポート終了）を同時に 1 回のアップデートで行ってしまうと、そうした路頭に迷
うユーザーを生み出す可能性があるので、対応する OS バージョンの切り上げは API のバージョ
ンを切り上げたあとのタイミングで行うとよいでしょう（図 5-2）。

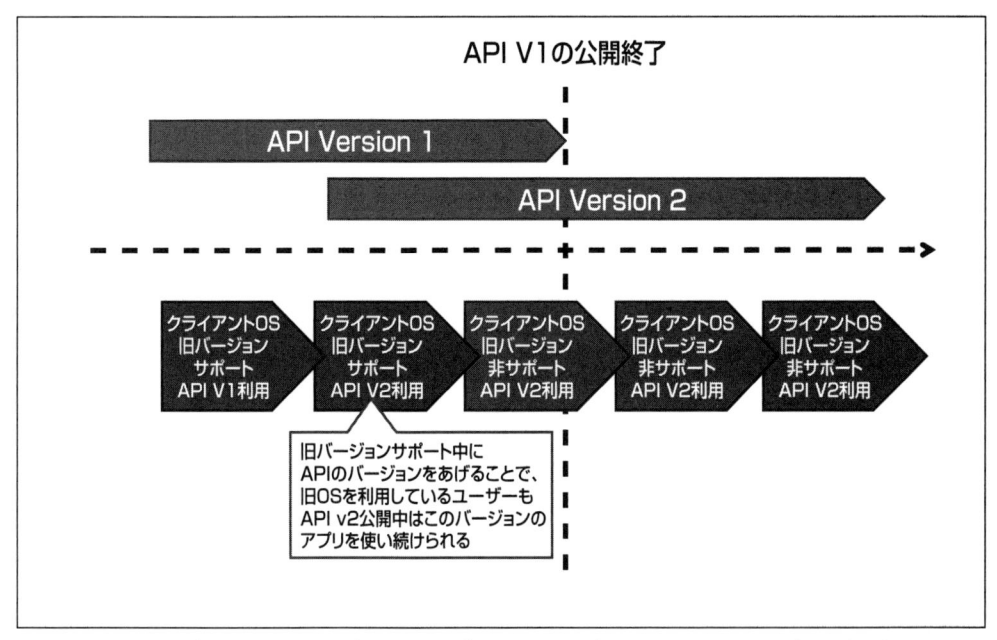

図5-2　対応OSバージョンとAPIのバージョン変更をずらすことでサポート対象外となるユーザーを減らす

　Facebook では、「マイナーバージョンアップ（2.0 から 2.1 など）の場合、2.0 のサポート期限
が切れると 2.0 の呼び出しは 2.1 の呼び出しとして扱われるというルール」[†5] になっています（図
5-3）。したがって後方互換性のある呼び出しの場合はそのまま利用がし続けられることになりま
す。これは 410 を返すよりはまだエラーを発生させる可能性が低くはなりますが、逆に知らずに
古い API エンドポイントを使い続けている人が「動いてはいるけど特定の挙動だけエラーが出る」
というような現象を発生させてしまうため、混乱を招く危険性があり、注意が必要な方法だといえ
るでしょう。

[†5]　https://developers.facebook.com/docs/apps/versions

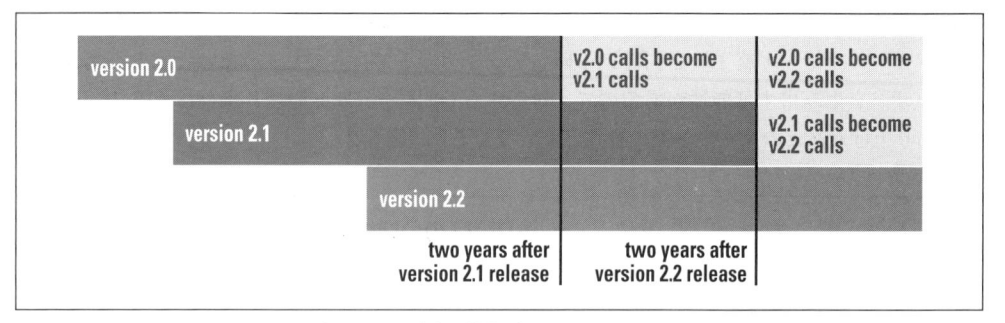

図5-3 Facebookのマイナーバージョンアップ時の挙動（https://developers.facebook.com/docs/apps/versionsより）

5.4.3 利用規約にサポート期限を明記する

　APIをはじめウェブ上で公開されるサービスでは利用規約を公開、同意を取り付けているケースが多いでしょう。その中で古いバージョンをどれくらいの間サポートするのかという最低限の期間を定めておくこともできます。以下はDoubleClick社のAPIの規約[6]の抜粋です。この中では新しいAPIが公開されたら12ヶ月以内に移行しないと、古いバージョンの提供を中止する可能性があると述べています。これはつまり、古いバージョンのAPIは最低12ヶ月はサポートされる、ということを述べているわけです。

> g. Most Current API. DoubleClick may release a new version of the DFP API (each, a "Current DFP API Version"). For all DFP API Clients, including those applications that are not web-based, Company shall (i) only use the most recent Current DFP API Version and (ii) update all DFP API Clients, including those applications that are not web-based, to use the most recent Current DFP API Version promptly within 12 months following the release of such Current DFP API Version by DoubleClick. In the event that DoubleClick releases a new version of the DFP API, DoubleClick may cease supporting all non-Current DFP API Versions that were released **more than 12 months** prior to the release of the Current DFP API Version.

　もちろんこれは12ヶ月たったらすぐにサポートを中止してしまうという意味ではなく、それ以上は保証しませんよ、という意味です。実際DoubleClickのAPIの廃止のスケジュール[7]を見ると、およそ2年弱ほどは古いAPIをサポートしています。DoubleClick社はおよそ3ヶ月間隔という高い頻度で新しいバージョンを公開しており、かなりの数のバージョンを同時にサポートしていることがわかります。

　このようにサポート期限を明記すると、逆にその期間（DoubleClickなら1年）は廃止をするこ

---

[6] https://www.google.com/intl/en_ALL/doubleclick/tos/dfp-api-terms.html
[7] http://googleadsdeveloper.blogspot.jp/2013/12/dfp-api-deprecation.html

とができなくなるという縛りを自分にも課すことになりますから、すべてのサービスにおいて安易に行うべきではありません。しかしDoubleClickのように利用者の収益に大きくかかわるサービスではこうした"保証"と"サービス提供の範囲の明確化"は重要ですから、サービスの性格に合わせてきちんと明記をするべきでしょう。

GoogleのGoogle App EngineやGoogle Map、YouTubeなどのAPIは以前は3年間はサポートされるということが規約に書かれていましたが、2012年に「2014年からそれを1年に短縮する」[†8]という発表がなされました。と同時にAccounts APIなどいくつものサービスから、廃止のポリシーを撤廃したというアナウンスがなされました。これらはテクノロジの進化の速度が早くなっていることに合わせ、最新技術をよりはやく提供するためと説明されており、これは納得がいく理由です。しかしポイントとなるのはアナウンスがされたのが2012年であるにもかかわらず、3年から1年への期間の短縮が有効になるのは2014年（ちょうど3年から1年の差分です）、廃止ポリシーの撤廃は2015年から有効になるということで、一度公開したポリシーを変更するには、大きなサービスになればこれくらいの時間が必要になってしまうという点です。したがって規約に期間を盛り込む場合には、十分に注意を払う必要があります。

またFacebookにおいても、ドキュメントに「サポート期限は次のバージョンが公開されてから2年間とする」[†9]ということが明記され、F8という2014年に行われたカンファレンスでもそれについてのアナウンスがありました。

5.5　オーケストレーション層

2章でも述べましたが、LSUDs向けのAPI、すなわち一般に公開して広くたくさんの人に使ってもらうAPIの場合は、なるべく汎用性のある設計にすることが求められます。しかし汎用的な設計というものは、どうしてもすべてのニーズを満たすことはできないので、ニーズによっては使い方が煩雑になったり、実際に利用する側が本当にやりたいことを実現するのが面倒になったりしがちです。たとえば1つのアクションを行うのに複数のAPIにアクセスしなければならなかったり、不要なデータも受け取らなければならずペイロードが大きくなってしまうといったことが起こることもよくあります。これは不特定多数の利用者にAPIを提供する場合にはある程度しかたがないことです。このようなAPIを洋服のフリーサイズになぞらえて"one-size-fits-all（OSFA）"アプローチと呼ぶ人もいます。

一方でSSKDs向け、つまり利用者が限定されているAPIの場合は、そうした汎用性に縛られることなく、その利用者のユースケースにしっかりと合わせた使いやすいAPIを提供することができます。しかし利用者が限定されているといっても、その使い方が1つではなくいくつにも別れてしまっている場合、それぞれにあわせてAPIを用意したり、維持することは大変になってくるかもしれません。

LSUDsやSSKDsといった言葉を紹介したニュース記事である「The future of API design: The

---

[†8] http://googledevelopers.blogspot.jp/2012/04/changes-to-deprecation-policies-and-api.html
[†9] https://developers.facebook.com/docs/apps/versions

orchestration layer」[10]は、まさにそういった状況に対応するためにNetflix社が構築した仕組みについての記事であり、Netflix社の技術ブログ[11]にその方法が紹介されているので、ここでそれについて触れておきましょう。

　オンラインでのDVDレンタルやオンデマンドビデオストリーミングのサービスを行っているNetflix社では、さまざまなデバイスの機能やリリースサイクルに対応するために少しずつ違ったAPIを提供する必要がありました。そこでNetflix社ではOSFAのアプローチをやめ、サーバ側の汎用的なAPIとクライアントの間に"Client Adapter Code"を実行する層を挟み、さまざまなデバイスに対応できるようにしています[12]。

　この層はオーケストレーション層（図5-4）とも呼ばれるもので、作成するのはクライアント側のエンジニアです。クライアント側のエンジニアは自分たちのデバイスの機能やリリースサイクルに合わせ、エンドポイントを修正することができます。この場合クライアントとネットワーク越しにやりとりする実際のAPIのエンドポイントではクライアントの開発者が元の汎用APIの形式にとらわれずに、複数のAPIを1つにまとめたり、返すデータの量を調節したりして、各クライアントのユーザー体験を最適化することができます。

　ブログ記事[13]によればNetflix社ではかなりしっかりとしたデバイス開発者用エンドポイント管理ツールが提供されており、いわば社内専用PaaSとして提供されています。実際には大きな開発チームを抱えていないとここまでしっかりしたものを作る必要はないかもしれませんが、リソース指向のAPIを用意して、その前にこうしたオーケストレーション層を置くことで、修正を容易にしたり、複数の環境をサポートするのが容易になるという点は、さほど大きくないサービスであってもかなり参考になるでしょう。

---

[10] http://thenextweb.com/dd/2013/12/17/future-api-design-orchestration-layer/
[11] http://techblog.netflix.com/2014/03/the-netflix-dynamic-scripting-platform.html
[12] http://techblog.netflix.com/2012/07/embracing-differences-inside-netflix.html
[13] http://techblog.netflix.com/2014/03/the-netflix-dynamic-scripting-platform.html

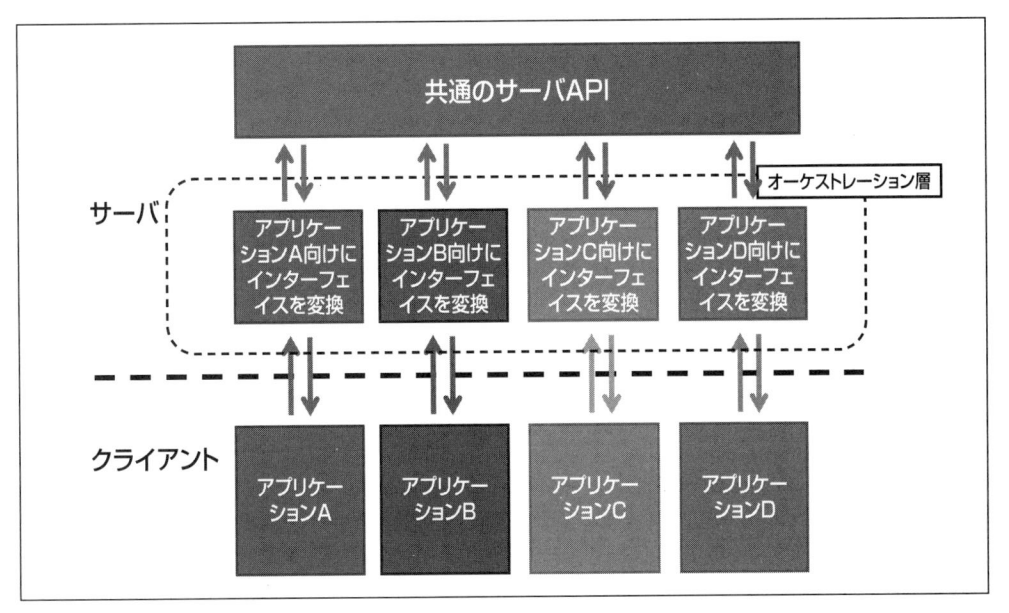

図5-4 オーケストレーション層

5.6 まとめ

- [Good] APIのバージョンの更新は最低限にとどめ、後方互換性にも注意する
- [Good] APIのバージョンはメジャーバージョンをURIに含める
- [Good] APIの提供終了時はすぐに終了するのではなく最低6ヶ月公開を続ける

6章
堅牢なWeb APIを作る

　Web APIは通常のウェブアプリケーションと同様にHTTPを通じて公開されるサービスですから、同様に安定性やセキュリティが要求されます。そしてそれに加えて、ウェブアプリケーションと異なり、機械的なアクセスを受け入れることを前提としているため、通常のウェブアプリケーションとは異なる対策も必要となります。本章では「安全性」と「安定性」の2つの面から、堅牢なWeb APIを作るための方法を考えていきます。

6.1　Web APIを安全にする

　Web APIは今やいたるところで使われており、その中にはあたり前ですが外部に知られたくない個人情報や機密情報、あるいはサービス提供側の想定しないやり方でデータの操作をされたくない、といったケースは数多くあります。というよりも、よっぽど一般的な情報を提供している、たとえば天気情報やジオコーディングなどの情報をただ提供するAPIでなければ、情報の公開先や操作できるユーザーなどをコントロールしなければならないことがほとんどのはずです。そこでユーザー認証を使ってアクセスしてきているユーザーを特定したりするわけですが、それだけではサービス提供側が「意図しない」操作や攻撃が行われてしまうかもしれません。インターネットでアクセス可能なWeb APIにおいては、たとえば悪意のある第三者による攻撃や情報の漏洩を防ぐ、認証されたユーザーによる不正な操作を防ぐなど、さまざまな防衛策を考えておく必要があります。

　もちろんWeb APIだけでなく、何らかのコンピュータをインターネット上でアクセス可能な場所に設置すれば、攻撃が行われる可能性は必ずありますし、APIではない通常のウェブサイトであっても常に攻撃の危険にさらされています。そしてさらにそれに加えてAPIはそもそもがプログラムでアクセスするものであるがゆえに機械的にアクセスしやすいため、通常のウェブサイトとはまた違った対策も必要となってきます。

　特に最近ではモバイルアプリケーションからアクセスするためにAPIを設計する機会も増えてきていますが、2014年3月にヒューレット・パッカード社のマティアス・マドゥー氏が「（調査したモバイルアプリケーションの中で）全体の71%のアプリには、ウェブサイト（ウェブサービス）

との連携に問題があった」[†1]と述べています。近年モバイルアプリケーションの普及とともにウェブサイトの開発とAPI開発がセットになるケースが増えてきた結果、セキュリティが疎かになるケースが増えてきています。

セキュリティの問題は、たとえ存在していても実際のサービスやサイトの正常な動作にはあまり影響がなく見えるために気づきづらく、そのリスクをきちんと理解して対策を講じていないと、いざ不正や情報漏洩といった問題が発覚してから慌てて対応することになってしまい、サービスの信用や評判を著しく下げてしまうことになります。一度失った信用をとりもどすのは非常に難しいものです。自分の情報が漏れてしまうかもしれないサービスは使いたくないでしょう。

たとえば10秒間で写真が消えるフォトメッセージングサービスであるSnapchatは、2013年末に「460万人分の電話番号を含むユーザー情報がウェブ上に公開されてしまいました」[†2]。これは同サービスのFind Friends APIという電話番号から知り合いを検索するAPIを利用したものでした。またクラウドファンディングサービスのKickstarterも、「未発表プロジェクトの概要説明や目標、期間、報酬、ユーザー名といった情報がAPIのバグにより閲覧できてしまう状態になっていました」[†3]。

これ以外にもたとえばECサイトの決済や銀行の口座管理、その他金銭的なやりとりが発生するAPIにおいて不正にやりとりが行われてしまったらそれこそ大問題ですし、モバイルアプリケーションの決済周りのAPIを悪用されてお金を支払わずに、本来お金のかかるサービスを利用できてしまったとしたら売上は打撃を受けてしまうでしょう。

こうした問題を避けるために、セキュリティには十分すぎるほど注意を払っておく必要があります。本章では特にAPIでのセキュリティの問題に注目し、APIにおいて最低限やっておくべき対策について見ていくことにします。

なお本章では既知の問題をなるべく多く取り上げましたが、セキュリティの話題は深堀りすればそれだけで本が一冊書けるほどの内容であるうえに、さらに新しい攻撃方法や問題はどんどん発見されていきますので、本書で触れられた対策だけを行えば十分であるということは決してありません。常に情報収集を心がけ、自身の知識のアップデートに努めていくようにしてください。

6.1.1 どんなセキュリティの問題があるのか

ひとくちにセキュリティの問題といっても、さまざまなパターンがあります。ここではそれを以下のようなパターンに分けて見ていくことにします。

- サーバとクライアントの間での情報の不正入手
- サーバの脆弱性による情報の不正入手や改ざん
- ブラウザからのアクセスを想定しているAPIにおける問題

[†1] http://itpro.nikkeibp.co.jp/article/NEWS/20140319/544723/
[†2] http://jp.techcrunch.com/2014/01/03/20140102snapchat-says-its-improving-its-app-service-to-prevent-future-leaks/
[†3] http://www.itmedia.co.jp/enterprise/articles/1205/15/news027.html

6.2 サーバとクライアントの間での情報の不正入手

Web APIは通常のウェブサイトと同様、インターネットを介してHTTPというそれ自体では暗号化の仕様を持たないプロトコルでやりとりを行います。したがって何も考えずに情報をやりとりすれば、その中身は誰でも簡単に読むことができてしまいます。喫茶店や公共の場所でWifiが整備されつつある現在（日本はアジアの中でも立ち遅れてはいますが）、そうした場所では同じWifiにつないでいる人の通信を盗み見ることは非常に簡単です。そうした行為はパケットスニッフィングと呼ばれますが、自分のノートパソコンをそのWifiにつないで、パケットスニッフィングを行うツールを入れれば、誰でも簡単に他の人の通信を覗き見ることができてしまいます。つまり自分が送信したHTTPのデータが、同じ場所でWifiにつないでいれば誰でも覗ける状態になっているのです。したがってAPIの内容も、なんの対策も行わなければその内容は同じネットワーク上にいる他の人たち丸見えで、その中に個人情報やパスワード情報などを入れてしまっている場合、誰でもその情報が見えてしまう状態になっているのです。

さらに直接そういった情報が流れていなくても、セッションIDなどサーバ側でユーザーを特定するための情報が丸見えになっているケースもあります。第三者があなたのセッション情報を盗み、それを使ってAPIにアクセスをすれば、サービス側はあなたからのアクセスがあったのだと勘違いしてしまうでしょう。このようにセッションを乗っ取ることをセッションハイジャックと呼びます。以前FireSheepというFirefoxのプラグインが世を騒がせたことがあります。これは同じ公共Wifiを使っている人が利用しているFacebookなどのサービスとのやりとりをキャプチャしてセッション情報を盗み、その人のIDでサイトにアクセスできるようにしてくれるというもので、このセッションハイジャックの仕組を誰にでも使えるようにツール化したものでした。現在ではサービス側での対策が行われたためにこのツールを使ってもセッションハイジャックを行うことはできませんが、たとえばFacebookのアカウントを乗っ取ればその人の友人関係を破壊するのは簡単ですし、もしそれがECや銀行などお金が絡むサービスであれば、金銭的な被害にもつながってしまうでしょう。

したがってこのようなクライアントとサーバの間の通信経路における情報の不正入手を防ぐ方法が重要になってきます。

6.2.1 HTTPSによるHTTP通信の暗号化

最も簡単で、なおかつ効果のある方法はHTTPによる通信を暗号化することです。HTTP通信を暗号化する方法として最も広く使われ、簡単に導入できるのがHTTPS（HTTP Secure）という、TLSによる暗号化です。TLSというとあまり馴染みがなくても、"https://"で始まるURIでの通信であると言えば、あああれのことかと思うのではないかと思います。HTTPSを利用すると、サーバとクライアントの間の通信は暗号化され、途中で経由する中継サーバやネットワーク上でその中身を見ることができなくなります。HTTPSによって暗号化されるのは、URIのパス、クエリ文字列、ヘッダとボディ（リクエストとレスポンスの両方）であり、やりとりに使われるほぼすべての情報が暗号化されます。

HTTPSを使うことで、APIのやりとりの内容はもとより、エンドポイント、ヘッダに含められ

て送られるセッション情報などすべてが暗号化され、前述のような公共のWifi上でセッションハイジャックが行われる危険性をかなり少なくすることができます。前述のFirefoxプラグインであるFireSheepの登場でFacebookは全面的にHTTPSに移行していますし、Twitter、Googleの各サービスをはじめ有名なサービスでHTTPSをサイト全体で利用しているサービスはたくさん存在しています。

そしてAPIの場合もエンドポイントがすべてHTTPSになっているケースも数多くあります。以下にいくつかのサービスのAPIがHTTPとHTTPSどちらでサービスを提供しているのかを一覧しました。すべてのサービスがHTTPSでの対応をしているわけではありませんが、大規模なサービスやSNSを中心にHTTPSでの提供が行われていることがわかります（表6-1）。

表6-1　主なサービスが提供している通信方式

サービス	HTTP/HTTPS
Twitter	HTTPS
Facebook	HTTPS
Foursquare	HTTPS
Tumblr	HTTP
Twilio	HTTPS
Last.fm	HTTP
Yahoo BOSS	HTTP
Instagram	HTTPS
Pocket	HTTPS
Etsy	HTTPS

なおHTTPSを使う場合には、HTTP Strict Transport Security（HSTS）という機能を利用することができます。これはあるサイトへのブラウザからのアクセスをHTTPSのみに限定させるための機能で、ブラウザからアクセスするAPIの場合に、サーバ側でクライアントのアクセスを安全な方向へ制御できる手段の1つです。これについては後述します。

6.2.2　HTTPSを使えば100%安全か

HTTPSが正しく使われていれば、通信の盗聴やセッションハイジャックなどは不可能になります。HTTPSを使ってさえいれば100%安全か、すなわちURIが「HTTPS」で始まってさえいれば万事OKかというと、そんなことはありません。たとえばウェブサーバや暗号化機能を提供するライブラリにバグがある可能性も考えられます。2014年4月に発覚したHeartbleedという問題は、OpenSSLというHTTPSを実現するにあたっても非常によく使われているオープンソースの暗号化ライブラリのコードに入っていたバグが原因で、OpenSSLを使っているサーバ上のメモリの内容の一部を外部から読み出すことができてしまうというもので、その結果HTTPSで暗号化

されているはずの情報も盗み出せる可能性がありました。OpenSSL は発覚から数日後に修正した
バージョンを公開してはいますが、バグが混入してから発見されるまでの 2 年間問題が発覚せず、
パスワードなどが盗まれていたかもしれない状態にあったため、各サービスともサーバの過去の履
歴を調査したり、ユーザーにパスワードの変更を呼びかけるなど対応に追われました。

　この事件からは、いくら対応を行っても、100% 堅牢性を保つのが難しいこと、そしてセキュリ
ティの情報は常に更新されているため新しい情報をキャッチアップし、対応し続けていく必要があ
ることを知ることができます。

　また HTTPS を利用していても、クライアント側できちんと処理を行っていない場合には安全性
は担保できなくなります。

　HTTPS による通信を行う場合には、サーバが送ってきた SSL サーバ証明書を受け取りますが、
その際にその証明書が不正なものでないかをきちんと確かめる必要があります。それを確かめてい
ない場合、**中間者攻撃**（MITM：man-in-the-middle attack）による盗聴などが行われる危険性が
あります。MITM はクライアントとサーバの通信経路の間に入りこんで中継を行うことで情報を
盗み出す手法です。この場合には中継したサーバが不正な証明書を送ってくることになりますが、
証明書をきちんと検証することで、そのような怪しい証明書を検知することができます。

　公衆 Wifi においてルータ上で中間者攻撃することは可能ですし、ettercap（http://
ettercap.github.io/ettercap/）というツールは中間者攻撃を簡単に行うための機能を
提供してくれます。このツールを利用して、HTTPS でログイン機能を提供しているサイトのユー
ザー名やパスワードを盗み出す方法は、ウェブを探せば簡単に見つかってしまいます。

　それを避けるためには、証明書の発行元が信頼できるか、証明書の有効期限、サーバ証明書のコ
モンネームが接続しようとしているサーバと一致しているかどうか、といった証明書の検証を行う
必要があります。HTTPS をサポートする HTTP クライアントライブラリなどを利用している場合
には、こうした検証は行ってくれる場合が多いのですが、デバッグ目的で検証を行わない（あるい
は検証に失敗しても接続を継続する）設定にすることができるようにして、それをそのままリリー
スしてしまったりすると、安全性が損なわれてしまいます。

　まだコモンネームの検証については標準では行わないライブラリが多く、たとえば Android
では標準的に使われている HTTP ライブラリである Apache HttpComponents HttpClient と
HttpAsyncClient では 2014 年までコモンネームの検証が検証されない問題があり、IPA の脆弱
性対策情報データベースにも掲載されています[†4]。さらに脆弱性対策情報データベースには同様に
cURL など、同じ問題を抱えていたライブラリが他にも数多く掲載されています。

　こうしたことからもわかるように、たとえサーバ側できちんと対策をしていても、クライアン
ト側の問題で盗聴やセッションハイジャックが発生する可能性はあります。これはサーバ側の API
だけを提供している場合は特に、対応が難しい問題ではあります。

　とはいえ HTTPS への対応によって（Firesheep を使う場合のような）カジュアルに情報を盗み
見られる可能性はなくなりますし、対応が非常に簡単であることから、細かいさまざまな対応を打
つ前に、まず HTTPS 化するということは、かなり有効な手段であることは間違いありません。

[†4] JVNDB-2014-003892 ── http://jvndb.jvn.jp/ja/contents/2014/JVNDB-2014-003892.html

HTTPSを利用するためには公式の証明書を購入するのにコストが若干かかることや、HTTPSはHTTPとくらべてハンドシェイクに時間がかかるため、アクセス速度が遅くなるという問題はあります。特に速度の問題はスマートフォンアプリケーションなどの場合は問題になる可能性があります。そこでこの遅延を減らす、あるいはハンドシェイクの回数を減らすための技術的な検討が必要かもしれません。そういった議論はウェブを検索すればいろいろと出てきますから、参考にするとよいでしょう。また誰が行っても同じ結果が返る検索結果や特に隠すような情報がない（セッション情報を含まないなど）APIアクセスはHTTPを利用するなど、APIによって切り分ける方法も若干煩雑にはなるものの、速度の低下を抑える意味においては有効な方法です。

認証局が攻撃を受けて偽の証明書を発行してしまうケース

　HTTPSによる対策が破られるもう1つの可能性として、証明書を発行している認証局が攻撃を受け、攻撃者が不正に証明書を発行してしまうケースが考えられます。この場合はクライアントから見るとそれは正しい証明書に見えてしまいます。こうした攻撃は実際に過去に何度か起こっています。

　そこでこうした攻撃によって不正に発行された証明書を見破る「Certificate and Public Key Pinning」という仕組みが考案されました。この仕組は原稿執筆時点ではインターネットドラフト[5]として公開されており、Google ChromeやFirefoxなどがすでに実装しています。

　Certificate and Public Key Pinningは、あらかじめ本物の証明書の発行元や公開鍵データのフィンガープリントをブラウザに埋め込んでおいたり、レスポンスヘッダを使って渡しておき、実際の証明書のデータと比較して、違いがないかを確認するというものです。

　OWASP（Open Web Application Security Project）のサイトでは、さまざまな言語でCertificate and Public Key Pinningを実装するためのサンプルも掲載されています[6]。

6.3　ブラウザでアクセスするAPIにおける問題

　Web APIはHTTPという非常に標準的な仕様の上に構築するため、最も広く普及したHTTPのクライアントであるウェブブラウザを経由した不正なアクセスや攻撃に対して注意を払う必要があります。なぜならブラウザは非常に汎用的にできており機能が豊富であり、また利用者が非常に多いために、きちんと対策が取られていないAPIを悪用するような方法が絶えず見つかってきているからです。ここではこれまで見つかってきたブラウザを用いた攻撃手法とそれに対する対策につ

---

[5]　http://tools.ietf.org/html/draft-ietf-websec-key-pinning-20
[6]　https://www.owasp.org/index.php/Certificate_and_Public_Key_Pinning

いて見ていきます。

6.3.1 XSS

XSSはウェブアプリケーションの脆弱性としてよく知られているものの1つであり、ユーザーの入力を受け取ってそれをページのHTMLに埋め込んで表示する際に、ユーザーから送られたJavaScriptなどを実行できてしまうというものです。JavaScriptがページ内で実行されてしまうと、セッションクッキーなどブラウザに保持された情報にアクセスできますし、ページの改ざんも可能ですし、同一生成元ポリシーの制限を受けずにサーバにもアクセスできるしと、やりたい放題になってしまいます。

そしてXSSはウェブアプリケーションにおいてHTMLにデータが埋め込まれる場合だけでなく、APIとしてJSONのようなデータを返す場合でも同様の問題に注意する必要があります。その例としては、ユーザーの入力がきちんと処理されずに埋め込まれたJSONを読み込んだブラウザが、それをページ内に直接埋め込んでしまうために発生するXSS、というのもあります。たとえばユーザー名に埋め込まれたJavaScriptが入力のチェックをすり抜けてJSONにも格納されてしまい、それを受け取ったブラウザが画面上に表示してしまうかもしれません。その結果JavaScriptが実行されてしまい、クッキーに含まれたセッション情報が第三者の手に渡ってしまう危険性があります（図6-1）。

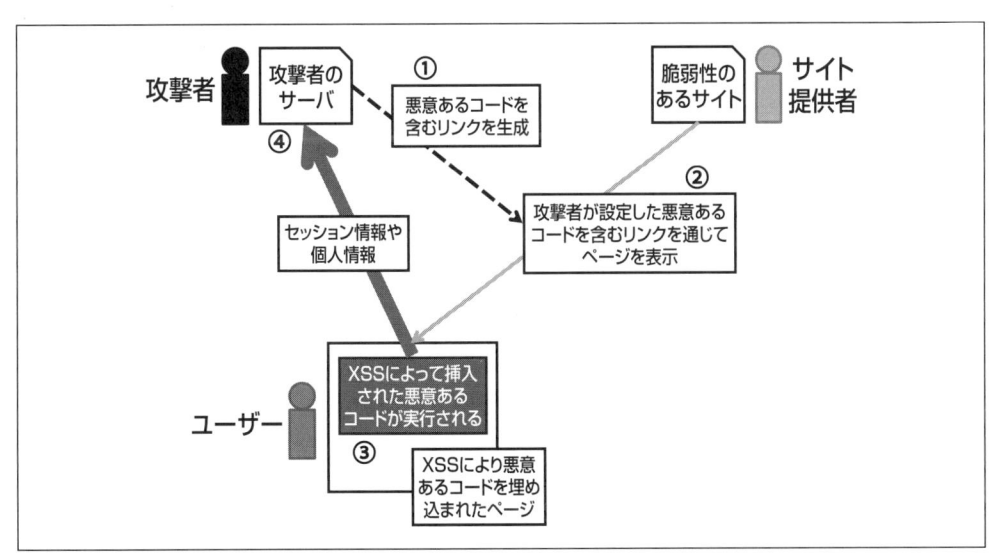

図6-1　APIのXSSにより情報が盗まれるケース

したがってユーザーからの入力は、それがどのように使われるかにかかわらずきちんとチェックする必要がありますし、データをユーザーに返す際にも、JSONを返す際にきちんとデータの内容をチェックし、おかしな値を取り除く必要があります。この点についてはJSONやAPI特有の問

題ではなくウェブ全般の問題としてよく知られています。

しかしJSONなどの形式でデータを返す場合には、上記のようなケース以外にそのデータをブラウザが異なるデータ形式、たとえばHTMLであると解釈してしまうために発生してしまうXSSというものが存在します。

まずは例を見てみましょう。たとえば以下のようなJSONがあったとします。

```
{"data":"<script>alert('xss');</script>"}
```

もしこのJSONデータを返す際のContent-Typeの値がtext/htmlだった場合、このJSONデータを返すURIに直接ブラウザでアクセスすると、このデータはHTMLとして解釈され、SCRIPT要素の中に記述されているJavaScriptが実行されています。

このように直接JSONのURIにアクセスが行われた場合は、内部で実行されるJavaScriptからクッキーに格納された情報はアクセスができてしまいますから、ユーザーからの入力を受け入れてJSONに埋め込んで返すようなAPIが存在しており、そこに上記のようなデータが埋め込めるようになっていると、悪意のある第三者がそのURIへのリンクをどこかに仕込むことで、アクセスしたユーザーのクッキー情報を盗むことができてしまいます（図6-2）。

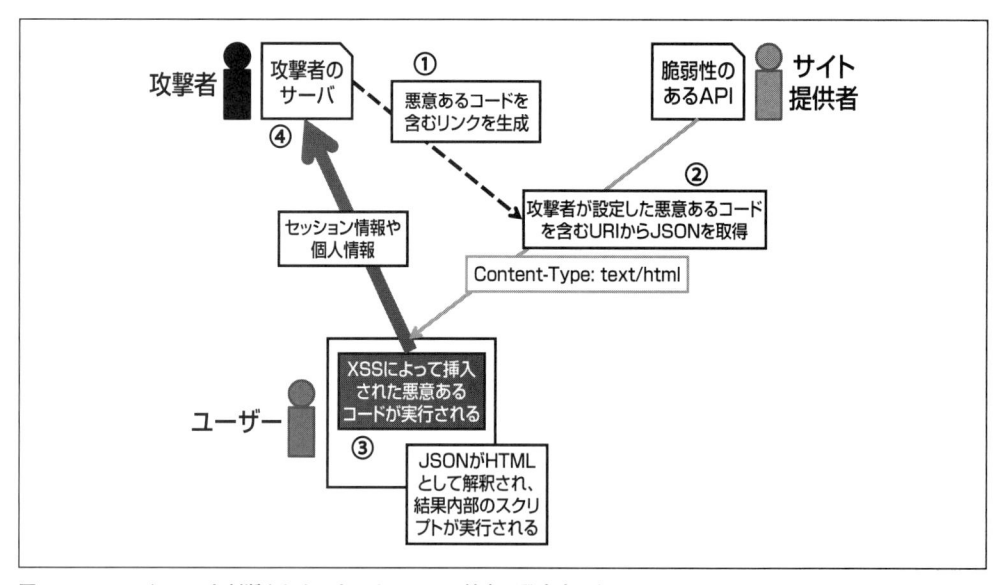

図6-2　JSONがHTMLと判断されたことによるXSSで被害が発生するケース

これを防ぐには、JSONが必ずJSONであるとブラウザに判断してもらえるようにする必要があります。そのためにできる第一歩は、Content-Typeにapplication/jsonを返すことです。モダンなブラウザであればきちんとContent-Typeを理解して、JSONとして解釈してくれます。

```
Content-Type: application/json
```

ただし Content-Type を指定しただけでは XSS への対策としては不十分です。なぜなら Internet Explorer には Content-Type を無視し、データの内容からデータ形式を推定する "**Content Sniffing**" という悪名高き機能があるからです。この機能はサーバ側でたとえ間違った Content-Type を返していても、ブラウザ側でその間違いに影響されることなく、きちんとコンテンツを表示できるようにするために導入されたもので、誰でも情報を配信できるがゆえに間違った Content-Type で情報が配信されるケースも非常に多く存在するインターネットの世界ではそのメリットも理解できますが、悪用もできてしまうがために大きな問題となっています。

Content Sniffing により JSON を HTML と解釈されることを防ぐには、IE8 以降で実装された X-Content-Type-Options というレスポンスヘッダを用いるのがまず第一歩です。

```
X-Content-Type-Options: nosniff
```

これを付けておくと IE8 以降では Content Sniffing が行われなくなり、Content-Type で指定されたメディアタイプとして解釈されるようになります。また最新の Firefox や Chrome、および IE9 以降ではこのヘッダを付けることで、JavaScript として実行可能なメディアタイプを限定することが可能になり、後述する JSON インジェクションの危険性を減らすことができるため、このヘッダは JSON でデータを返す際には必ず付けるべきです。

しかし X-Content-Type-Options は、それに対応していない IE7 以前のブラウザには効果がありません。そこでさらなる対策をする必要があります。その対策は追加のリクエストヘッダのチェックと、JSON 文字列のエスケープです。

追加のリクエストヘッダのチェックとは、通常のブラウザでは送信されないリクエストヘッダの有無をサーバ側でチェックし、もしそれが存在していなかった場合はエラーとみなして結果を返さないようにすることです。通常 JSON でのデータのやりとりは直接その URI にアクセスしたり、SCRIPT 要素で指定するのではなく、XMLHttpRequest を用いて行います。そして XMLHttpRequest ではリクエストヘッダを追加することができるので、ここで特別な値を追加してやることで、XMLHttpRequest やその他ヘッダを追加することが可能な方法での場合のみアクセス可能な API にすることができます。

jQuery などの JavaScript のフレームワークでは、XMLHttpRequest でのアクセスの際に以下のような X-Requested-With というヘッダを送るような仕様になっています。また Ruby on Rails などのサーバサイドのフレームワークもこのヘッダに対応していることから、このヘッダを使うのが最も一般的であるといえるでしょう。

```
X-Requested-With: XMLHttpRequest
```

なお CORS の仕組みを利用してアクセスを行う場合、X-Requested-With を付けてしまうとプリフライトリクエストが必要になってしまいます。これはプリフライトリクエストが不要なヘッダの中にこのヘッダが含まれていないからですが、プリフライトリクエストを防ぐために AngularJS では標準ではこのヘッダは付かず、jQuery でも crossDomain のフラグを立てると明

示的にヘッダを追加しないかぎりは自動ではこのヘッダが送られなくなりますので、状況によっては明示的に指定を行う必要があります。

そしてもう1つ、JSON文字列のエスケープについてですが、JSONでは文字列中で許可されていない文字は"（ダブルクォーテーション）と\（バックスラッシュ）とコントロール文字で、それ以外のすべてのユニコード文字は格納可能です（図6-3）。

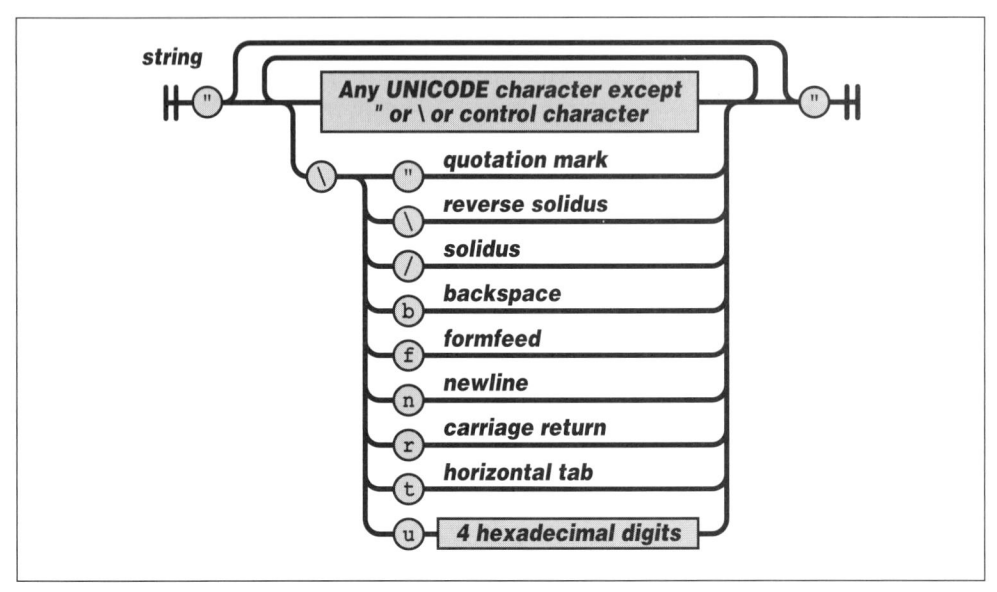

図6-3 JSONにおける文字の定義の鉄道ダイアグラム（http://json.org/より）

しかし、たとえば/（スラッシュ）をエスケープすることで、以下のように要素の閉じタグを無効にすることができます。

```
{"data":"<script>alert('xss');<\/script>"}
```

さらに<や>をエスケープすることで、SCRIPT要素を完全に無効にできます。ちなみに<や>は">"や"<"とそのままに書くこともJSONでは許可されていますが、それぞれ\u003Cと\u003Eという文字列に変換します。\や"、' などに関しても、\u005Cや\u0022、\u0027のように16進数のエスケープを利用して、その文字自体を埋め込まないほうが誤認識時にトラブルが発生する可能性は下がり、より安全になります。

```
json '
{"data":"\u003Cscript\u003Ealert('xss');\u003C\/script\u003E"\}
```

また、非ASCII文字（\u0080以降の文字）も、文字コードの判断ミスなどを防ぐため、エスケープしておくべきです。判断ミス以外にも、U+2028とU+2029という2つの文字はUnicode

上は"Line separator"と"Paragraph separator"を意味し、JavaScriptではそのまま記述することができません。しかしJSONの仕様ではそのまま埋め込むことができてしまうためにエラーが発生することが知られています。

JSONでエスケープしておくべきもう1つの文字は + です。これは文字コードをUTF-7に誤認識させるという古いブラウザの脆弱性に対する対策です。UTF-7はUnicodeのすべての文字を7bitで表現するためのもので、直接表現できない文字は"+"と"-"で挟んで表現します。たとえば"<"という文字は"+ADw-"と表します。したがって<script>は +ADw-script+AD4- になります。こうなると < をエスケープしておいてもチェックをすり抜けてしまいます。

```
+ADw-script+AD4-alert('xss')+ADw-/script+AD4-
```

そのためUTF-7の特徴となる + を \u002B にエスケープしておくことで、そのページの文字コードがUTF-7であると誤認識される危険性が減ります。なお最新のブラウザではUTF-7への自動認識の問題は解決されています。

6.3.2 XSRF

XSSに続いてよく耳にするであろう脆弱性がXSRFです。これは**クロスサイトリクエストフォージェリ**（Cross Site Request Forgery）の略であり、フォージェリとは偽造、捏造という意味です。これはサイトをまたいで偽造したリクエストを送りつけることにより、ユーザーが意図していない処理をサーバに実行させてしまうことを言います（図6-4）。つまりユーザーがある悪意のあるページにアクセスした際に、その中に埋め込まれたリンクやIFrame、IMG要素、あるいはJavaScriptやフォームなどを経由して、まったく別のサイトへのリクエストが行われ、それによってそのユーザーの意図しない処理が行われることを指します。

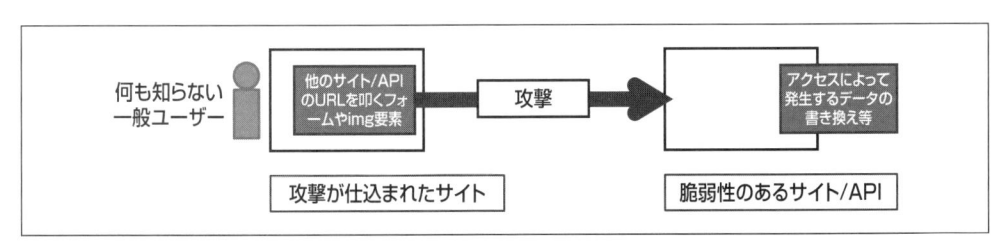

図6-4 XSRFの概念図

XSRFの例としては、掲示板に勝手に投稿が行われたりといったそのサイトに被害を与えるもの、ECサイトや何らかのランキングを行うサイトなら特定の商品の評価を不当に上げたり下げたりするものも考えられます。またXSRFが行われる際には、ターゲットとなるサイトのクッキーなど、ユーザーの情報がリクエストに付けられるので、たとえば被害にあったユーザー（XSRFを仕掛けたページにアクセスしてしまったユーザー）の銀行口座からお金をどこかに送金したり、勝手に商品を購入したりといったことも理論的には可能です。また犯罪予告文を掲示板に書き込ませ

るような XSRF 攻撃を行うことで、被害者が誤認逮捕されたりといった事件が実際に発生しています。

　XSRF を避けるための方法は、ウェブアプリケーションで一般的に用いられている方法と大きく変わりはありません。まず 1 つ目はサーバ側のデータが変化するような（たとえばお気に入りの追加、掲示板の投稿など）アクセスに関しては、GET メソッドを利用せず POST や PUT、DELETE などを用いることです。これにより IMG 要素などを用いて攻撃用のコードを埋め込むことができなくなります。GET メソッドをサーバ側に影響を与える変更に使わないというのは、HTTP のマナー的にも、そして XSRF 以外にも検索エンジンなどのクローラにサーバに対して悪さをされないためにも、必ずやっておくべきことの 1 つです。

　ただし GET メソッドを使わない対策をしたとしても、FORM 要素から POST メソッドを使って攻撃を仕掛けることはまだ可能です。XMLHttpRequest と異なり、FORM の場合は同一生成元ポリシーの影響を受けないからです。つまり攻撃元となるサイト A から攻撃対象となるサイト B に対して POST アクセスを行うことは可能なのです。

　そこで最も一般的に取られる XSRF 対策は、XSRF トークンを使う方法です（**図 6-5**）。これは送信元となる正規のフォームに、そのサイトが発行したワンタイムトークン、あるいは少なくともセッションごとにユニークなトークンを埋め込んでおき、そのトークンがないアクセスは拒否するというものです。

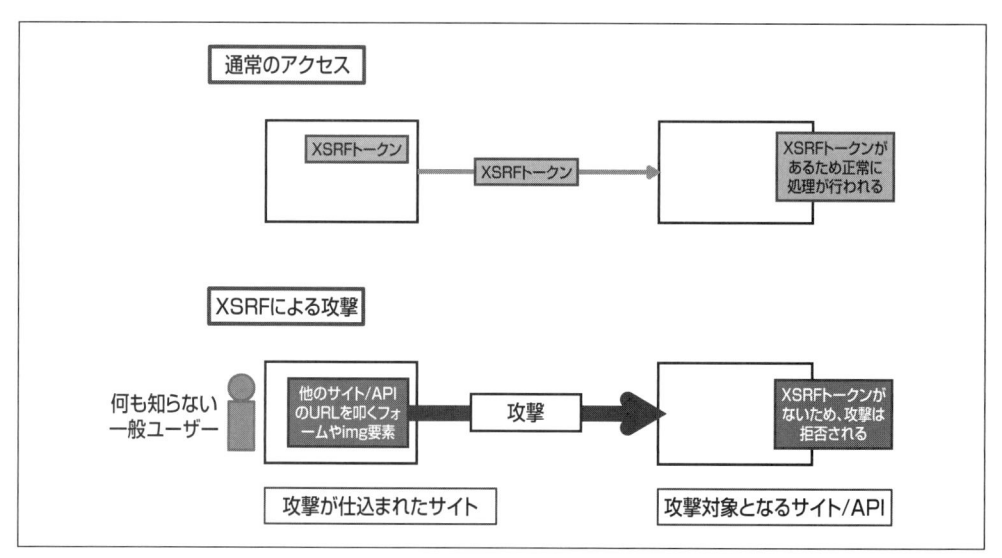

図6-5　XSRFトークン

　XSRF は攻撃元となるサイトに不特定多数がアクセスすることで攻撃が発生することを期待するものです。こうしておけば不特定多数が共通したパラメータでアクセスすることができなくなるの

で安全性が高まります。

APIに関しても同様の概念を適用し、アクセスの際にXSRFトークンをあらかじめ渡しておき、それをパラメータとして送ってこなかった場合にはアクセスを拒否するという対策が可能です。しかしその場合、あらかじめトークンを取得させるような仕組みが必要になり、やや煩雑にはなります。

もう1つの方法は、Web APIがXMLHttpRequest、あるいはブラウザ以外のクライアントからのアクセスのみを想定しているのであれば、クライアントから特別なリクエストヘッダを付けてもらう仕様を組み込み、そのヘッダが存在していなかった場合にはアクセスを拒否するという方法が利用できます。これはXSSの場合と同様で、たとえば広く認知されている"X-Requested-With"をチェックして、存在していなければアクセスを許可しないようにするわけです。FORM要素からのPOSTのケースではヘッダを独自に付けて送信することは（現在のところ）できませんから、フォームによるXSRFを防ぐことができます。

6.3.3 JSONハイジャック

JSONハイジャックとは、APIからJSONで送られてくる情報を悪意ある第三者が盗み取ることを言います。たとえば以下のようなAPIであるサービスの自分の登録情報が取得できたとします。

```
https://api.example.com/v1/users/me
```

この情報は自分自身の情報ですからメールアドレスのような自分自身としてはサービス利用に必要だが他の人に盗まれたくない情報が入っています。

```
{
   "id": 12345,
   "name": "Taro Tanaka",
   "email": "taro@example.com",
     ...
     ...
}
```

そしてこのエンドポイントにアクセスするにはクッキーなどに格納されたセッション情報が必要です。したがってほかのサイトからこの情報を盗み取ることはできないはずですが、にもかかわらずこの情報を悪意あるサイトが盗みとってしまうことができてしまう可能性があるのです。

どうしてそんなことが可能なのかといえば、SCRIPT要素に同一生成元ポリシーが適用されないからです。たとえば上記のAPIは以下のようにすることで、他のサイトからも呼び出すことができてしまいます。

```
<script src="https://api.example.com/v1/users/me"></script>
```

しかし読み込まれた情報はページ内で処理できないはずです。なぜならここで読み込まれている

のはJSONでありJavaScriptではないので、これを実行してもデータを読み込むことができない"はず"だからです。単にデータがダウンロードされるだけであれば、ダウンロードされる先はそもそもアクセスが許可されているユーザーのブラウザであり、そこにデータが読み込まれる分には情報漏洩にはなりません。しかしそれをダウンロードしたページがその内容にアクセスできてしまうと、その情報を何処か別のサーバに送信することが可能になり、情報漏洩につながります。そしてさまざまな手法を使ってデータの読み込みを可能にしてしまうのがJSONハイジャックであり、これまでいくつもの手法が発見されています。そのいくつかを紹介します。

1つ目の方法は以下のようにArrayオブジェクトのコンストラクタを変更する方法です。

```
<script type="application/javascript">
var data;
Array = function() {
  data = this;
};
</script>
```

配列として渡されたJSONはJavaScriptとしても構文上問題がないため、ブラウザはその中身を解析し、配列オブジェクトが生成されます。通常ならその配列は変数に代入されることがないため、ページ内からはアクセスが不可能ですが、上記のような方法でArrayのコンストラクタが再定義された場合、dataという変数に取得した内容が含まれてしまうため、ページ内で操作が可能でした。可能でしたというのは、この手法はFirefox 2.0の時代に存在していたもので、最近のブラウザではこの手法によるJSONハイジャックはできなくなっているからです。

JSONハイジャックを行うもう1つの方法として、Objectのセッターを用いる方法が知られています。

```
<script type="application/javascript">
  Object.prototype.__defineSetter__('id', function(obj){alert(obj);});
</script>
```

こうしておくとJSONデータの中にidというキーでユーザーIDが存在していた場合に、それが取得できてしまいます。この方法もFirefoxの3.0の時代に指摘されたもので、モダンなブラウザでは動作しなくなっていますが、Androidの2.3系のブラウザではまだ問題が残っていることが知られています。

もう1つ、これは比較的最近発見されたもので、IEの6以上で動作していました。

```
<script>
  window.onerror = function(e) {
  }
</script>
<script src="https://api.example.com/v1/users/me" language="vbscript"></script>
```

IEにおいてSCRIPT要素のlanguageを指定するとスクリプトをその言語として解釈します。結果JSONであるはずのデータをIEはVBScriptとして解釈しようとするのですが、もちろん正しくないので失敗します。その際にエラーメッセージの中に失敗したデータ（すなわちJSONデータそのもの）を入れて渡してしまっていたのです。そのためエラーハンドラを使ってエラーメッセージを取得すると、JSONデータが取れるようになってしまっていました。この問題はIE6～IE8に関しては脆弱性として修正が行われたものの、IE9、IE10では修正されておらず、JSONをブラウザにJSONとして認識させるための（すなわちvbscriptとして認識させないための）別の方法を必要とします。

JSONハイジャックを防止するためには、現在のところ以下のような対策が有効です。

- JSONをSCRIPT要素では読み込めないようにする
- JSONをブラウザが必ずJSONと認識するようにする
- JSONをJavaScriptとして解釈不可能、あるいは実行時にデータを読み込めないようにする

JSONをSCRIPT要素では読み込めないようにする、というのはたとえば特別なヘッダが付いているとき以外はアクセスを許可しないという方法が考えられます。これはXSSやXSRFの場合と同様にX-Requested-Withというヘッダを付けるなどの方法が考えられます。XMLHttpRequest、あるいはブラウザ以外のクライアントからのアクセスのみを想定したAPIであれば、これはぜひやっておくべきでしょう。

JSONをブラウザが必ずJSONと認識するようにするためには、まずきちんと正しいメディアタイプ（application/json）をクライアントに返すことです。これもXSSと同様ですが、こうすることでブラウザは「ああ、このファイルはJSONなのだな」と認識してくれるようになります。

```
Content-Type: application/json
```

ただしこれだけではIEによって悪名高きContent Sniffieringを使って誤認識させられることは前述のとおりです。そこでIE8で導入されたX-Content-Type-Optionsも付ける必要があります。

```
X-Content-Type-Options: nosniff
```

3番目の対応方法である「JSONをJavaScriptとして解釈不可能、あるいは実行時にデータを読み込めないようにする」というのは、SCRIPT要素にJSONを指定した際に、パースできずにエラーとなる、あるいは実行時に無限ループに陥るなどしてデータの読み込み処理が行われないことを言います。

最もシンプルな方法はJSONの配列ではなくオブジェクトを返すようにすることです。現在の

JSONの仕様では、JSONデータのトップレベルに存在できるのは配列（[...]）かオブジェクト（{...}）です。そして配列の場合は、JavaScriptとして解釈した場合も構文的に正しいと判断されますが、オブジェクトの場合はJavaScriptとしては構文的に正しくありません。なぜならJavaScriptではトップレベルの{}がブロックの始まりとして解釈されてしまい、その中身が正しいJavaScript構文になっていないためのエラーが発生するからです。

したがってブラウザがトップレベルの配列のJSONを読み込んだ場合は構文エラーは発生しませんが、トップレベルがオブジェクトの場合はエラーとなります。

もう1つの方法は、JSONファイルの先頭に無限ループなどを仕込んで読み込み時に処理が進まないようにする方法です。たとえばFacebookが利用しているJSONデータは以下のようになっています。

```
for (;;); {"t":"heartbeat"}
{"t":"heartbeat"}
{"t":"continue","seq":10039}
```

このファイルは先頭に`for (;;);`が入っており、SCRIPT要素で読み込んで、それがたとえ構文エラーを発生しなかったとしても、もそこから先に処理が進みません。そしてJSONとして読み込む際にはこの部分を文字列操作により削除してから使うわけです。FacebookのデータはCookieに無限ループが入っているだけでなく、複数のJSONデータを行単位でまとめて埋め込むことでHTTPリクエストの数を減らすようにしているようで、そのあたりは非常に参考になります。無限ループを入れる方法はエレガントな方法であるとは言いがたいのですが、万が一SCRIPT要素で読み込まれたJSONデータがJavaScriptとして構文エラーを発生させなかったとしても、最後の防波堤となる現実的な解かもしれません。第三者からのアクセスを受け入れるAPIにおいてはおすすめできる方法ではありませんが、ウェブサービスにおけるJSONのエンドポイントや、SSKDs向けのAPIであれば検討できるでしょう。

ブラウザからのアクセスを想定しないAPIの場合

さてブラウザからのアクセスがある場合、XSSやXSRFなどへの考慮をしなければならないことがわかりました。もしあなたが提供しているAPIがブラウザからアクセスされる必要がないのであれば、なるべくブラウザから簡単にアクセスできないようにしておくほうがよいでしょう。とはいってもHTTPを利用している以上ブラウザからのアクセスは基本的にはできてしまいますが、SCRIPT要素を利用してURIが貼られてしまった際になど動作しないようにしておくのです。

たとえばスマートフォンクライアント向けのAPIとPC向けのウェブサイトを提供しているサービスがあったとします。そのサービスはユーザーが登録・ログインして利用するタイプのもので、ウェブサイトでのセッション管理はクッキーを利用しています。もし

> そのサービスがスマートフォンクライアント向けのAPIにおいて同じクッキーを使ったセッション情報のやりとり（Cookieヘッダをスマートフォンのクライアントが生成して送信している）を行い、セッション情報もブラウザと共有されていたとしたらどうでしょうか。
> その場合たとえAPIがブラウザからのアクセスを想定していなかったとしても、実際にはブラウザがクッキーを送信するだけでAPIでの認証を通過してしまいます。その結果、SCRIPT要素にURIが貼られてしまった場合には、悪意のあるサイトによって情報が盗まれたり、操作されたりする危険性が出てきてしまうのです。
> したがってブラウザからのアクセスの必要がなければ、セッションには異なるセッション管理の方法を使ったり、独自のHTTPヘッダを使ってクライアントを識別する、次の節で述べるようなチェックサムを使うなど、ブラウザからのSCRIPT要素を使ったアクセスを防ぐようにする必要があります。

6.4 悪意あるアクセスへの対策を考える

　ここまでは、クライアントであるユーザーと、サービスを提供するエンドサーバ以外の第三者による情報の不正入手やユーザー、サービス両者に対する攻撃について考えてきましたが、ここからはユーザー自身が不正を行おうとするケースについて考えてみたいと思います。

　広く一般に公開しているサービスのAPIでは、ユーザーはAPIが行うHTTP通信を見ることができます（これは実際にユーザーの目に触れるという意味で、ストアに公開するモバイルアプリケーションで利用するAPIやサービスの裏側で利用され一般に使用や他のアプリケーションからの利用が許可されているわけではないものも含みます）。そこでユーザーの中には、サーバに対して本来の使われ方をしていた場合は送られるはずのないアクセスを行うことで、サーバ側の脆弱性を突き、自分に有利な状況にしようと企てる人がでてきます。たとえばモバイルアプリケーションが行っているAPIとのやりとりを偽装して、大量のユーザーに対して嫌がらせのメッセージを送り、サービスの信用を低下させることもできますし、ソーシャルゲームではアイテムを大量に不正に入手したり、ランキングで不正に上位に上がったりすることができるかもしれません。

　たとえば2013年から2014年にかけてAPIの解析が大量に行われたのがDMM.comとKADOKAWA GAMESが提供している"艦隊これくしょん〜艦これ〜"というゲームで、このゲームは非常に注目を集め、ユーザーが多いゲームであったからこそさまざまな解析が行われたのですが、通信が特に暗号化されていなかったり、パラメータをいじることでゲームの状態を変更できたりしたため、さまざまな情報がネットにも公開されています。

　こうした問題のポイントは、ユーザー認証を行い、正しい利用者として認識されているクライアントが不正を働こうとしてきていることです。つまりこれまでのようなユーザーを外部の第三者から保護するための対策だけでは不十分なのです。たとえ認証を工夫して認められた人にしかサーバに対してアクセスができないようにしたとしても、その認められた人が悪意を持っていたらやはり

問題は起こってしまいます。利用者が特定の企業の限られた人たちであるなどの場合はまだしも、広く一般に公開されるサービスやアプリケーションの場合は、どんな人が使うかわかりません（図6-6）。

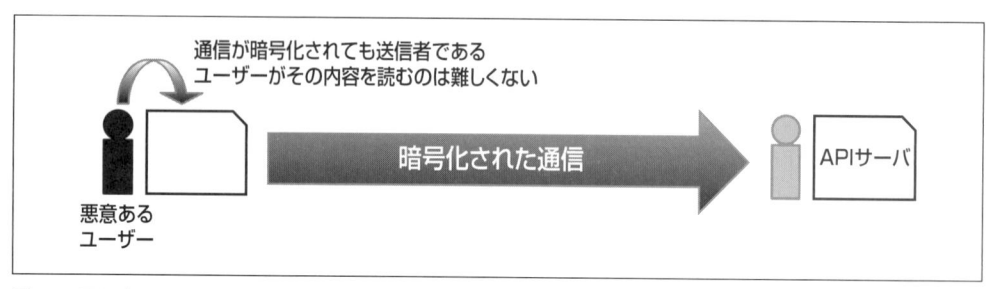

図6-6　正しく認証されたユーザーが不正を試みるケースもある

　さらにAPIの仕様をたとえ公開していなくても、アプリからしかアクセスしておらず、通常の人の目にはAPIのアクセスがみえていなくても、ブラウザやアプリからのアクセスを覗き見る方法はいくらでもあります。暗号化されていてもブラウザのJavaScriptを読んで処理を見ることは簡単ですし、Flashやクライアントアプリケーションの内部を解析されてしまえば、どんなに複雑にデータを解析しづらくしておいても結局は内部構造を知られてしまいます。
　HTTPSを使って通信をしていても、クライアントを利用するユーザー自身がプロキシを経由して内容を読む方法はよく知られておりツールも揃っているので、何も難しくはありません。
　したがってどんなデータがやりとりされているかをたとえ知られても、不正を働くことができないようにしておくことが必要なのです。

6.4.1　パラメータの改ざん

　最もシンプルな不正なアクセスの方法はパラメータの改ざんです。つまりサーバに送信するパラメータを勝手に変更してサーバに送信することで、本来取得できない情報を取得したり、サーバ側のデータを本来ならありえない値に変更したりするのです。たとえば以下のようなユーザーデータを取得するAPIがあったとします。

```
https://api.example.com/v1/users/12345?fields=name,email
```

　これは改造可能（Hackable）なURIであり、12345というのがおそらくユーザーIDであることは一目瞭然です。したがってここのユーザーIDを他の数値に変更することで、他のユーザーの情報を取得することができてしまいます。これ自体には特に問題がありませんが、fieldsというクエリパラメータにemailを指定していることで、メールアドレスを取得できるようになっています。もしこのAPIがSNSのAPIであり、fieldsにemailが指定できるということは公式のドキュメントに載っていなかったとします。
　しかしそのSNSのウェブサイトでは自分や友人のメールアドレスを表示するためにこの情報を

取得することが必要で、非公式な仕様として存在しており、自サービスのサイトで利用するときに email というフィールドの指定を使っていました。そしてこの email というフィールドを指定すれば自分と直接のつながりのないユーザーのメールアドレスも取得できるようになっていたとしたら、何が起こるでしょうか。ユーザーがこの API の通信を解析してしまえば、あなたのサービスのユーザーすべてのメールアドレス（と名前やその他の属性のセット）を取得する方法がわかってしまうはずです。

こうしたことを避けるために重要なのは、本来アクセスができないはずの情報はサーバ側できちんとチェックし、アクセスを禁止するようにしておくということです。あたり前のように聞こえますが、上記のように抜け漏れが発生してしまうことはよくあることなので、注意をきちんとしておく必要があります。

またこのユーザー ID のように連番になっている ID を変更しつつ大量にデータを取得しようとするアクセスには、後ほど述べるレートリミットなどを利用してアクセスに制限をかけておくことも重要になってきます。

さて続いてパラメータの改ざんとしてもう1つ、こちらはゲームの API などで考えられるケースを考えてみましょう。ゲームの中に使うと体力を回復するアイテムがあったとして、そのアイテムを消費する API が用意されていたとします。パラメータとして消費するアイテムの個数を指定することができますが、そこも改ざんされてしまう可能性があります。所持している数以上にアイテムを使おうとする場合はチェックを忘れづらいのですが、マイナスの値のチェックは忘れがちで、マイナスの値を入れるとアイテムを無限に増やすことができてしまうかもしれません（図6-7）。これは EC サイトにおけるポイントの利用の場合も言えることで、商品購入時に利用するポイントをたとえばマイナスに指定すると、ポイントが獲得できてしまうかもしれません（その分金額が上乗せされるかもしれませんが）。

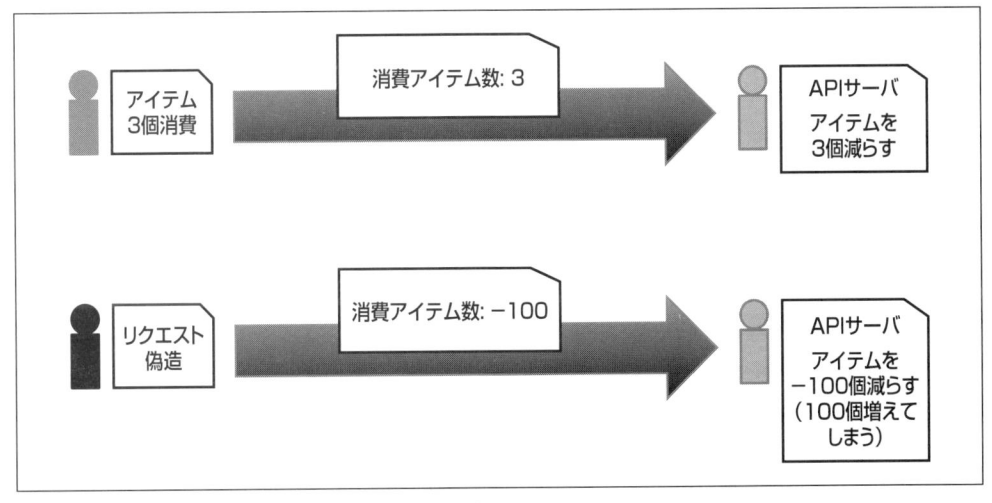

図6-7 マイナスのパラメータを送ってアイテムを増やす

また同じくゲームにおいて、ユーザーどうしの対戦の勝敗をクライアントで処理しているとします。そうした場合にクライアントから「勝負に勝った」という情報を強制的に送信することで、ゲームを有利に進めようとするユーザーが現れる可能性もあります。

こうした問題を防ぐにはクライアントから送られてきた情報を信頼せず、サーバ側でも整合性をきちんとチェックする必要があります。マイナスの値が送られてきていないか、アイテムの個数が適切な範囲にあるのか、対戦の結果は双方の状況から見て正当なものであるのかをチェックするのです。そのためにはたとえば対戦の経過をログとして送信するなど、検証を可能にするための情報を同時に送信する必要も出てくるかもしれません。

仕様を公開していないAPIの場合はついつい油断してしまいがちですが、情報を解析して不正に物事を有利に進めようとするユーザーはたくさんいるのです。

6.4.2　リクエストの再送信

リクエストの再送信とは、一度送ったリクエストを再度送信することで、同じ処理をサーバ側にもう一度させてしまうことを言います。たとえばゲームのAPIにおいて「敵に勝利した」という同じ情報を2回送れば、報酬を2回もらえてしまうかもしれません。同様にECサイトにおいてクーポンを2回以上受け取ったり、動画共有サービスにおいて自分の投稿した動画の再生回数を水増しして人気度ランキングの上位に食い込んだりできてしまうかもしれません。

リクエストの再送信については、一度は成功したのと同じURI、同じパラメータ、同じヘッダ情報を使ってアクセスを試みるものであるために、パラメータの改ざんと違ってパラメータが適切かどうかでは判断できない可能性があります。したがってAPIごとにそれが繰り返しアクセスされることによって問題が発生するかどうかを判断し、発生する可能性があるものについては状態を管理して（たとえばゲームにおける戦闘に勝利したことを表すアクセスなら、戦闘の開始や経過、終了を管理して正しくゲームが行われているのかを判断する、クーポン券においてもきちんと受け取ったかどうかの情報を管理する）、同じアクセスが何度も行われたらエラーにするなどのチェックをきちんと行う必要があります。

また動画再生回数のケースでは、同じ動画の視聴情報が短期間（動画の再生時間よりずっと短い時間）に何度も同じユーザーから送られてきた場合は2回目以降はカウントしないなどの処理も有効でしょう。

6.4.2.1　支払いの偽装

モバイルアプリケーション内でユーザーが何らかの支払い（たとえばプレミアムサービスの登録やゲームなどのアイテム、仮想通貨の購入など）を行った際に、その支払情報をサーバ側にAPIを経由して送信し、アイテムの付与や機能の開放などを行う場合があります。その際に気をつけなければならないのが、実際には支払っていないにもかかわらず、支払いを行ったかのように見せかけるような不正なリクエストです。

アプリ内課金には**消耗型**（Consumable）と**非消耗型**（Non-Consumable）と呼ばれるタイプがあり、消耗型はポイントやアイテム、仮想通貨などの複数回購入できて購入しても利用したらな

くなってしまうもの、非消耗型は機能のアンロックやLite版から正式版の購入など、一度支払いを行えばその効果がずっと持続するものを指します。支払いの偽装は特に消耗型の場合にはより問題となります。

　たとえばアプリケーションにアプリ内で使えるポイントを購入する機能があって、サーバ側にはユーザーがそのポイントを購入した際にサーバ側で購入情報を受け取って実際にポイントを付与するAPIを用意していたとします。そのAPIはユーザーが購入したポイント数を受け取るようになっています。ここでもしそのAPIになんのチェックも入れていないとするとどうなるでしょうか。ユーザーがたとえばまず100ポイントを購入し、その際に発生するサーバとクライアント間の通信をキャプチャします。そして間髪入れずに同じリクエストをクライアントからサーバに対して行ったとします。もし適切なチェックの仕組みが入っていなかったら、同じリクエストがユーザーから送られてしまうと、サーバはそれを有効なリクエストとみなしてしまうでしょう。結果購入は1回しただけなのに、ポイント付与が複数回行われる結果となってしまいます（図6-8）。

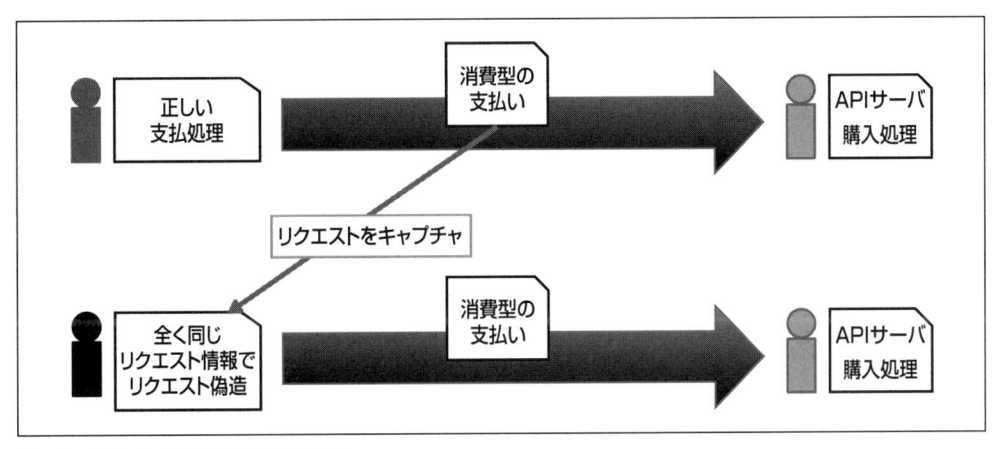

図6-8　ポイントの付与APIを連続で叩く

　これを防ぐには、1回の購入につき1回のポイントの付与だけを行うようにチェックをしなければなりません。

　iOSやAndroidなどのアプリ内課金では、購入が正しく完了した際にそれをAppleやGoogleのサーバに確認するためのコードを送ってきます。たとえばAppleではこれは"レシート（receipt）"と呼ばれるBase64でエンコードされた文字列になっています。まさしく実際のお店で購入したレシートのように購入の情報をお店に確認できる仕組みです。これは1回の購入につき1つ発行されるので、これを利用して同じ購入で複数回ポイントを付与しないようにするわけです。具体的にはAPIでこの情報もクライアントからのリクエストに入れて送信するようにしておき、そのレシート情報が正しいかどうかをAppleやGoogleに確認し、さらにそれをサーバ側で保存しておくのです。その際に同じレシート情報が過去に使われていないかを確認します（図6-9）。

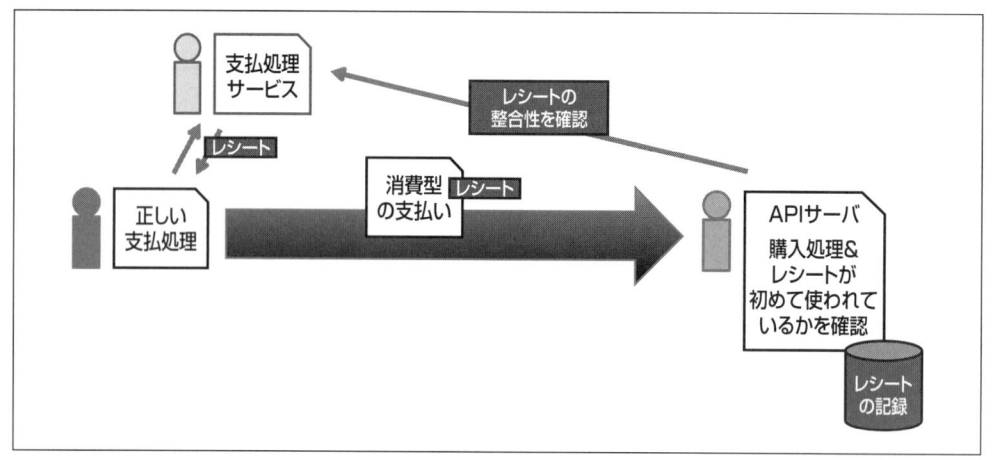

図6-9 ポイントの付与APIをレシートを使って確認する

　アプリ内課金はお金に絡む重要な問題ですから、不正な利用が行われないように十分に注意をする必要があります。

6.5　セキュリティ関係のHTTPヘッダ

　本章の最後に、セキュリティ強化のために各種ブラウザで利用されているいくつかのヘッダに触れておきます。これらのヘッダの多くは「X-」で始まっていることからもわかるように、RFCなどで公式に定義されているものではありませんが、ブラウザがこれまで発展する歴史の中で見つかった問題に対応するために独自に実装したものが、その有効性から広く広まったものです。

6.5.1　X-Content-Type-Options

　これはこれまでも登場しているヘッダで、IE8で登場したものです。IEにはContent Sniffingというcontent-Typeでメディアタイプが指定されていても、それを無視してコンテンツの内容や拡張子からデータ形式を推定するという機能がありますが、これが指定されているとその機能が無効になるようになっています。たとえばJSONファイルがHTMLと勝手に解釈されてXSSなどが発生するという脆弱性を防止するために（IE8以降では）有効です。

```
X-Content-Type-Options: nosniff
```

　このヘッダはJSONをJSON以外として解釈することを防いでくれます。JSONは配信側としてはJSON以外として解釈される必要はありませんから、JSONでAPIを配信する場合はもはや絶対に付けておいたほうが良いヘッダといえるでしょう。
　またIE9以降やChromeでは、SCRIPT要素で指定されたファイルにこのヘッダが設定してあり、さらにスクリプト（JavaScriptやIEの場合はVBScript）を表すメディアタイプではなかった場合には、実行を行わずエラーになります。たとえばJavaScriptファイルを配信したいけれど実

行はされたくない、といった場合にも（ブラウザが限定されるものの）このヘッダは有効です。たとえば GitHub ではリポジトリで管理されている JavaScript ファイルを直接 SCRIPT 要素として読み込まれないために、メディアタイプを text/plain にしたうえで、このヘッダを付けています。

6.5.2　X-XSS-Protection

これはブラウザが備えている XSS の検出、防御機能を有効にするヘッダです。IE の 8 以上、Chrome と Safari にこの機能が実装されています。Chrome と Safari はこの機能を無効にする設定がありませんが、IE には存在しているので、このヘッダを送ることでその設定を上書きできます。

```
X-XSS-Protection: 1; mode=block
```

この機能が有効になると、リクエストに XSS を発生させそうなパターンがあり、それがそのままレスポンスに埋め込まれていた場合にブロックされるようになっています。

ただしこの機能はすべての XSS パターンを検出できるわけではないので、このヘッダさえ設定しておけば XSS の対策になるわけではありません。

6.5.3　X-Frame-Options

このヘッダを設定することで、指定したページがフレーム（FRAME と IFRAME 要素）内で読み込まれるかどうかを制御することができるヘッダで、IE8 以上をはじめ、Chrome や Safari、Firefox など主要なブラウザが対応しています。たとえば以下のようなヘッダを返すと、そのデータがフレーム内で読み込まれることを阻止することができます。

```
X-Frame-Options: deny
```

これは主に、クリックジャッキングと呼ばれる透明にした IFRAME をこっそり他のページに読み込み、あるページでユーザーがクリックを行った（とユーザーが思った）にもかかわらず、実際にはほかのサイト上でクリックが行われ、その結果ユーザーが意図しない投稿を掲示板に行ったり、ランキングで星を 5 つ付けてしまったり、といったことを発生させるものです。

フレーム内に別の生成元のデータを読み込んだ場合は、同一生成元ポリシーによって親と子のフレーム間の通信は基本的にはできないようになってはいますが、Web API においてもフレームにデータを読み込むことで何らかの（もしかしたら現在はまだ発見されていないかもしれない）脆弱性を悪用される危険性を少しでも低減させられる可能性はあります。Web API は基本的にはフレーム内で読み込まれることを想定していないものも多いはずですから、その場合は付けておいても損はないでしょう。

6.5.4　Content-Security-Policy

このヘッダはW3CのContent Security Policyで定義されているヘッダで、読み込んだHTML内の`IMG`要素、`SCRIPT`要素、`LINK`要素などの読み込み先としてどこを許可するのかを指定するためのヘッダです。たとえば`IMG`要素による画像の読み込み元を自分自身と同じ生成元に限定する、といったことが指定でき、それによってXSSの危険性を低減することができます。

Web APIの場合のXSSは、たとえば間違ってデータがHTMLと解釈されてしまった場合などに発生しますが、そうでなければAPIの返すデータから他のリソースがブラウザによって読み込まれる場合はほとんど考えられないので、他のリソースを読み込まないという意味で、以下のような指定をすることができます。

```
Content-Security-Policy: default-src 'none'
```

`Content-Security-Policy`ヘッダはChrome、Firefox、Safariなど主要なブラウザで実装されています。ちなみにこのヘッダはFirefoxではかつては`X-Content-Security-Policy`という名前で実装されており、SafariとChromeでは`X-Webkit-CSP`という名前でしたが、W3Cで定義されてからはどちらも`Content-Security-Policy`を使うようになっています。

6.5.5　Strict-Transport-Security

このヘッダはHTTP Strict Transport Security（HSTS）を実現するためのヘッダで、もともとはFirefoxで最初に実装されたものですが、現在はproposed standard（標準化への提唱）としてRFC 6797にて文書化されています。

このヘッダを利用すると、あるサイトへのブラウザからのアクセスをHTTPSのみに限定させることができます。HTTPSのみでのアクセスを提供しているサイトの場合、暗号化されないHTTPでのアクセスが行われた際にHTTPSにリダイレクトする、というのはよく行われる手法ですが、その際に一度はHTTPでのアクセスが行われてしまいます。これはつまり初回のHTTPでのアクセスが中間者攻撃などによって書き換えられてしまう危険性が高くなっている意味しています。そこで少しでもそれを防ぐためにブラウザにあらかじめこのサイトはHTTPSでのアクセスが必須だよ、ということを記録させておくのがこのヘッダです。

```
Strict-Transport-Security: max-age=15768000
```

HTTPSでのアクセスの際にこのヘッダが送られてくると、ブラウザは`max-age`の期間中この情報を記録しておき、同じホストへのアクセスの際には必ずHTTPが指定されていても、HTTPSを使うようにします。

このヘッダはHTTPSで送られてきたときのみ有効で、HTTPアクセスで送られてきても無視されます。これはそもそもHTTPでのアクセスの場合はこのヘッダ自身の信頼性も高くないからです。

このヘッダがあったとしても、HTTPSへのアクセスが行われる前にHTTPへのアクセスが行わ

れてしまえば効果はなく、完璧な防御策となるものではありませんが、たとえば自宅で一度アクセスした際にこのヘッダによってブラウザにHTTPSでのアクセスが記録されていれば、その後公共Wifiを使った場合にもHTTPが使われる可能性が低くはなります。

このヘッダはFirefox、Chrome、Safariが対応しています。

6.5.6 Public-Key-Pins

このヘッダはHTTP-based public key pinning（HPKP）のためのヘッダで、すでに述べたようにSSL証明書が偽造されたものでないかをチェックするために利用します。このヘッダ内には証明書の内容のハッシュ値と有効期限が書かれており、それ以降のアクセスの際に、そのハッシュ値を使って証明書が正しいものであるかどうかを判別するようになっています。

```
Public-Key-Pins: max-age=2592000;
    pin-sha256="E9CZ9INDbd+2eRQozYqqbQ2yXLVKB9+xcprMF+44U1g=";
    pin-sha256="LPJNul+wow4m6DsqxbninhsWHlwfp0JecwQzYpOLmCQ="
```

ヘッダ内はセミコロンで区切られたいくつかのディレクティブで構成されており、有効期限をあらわすmax-age、ハッシュ値の入ったpin-sha256のほか、チェックに失敗した（つまりSSL証明書が偽造された疑いがある）場合にその情報を送信するreport-uriや、サブドメインも対象とすることを意味するincludeSubDomainsなどが定義されています。ハッシュ値は複数指定することができ、そのうちのいずれかがSSL証明書のSPKI（Subject Public Key Info）のハッシュ情報と一致しているかどうかで偽装されたものではないかを判断します。

このヘッダは現在インターネットドラフト[†7]として公開されています。そしてブラウザとしてはChromeが対応しており、Firefoxでは原稿執筆時点（2014年9月）で実装が進行中です。

6.5.7 Set-Cookieヘッダとセキュリティ

ブラウザでセッションを扱う場合はクッキーをセッション管理に使う場合が多いと思いますが、その際にもセキュリティを考慮しておくことが可能です。そのために使うことができるのがSecure、およびHttpOnlyという属性です。これらの属性はRFC 6265で定義されています。

```
Set-Cookie: session=e827ea0c0fe8c109eb37a60848b5ed39; Path=/; Secure; HttpOnly
```

Secure属性を付けると、そのクッキーはHTTPSでの通信の際のみにサーバに送り返されます。もしこの属性を付けていないと、たとえクッキーをHTTPSの通信の際に送ったとしても、HTTPでの通信でもサーバに対して送信されてしまうため、セッション情報などが外部に漏れてしまう危険性があります。

そしてHttpOnly属性はそのクッキーがHTTPの通信のみで使われ、ブラウザでJavaScriptなどのスクリプトを使ってアクセスすることができないものであることを示します。したがって、こ

[†7] https://tools.ietf.org/html/draft-ietf-websec-key-pinning-20

の属性を付けておけばXSSなどによってそのクッキーに含まれたセッション情報が読み出されることを防止できます。何らかの理由でそもそもスクリプトの読み込みが必要なクッキーでなければ、この属性を付けておくほうが安全です。

実際のAPIの対応状況を見てみる

それでは実際に公開されているAPIのセキュリティ関係のHTTPヘッダの対応状況を見てみることにしましょう。まず見てみるのはFoursquareのAPIです。以下の自分自身の情報を取得するAPIを見てみます。

```
https://api.foursquare.com/v2/users/self?oauth_token=[略]&v=20140422
```

レスポンスヘッダは以下のようになっていました。

```
HTTP/1.1 200 OK
Date: Mon, 16 Jun 2014 21:39:06 GMT
Server: nginx
Content-Type: application/json; charset=utf-8
Access-Control-Allow-Origin: *
Tracer-Time: 43
X-RateLimit-Limit: 500
X-RateLimit-Remaining: 499
Strict-Transport-Security: max-age=864000
X-ex: fastly_cdn
Content-Length: 11074
Accept-Ranges: bytes
Via: 1.1 varnish
X-Served-By: cache-ty66-TYO
X-Cache: MISS
X-Cache-Hits: 0
Vary: Accept-Encoding,User-Agent,Accept-Language
```

ここでは`Strict-Transport-Security`が指定されていることがわかります。
続いてはGitHubのAPIです。以下のAPIのエンドポイント（指定したユーザーの情報を取得するもの）にアクセスしてみます。

```
https://api.github.com/users/takaaki-mizuno
```

その際取得できたヘッダは以下のようになっていました。

```
HTTP/1.1 200 OK
Server: GitHub.com
```

```
        Date: Mon, 16 Jun 2014 21:32:36 GMT
        Content-Type: application/json; charset=utf-8
        Status: 200 OK
        X-RateLimit-Limit: 60
        X-RateLimit-Remaining: 55
        X-RateLimit-Reset: 1402957018
        Cache-Control: public, max-age=60, s-maxage=60
        Last-Modified: Mon, 16 Jun 2014 04:55:23 GMT
        ETag: "cbd0cecf6295eba60adc4c06c7836b8d"
        Vary: Accept
        X-GitHub-Media-Type: github.v3
        X-XSS-Protection: 1; mode=block
        X-Frame-Options: deny
        Content-Security-Policy: default-src 'none'
        Content-Length: 1201
        Access-Control-Allow-Credentials: true
        Access-Control-Expose-Headers: ETag, Link, X-GitHub-OTP, X-RateLimit-
        Limit, X-RateLimit-Remaining, X-RateLimit-Reset, X-OAuth-Scopes,
        X-Accepted-OAuth-Scopes, X-Poll-Interval
        Access-Control-Allow-Origin: *
        X-GitHub-Request-Id: 719794F7:01FB:299F044:539F6273
        Strict-Transport-Security: max-age=31536000
        X-Content-Type-Options: nosniff
        Vary: Accept-Encoding
        X-Served-By: 971af40390ac4398fcdd45c8dab0fbe7
```

この中では以下のように本節で紹介したヘッダがたくさん指定されています。

```
        X-XSS-Protection: 1; mode=block
        X-Frame-Options: deny
        Content-Security-Policy: default-src 'none'
        Strict-Transport-Security: max-age=31536000
        X-Content-Type-Options: nosniff
```

このように、実際に公開されている API においても、こうしたセキュリティ強化のためのヘッダが使われていることがわかります。

6.6　大量アクセスへの対策

　Web API にかぎらず、ネットワーク上に公開されているサービスは、外部からの大量のアクセスを受けるというリスクに常に晒されています。大量のアクセスを受けると、サーバのリソースはそのアクセスをさばくために力を注がざるをえなくなり、そしてやがてはその負荷に耐えられなった結果、大量のアクセスを行ったアクセス元だけでなく、誰もがまったくサーバに接続できない状

態となります。

　いわゆるDoS攻撃はこれを利用した攻撃手段です。日本語だとサービス不能攻撃などとも呼ばれますが、大量にアクセスを行ってウェブサービスなどをアクセス不能にするといった事件がこれまでにも起こっています。Web APIもネットワーク上に公開されているサービスですから、当然こうした大量アクセスに備える必要があります。

　こうしたサービスをダウンさせることを前提とした「攻撃」は本当に大きな問題ですが、それに加えてプログラムが機械的にアクセスを行うことが前提となったAPIでは、故意ではなく開発者が不注意なコードを書いてしまったがために大量のアクセスを行ってしまうケースがあります。たとえばあなたのサービスがたくさんの書籍情報を保持、APIでアクセス可能にしていたとして、その情報を誰かが以下のようなコードで取得しようとしたとします。

```
endpoint = "http://api.example.com/v1/books"
offset = 0
for i in range(100000):
    params = urllib.urlencode({'offset': offset})
    f = urllib.urlopen("%s?%s" % (endpoint, params))
    data = print f.read()
    offset = offset + 10
    # 何らかの処理
```

　このコードはAPIを10万回叩くようにできています。100万件の書籍データを一気に取得しようとしたようです。しかしこのコードは10万回のループの中でなんの時間待ちの処理もしておらず、次々とアクセスを送ってきてしまいます。取得したデータの分析によほどの時間をかけるのでないかぎり、このコードがサービスに負荷をかけるであろうことは明らかです。

　これはあまりに単純な実装ですが、未熟な開発者はこうしたコードを書いてしまいがちです。このコードはまだ並列で処理を行っていないだけましといえるかもしれませんが、もし書籍のデータが100万件に満たなかったとしても、ループを終了することなくひたすらにアクセスを繰り返しそうです。

　このようにプログラムで簡単にアクセスできるものであるからこそ、高負荷のアクセスを受ける可能性が高くなっているのです。もちろん、APIはたくさん使ってもらいたいからこそ公開するものであるので、多くのユーザーが利用し始めた結果、負荷が上がるのは望ましい状態である場合が多いでしょう。この場合は通常のウェブアプリケーションと同様にサービス自体をスケールさせていくのが正しい方法です。そしてそのための手法は通常のウェブアプリケーションと基本的には変わりません。なおウェブサイトのスケールに関しては、本書の範囲を超えますのでここではあまり詳しく触れませんが、スケーラビリティをきちんと担保したサービス構築については、書籍やウェブサイトなどさまざまな情報がありますので、そちらを参照してください。

6.6.1　ユーザーごとのアクセスを制限する

　一度に大量のアクセスがやってきてしまう問題を解決するための最も現実的な方法は、ユーザー

ごとのアクセス数を制限することです。つまり単位時間あたりの最大アクセス回数（レートリミット）を決め、それ以上のアクセスがあった場合にエラーを返すようにします。たとえば1分間に60回をアクセスの上限とした場合、1分間の間に61回以上のアクセスがあった場合はエラーを返し、また1分が経過したらアクセスができるようになるといった具合です。

こうしたレートリミットを行うにあたっては、以下のようなことを決める必要があります。

- 何を使ってユーザーを識別するか
- リミット値をいくつにするか
- どういう単位でリミット値を設定するか
- リミットのリセットをどういうタイミングで行うか

これらの値はAPIによって非常にさまざまなので、まずはさまざまな現在公開されているAPIの仕様を見てみることにしましょう（表6-2）。

表6-2 アクセス回数上限の公開されているAPIの仕様の例

サービス	制限の単位	単位時間	アクセス回数上限
Twitter (https://dev.twitter.com/docs/rate-limiting/1.1)	ユーザー/アプリケーション	15分	15回/180回
GitHub (https://developer.github.com/v3/#rate-limiting)	ユーザー/IP	1時間	5000回/60回
Instagram (http://instagram.com/developer/endpoints/)	ユーザー/アプリケーション	1時間	5000回
Pocket (http://getpocket.com/developer/docs/rate-limits)	ユーザー/アプリケーション	1時間	320回/10000回
HipChat (https://www.hipchat.com/docs/api/rate_limiting)	ユーザー	5分	100回
Zendesk (http://developer.zendesk.com/documentation/rest_api/introduction.html#rate-limiting)	アプリケーション	1分	200回
Yammer (https://developer.yammer.com/restapi/)	ユーザー/アプリケーション	10秒/30秒	10回/10回
Etsy (http://www.etsy.com/developers/documentation/getting_started/api_basics)	-	24時間	10000回
LinkedIn (https://developer.linkedin.com/documents/throttle-limits)	ユーザー/アプリケーション	1日	ユーザー20回~1000回/アプリケーション10万

表6-2に示した上限回数は、各サービスの代表的な値です。多くのサービスではAPIエンドポ

イントによってその値や単位が異なるように設定されているケースもあり、その場合は複数の上限数が記載されています。たとえばTwitter[†8]では、ツイートの検索（`search/tweet`）は15分に180回ですが、ダイレクトメッセージの取得（`direct_messages`）は15分に15回です。ZendeskのAPIでは1分間に200回のアクセスが許可されていますが、エンドポイントによっては10分間に15回（チケットの更新）などより少ない制限があるものもあります。

6.6.2　レートリミットの単位

　ではレートリミットの単位はどのように設計すればよいでしょうか。種々のAPIの例を見ていくと、制限値は想定されるユースケースによって調整が加えられていることがわかります。たとえば頻繁に情報が更新されるデータに対する参照系のAPIであれば、高頻度で最新の情報を取得したいはずですからAPIアクセスはかなり頻繁に行いたいでしょう。その場合はたとえば1時間に10回しかアクセスできないなど制限がきつすぎれば、そのAPIを利用してもアプリケーション、サービスに付加価値を与えることができず、APIを利用してくれる人はなかなか増えていかないでしょう。

　こうしたレートリミットを設ける理由はそもそも、短期間に大量のアクセスが行われることで負荷が増大し、サービスの継続が難しくなってしまうケースを想定してのことです。その中で正しくAPIを利用してくれる利用者が不便を感じてしまうと、せっかくAPIを提供する意味がなくなってしまいますから、あなたの提供するAPIがどのようなケースで利用されるのかをできるかぎり考えた上で、決める必要があります。

　続いてレートリミットの単位時間についてですが、サービスによってはアクセス回数を定義するための時間単位（ウィンドウ）が1日だったりしますが、多くのAPIではこれは長すぎるかもしれません。なぜなら一度アクセス頻度を間違えてアクセス制限に引っかかってしまったら、長ければ24時間近くアクセスできない状態が続いてしまうからです。Twitterのように15分、という短い枠であれば、一度アクセスが不能になってしまっても、15分まてば解除されますから、待ち時間は短くてすみます。実際の単位時間の適切な設定も、APIの内容によってももちろん変わってきますが、現在公開されているAPIを見ると1時間くらいが多いようです。

　Etsyは"progressive rate limit"という考え方を導入しており、アクセス数上限は24時間で1万回となっていますが、実際には12個の2時間単位のブロックでアクセス数を管理しており、過去12ブロック分のアクセス数の合算値をアクセス数上限としています。したがって、たとえアクセス数上限に達したとしても、最大2時間待てば一番前のブロックでのアクセス数がリセットされるので、再度アクセスができるのです。

　さらにすべてのエンドポイントをまとめてのアクセス回数の上限を設けるのか、個々のエンドポイントで別々の上限を管理するのか、ということも考えなければなりません。Twitterのように非常に細かくエンドポイントごとにリミットを制限することも可能ですが、細かく管理すればするほど、アクセス回数の記録をサーバ側で多くの情報を管理しなければなりません。

　すべてのAPIを別々に管理するのは粒度が細かすぎる気がしますが、かといってTwitterにお

[†8]　https://dev.twitter.com/docs/rate-limiting/1.1/limits

けるタイムラインのような頻繁に更新されて更新を繰り返したい API と、ダイレクトメッセージの送信のようなそう高い頻度で行われる必要がない（そしてあまりたくさんの頻度で使われると SPAM 送信のような悪用のおそれの高い）API をひとくくりに回数制限をするのもユーザーにとって利便性が下がるという場合には、たとえば API をいくつかのグループに分け、そのグループごとに上限を設定する、といったことができるでしょう。

　もう一点、アクセス回数を制限する期間の開始時間をたとえば毎時 0 分のように決まった時間とするか、最初に API にアクセスをしたタイミングとするかというのも API によって異なります。最初に API にアクセスしたタイミングをカウントの開始時点として一定時間が経つとカウンタがリセットされるようなやり方は、Apigee では"rolling window"と呼んだりしています。

アクセス制限の緩和

たとえ十分だと思われるアクセス上限を設定してあっても、一部の大規模なアプリケーションはその制限に引っかかってしまうかもしれません。そしてその大規模なアプリケーションは、あなたのサービスに大きな収益をもたらしてくれている優良な顧客の 1 つかもしれません。もし彼らがアクセス制限に引っかかるという理由であなたのサービスの利用をやめてしまい、他の競合サービスに移行してしまうようなことがあれば、非常に残念なことです。そこで API の制限を設定するにあたってよく行われる手法は、特定のアプリケーションや開発者に対してだけは制限の値を緩和するというものです。API のアクセス制限に関するドキュメントを読むと、もしこれ以上のアクセスが必要なら連絡をくれ、と書いてあるケースをよく見かけます。

また無料枠を超えるアクセスを行いたい場合はお金を払う、というシステムも一般的です。こちらはいわゆる ASP 的なサービスのケースになります。金銭によるアクセス枠を設定するかどうかは、API の提供側と提供される側双方のメリットのバランスによって決まるでしょう。API で提供するのが提供される側が多くメリットを享受する「機能」であるなら、金銭によるアクセス枠の提供が検討できますし、EC サイトや SNS のようにアクセスが増えることによって API 提供側も大きくメリットを受ける場合は、無料での増枠も検討範囲に入るでしょう。

ユーザー単位でのレートリミットの調整が想定される場合は、裏側のシステム的にも、レートリミットをユーザー単位である程度調整可能な仕組みを構築しておくとよいかもしれません。

6.6.3　制限値を超えてしまった場合の対応

制限値を超えてしまった場合、どういうレスポンスを返せばよいでしょうか。そのときに返すべきステータスコードが、HTTPには用意されています。"429 Too Many Requests"というのがそれです。

ステータスコード429は2012年4月に発行されたRFC 6585で定義された、かなり新しいステータスコードで、一定期間内に特定のユーザーが多すぎるリクエストを送ってしまった場合に返されるエラーです。

RFCの中でこのステータスコードについては以下のように書かれています。

- エラーの詳細をレスポンスに含めるべきである（SHOULD）
- Retry-Afterヘッダを使って次のリクエストをするまでにどれくらい待てばよいかを指定してもよい（MAY）

RFCには以下のようなサンプルが掲載されています。

```
HTTP/1.1 429 Too Many Requests
Content-Type: text/html
Retry-After: 3600

<html>
   <head>
      <title>Too Many Requests</title>
   </head>
   <body>
      <h1>Too Many Requests</h1>
      <p>I only allow 50 requests per hour to this Web site per
         logged in user.  Try again soon.</p>
   </body>
</html>
```

ここで注目すべきはRetry-Afterヘッダで、これくらい待ってからもう一度アクセスをしてね、ということを表しています。これはMAYと書かれているので送っても送らなくてもよいのですが送ってあげたほうが親切ですし、アクセスが拒否される時間内に何度もアクセスを送られるのはあまりAPI提供側としても好ましくないので、送るようにしましょう。

なおRetry-Afterヘッダは429専用のヘッダではなく、503（Service Unavailable）や300番台のリダイレクトの際に送られるためにHTTP 1.1を定めたRFC 7231で定義済みのヘッダです。上記の例では秒数を指定していますが、秒数以外にも具体的な日付を入れることもできるようになっています。

```
Retry-After: Fri, 31 Dec 1999 23:59:59 GMT
Retry-After: 120
```

またこの例ではHTMLを返していますが、Web APIですからJSON（やXMLなどクライアントの要求に応じて）を返したほうがよいでしょう。他のエラーの形式と合わせたものにすれば大丈夫です。TwitterではWeb APIですから以下のようなJSONが返ります。

```
{
  "errors": [
    {
      "code": 88,
      "message": "Rate limit exceeded"
    }
  ]
}
```

なおRFC 6585には、このステータスコード429において、ユーザーをどのように特定するか、およびどのようにリクエストを数えるかは定義しないと明記されています。これはつまり、アクセス数をリクエスト全体で数えても、特定のリソースごとに数えても、ユーザーをセッションIDで特定しても、IPアドレスで特定しても、それは自由であることを意味しています。すでに紹介したように、どのように制限をかけるかはいろいろな考え方がありますし、APIの種類や対象ユーザーによっても異なるでしょう。しかしこの定義が意味するところは、たとえどんな制限をどういう単位で行ったとしても、ステータスコード429が利用可能であることを意味しています。

6.6.3.1　429以外のステータスコードが使われている例

APIによってはレートリミットに429以外が使われています。というより、現在のところ429を使っている例はまだ少なく、それ以外のステータスコードのほうが多いのが現状です。いくつかその例を見てみましょう（**表6-3**）。

表6-3　429以外のステータスコードが使われている例

サービス名	ステータスコード
Twitter	429
GitHub	403
Instagram	503
Pocket	403
Heroku	429
HipChat	403
Altmeric	420
OpenStack	413
Tradevine	429
ZenCoder	403

表6-3　429以外のステータスコードが使われている例（続き）

サービス名	ステータスコード
Zendesk	429
楽天	429
Yammer	429

　429というステータスコードがまだ普及していないのは、429というステータスコードが定義されたのが2012年とまだ新しく、あまり知られていないのが理由でしょう。しかし今後APIを設計、公開するのであれば429を使うべきです。なぜなら429は明らかにこうしたレートリミットの際のエラーを目的として定義されており、上記のそれ以外のコードは目的がやや異なるからです。

　一番多いのは403は"Forbidden"であり、RFC 7231を参照すると「サーバはリクエストを理解したが実行を拒否した」と書かれていて、まあこれは間違ってはいないような気がしますが、定義にはさらに「このリクエストは繰り返すべきではない」という意味を表すと書かれています。たしかにリミットに達している以上リクエストを繰り返すべきではありませんが、一定時間経ったら解除される、というニュアンスはないのでやや微妙です。

　続いて413ですがこれもサーバがリクエストを拒否したことを表しますが、意味としては"Request Entity Too Large"であり、これはリクエストそのものが大きすぎたときに使うものであり、回数を意味していないのでふさわしくありません。

　503は"Service Unavailable"でありサーバが今使えないよ、ということを表しますが、500番台はサーバ側の原因でリクエストが処理できなかったことを表すものであり、503もメンテナンスやその他の理由でサーバが停止しているような場合に使うものですから、クライアントのアクセスしすぎによる拒否はちょっと意味合いが違います。

　そして420を使っているサービスがいくつかあります。上記の例では1つしかあげていませんが、実際にはappfigures[†9]、Podio[†10]など他にも存在します。これはかつてTwitterがAPIバージョン1.0[†11]がレートリミットに達した際に420を返しており、それにならったためと思われます。Twitterが420を選択した理由は不明ですが、420は現在は意味が割り当てられておらず（過去には何度か暫定的な定義が与えられたことがあります）、将来このステータスコードがどういう目的で使われるようになるかは不明なため、これを使うべきではありません。

6.6.4　レートリミットをユーザーに伝える

　レートリミットを行った場合は、現在のリミットアクセス数やどれくらいすでにアクセスしているのか、それがリセットされるのはいつかといった情報をユーザーに知らせてあげたほうが親切です。というよりも、もしリミットや解除時期を知らせなかった場合、ユーザーは解除されたかどうかを知るために何度もAPI自身にアクセスをしてしまったりするかもしれません。そうなってし

[†9] http://docs.appfigures.com/api/rate-limits
[†10] https://developers.podio.com/index/limits
[†11] https://dev.twitter.com/docs/error-codes-responses（現在はすでに公開されていません）

まうと、たとえ429を返す場合の処理の負荷が実際のDBへのアクセスなどに比べて低いとはいえ、サーバのリソースに多少なりとも影響を与えてしまいますし、あまり双方幸せな感じがしないので、きちんとレートリミットに関する情報をユーザーが取得し、アクセス頻度の調整に利用できるようにするのがよいでしょう。

レートリミットを利用者が取得可能にしておくと、自律的にアクセス量を調整するクライアントを書くことが可能になります。たとえば1時間に60回アクセス可能なAPIが公開されていて、そのAPIに定期的にアクセスしているクライアントがあったとします。もしそのAPIであと何回アクセスが可能か、利用回数がリセットされる時間はいつかが常にわかるようになっていれば、残り回数に合わせて均等な間隔でアクセスできるように、クライアント側で計算をしながらアクセス間隔を調整することができるわけです。

レートリミットをユーザーに知らせる方法はいくつかあります。なお、最も簡単な方法として「ドキュメントにアクセス可能な回数を書いておくだけ」というのがあります。しかしドキュメントにレートを書くのは当然必要ではありますが、それだけでは不十分です。なぜならただ回数が書いてあるだけでは、その回数以下になるようにアクセス回数を数え、管理する責任はすべて利用者側に委ねられてしまうからです。もちろんどんな方法で利用者にレートリミットを伝えても、結局アクセス回数を制御するのはユーザーですし、どんなに対応をとっても制限回数以上のアクセスをしてくるユーザーはいるものです。しかしユーザー個々人にその管理を回数のカウントまで任せてしまった場合、対応をとるためのユーザーの手間が余計にかかってしまう分、きちんと対応をとってくれる可能性が下がってしまいます。

またユーザーによって制限回数が変化する場合も、ドキュメントに書いておくだけでは厄介です。ユーザーの料金プランや、そのユーザーがあなたのサービスへもたらしてくれる価値などの貢献度によって制限回数が変化する場合、ユーザーは自分自身の回数制限がいったい実際にはどの値なのかを知るのが難しくなってしまうからです。

そこでもう少し進んだ方法として、API利用者向けのダッシュボードの中で、利用回数や制限を表示するという方法があります。GoogleのAPI Consoleなどがこれを行っています（図6-10）。

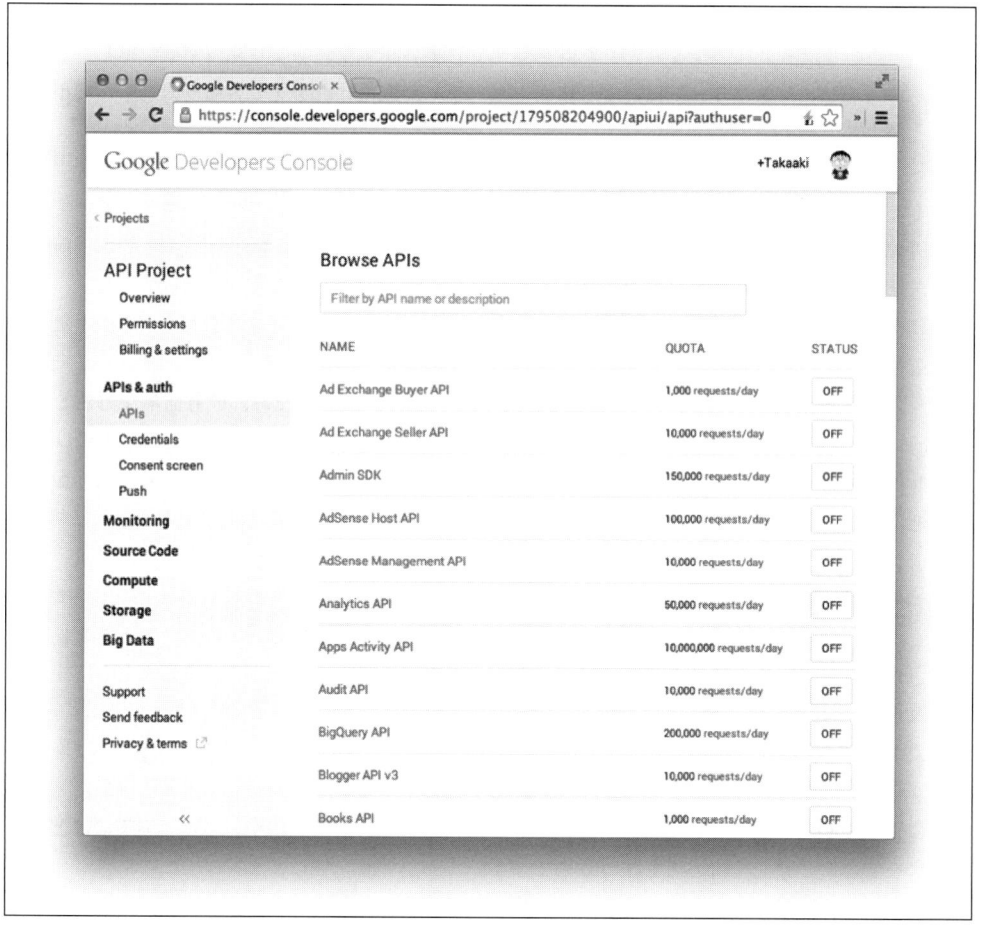

図6-10　GoogleのAPI Console

　これはレートリミットを知る専用のエンドポイントです。個々にアクセスすると、たとえば以下のようなJSONデータが返ってきます。

```
{
  "rate_limit_context": {
    "access_token": " … "
  },
  "resources": {
    "help": {
      "/help/privacy": {
        "remaining": 15,
        "reset": 1346439527,
        "limit": 15
      },
```

```
      "/help/configuration": {
        "remaining": 15,
        "reset": 1346439527,
        "limit": 15
      },
  :
  :
    "search": {
      "/search/tweets": {
        "remaining": 180,
        "reset": 1346439527,
        "limit": 180
      }
    }
  }
}
```

Twitterはエンドポイントごとにレートリミットが設定されているので、エンドポイントごとそれぞれの結果が返ります。それぞれのキーの意味は`limit`が一定期間（ウィンドウ）でのアクセス可能回数、`remaining`が残りアクセス可能回数、`reset`が回数がリセットされる時間がUnix時間（エポック秒）で入っています。

またTwitterでは`resources`というクエリパラメータを付けることで、特定のリソースファミリだけ（`help`、`search`といった）のレートリミットを知ることも可能です。

```
https://api.twitter.com/1.1/application/rate_limit_status.json?resources=search
```

ちなみにこのエンドポイント自体にもレートリミットが存在しており、15分間に180回となっています。

GitHubにもレートリミットのAPIが存在しています。

```
https://api.github.com/rate_limit
```

こちらは以下のようなデータが返ります。

```
{
  "resources": {
    "core": {
      "limit": 60,
      "remaining": 60,
      "reset": 1383704430
    },
    "search": {
      "limit": 5,
      "remaining": 5,
```

```
      "reset": 1383700890
    }
  },
  "rate": {
    "limit": 60,
    "remaining": 60,
    "reset": 1383704430
  }
}
```

GitHubの場合APIは`core`と`search`という2つのAPIの種類に分けられており、別々のリミットが設定されています。`rate`という項目は古いAPIとの互換性のために用意されたもので、次のバージョンでは削除されるとのことです。

6.6.4.1　HTTPのレスポンスでレートリミットを渡す

レートリミットをHTTPのレスポンスに含める方法というのは、毎回のAPIアクセスの際にAPIの残りアクセス可能回数などをレスポンスに含めてクライアントに返す方法です。レスポンスに含める方法としては、ヘッダに入れる方法とボディのJSONやXMLの一部として返す方法がありますが、今デファクトスタンダードとなっているのは、表6-4のようなヘッダに格納する方法です。

表6-4　レスポンスをヘッダに含めるデファクトスタンダード

ヘッダ名	説明
`X-RateLimit-Limit`	単位時間あたりのアクセス上限
`X-RateLimit-Remaining`	アクセスできる残り回数
`X-RateLimit-Reset`	アクセス数がリセットされるタイミング

このヘッダはTwitter、GitHub、Foursquareなど多くのAPIで実装されています。ちなみにこの名前は、きちんと定義されたものではなく、あくまでデファクトスタンダードです。したがってこれとまったく違った名前のケースもありますし、似ているけどちょっと違う名前で利用されているケースもあります（表6-5）。

表6-5　レスポンスをヘッダに含める別名のケース

サービス名	ヘッダ名
Vimeo	`X-RateLimit-HourLimit`、`X-RateLimit-MinuteLimit`
ZenCoder	`X-Zencoder-Rate-Remaining`
Heroku	`RateLimit-Remaining`
Imgur	`X-RateLimit-UserLimit`、`X-RateLimit-ClientLimit`

6.6 大量アクセスへの対策

表6-5　レスポンスをヘッダに含める別名のケース（続き）

サービス名	ヘッダ名
Altmetric	`X-HourlyRateLimit-Limit`、`X-DailyRateLimit-Limit`
Pocket	`X-Limit-User-Limit`
Etsy	`X-RateLimit-Limit`、`X-RateLimit-Remaining`

とはいえ、本書におけるAPI設計の原則はデファクトスタンダードには従うことですから、これからAPIを設計するのであれば、X-RateLimit-Limitという命名がよいでしょう。またImgurやAltmetricのように、レートリミットが複数の単位で設定されている場合は、単位をヘッダ名に入れるのもよさそうです。

またこれら3つのヘッダのうちいくつかだけを返しているサービスも多くあります。そしてappfigures[†12]はアクセスできる残り回数ではなく、これまでアクセスした回数を`X-Request-Usage`というヘッダで返しています。

ここで`X-RateLimit-Limit`と`X-Rate-LimitRemaining`はどちらも数値が入ります。たとえば現在の枠（Window）での最大アクセス回数が100回、すでに40回アクセスしていて残りが60回なら`X-Rate-Limit-Limit`と`X-Rate-Limit-Remaining`はそれぞれ100と60が入るわけです。

`X-Rate-Limit-Reset`に関しては議論の余地が残されています。と言うのはこのヘッダのデータ形式に関して、リセットされるタイミングまでの秒数と、リセットされる時間を表すUnixタイムスタンプ（エポック秒）を使うという2つの流儀があるからです。

実際にTwitter、GitHub、Foursquareで使われているのはUnixタイムスタンプです。Pocketなどリセットされるまでの秒数を入れているケースもあります（表6-6）。

表6-6　Unixタイムスタンプ（エポック秒）を利用するケース

サービス名	ヘッダ名	内容
Twitter	`X-Rate-Limit-Reset`	リセットされるUnix時間
GitHub	`X-Rate-Limit-Reset`	リセットされるUnix時間
Pocket	`X-Limit-User-Reset`、`X-Limit-Key-Reset`	リセットされるまでの秒数

しかしHTTPヘッダにUnixタイムスタンプを入れるのは、実は問題があるのです。というのは、RFC 7231のHTTP 1.1の仕様によればヘッダに入れてよい時間の形式は以下の3種類に限定されているからです（表6-7）。

表6-7　RFC 7231のHTTP 1.1の仕様

形式名	例
RFC 822（RFC 6854で修正）	Sun, 06 Nov 1994 08:49:37 GMT

[†12] http://docs.appfigures.com/api/rate-limits

表6-7　RFC 7231のHTTP 1.1の仕様（続き）

形式名	例
RFC 850（RFC 1036で廃止）	Sunday, 06-Nov-94 08:49:37 GMT
ANSI Cの`asctime()`形式	Sun Nov 6 08:49:37 1994

　HTTP 1.1ではこれ以外の時間の形式としてデルタ秒、すなわちメッセージを受け取ってからの秒数を表す整数値もOKということになっています。リセットされるタイミングまでの秒数はデルタ秒です。Unixタイムスタンプも整数値なのでそれっぽいのですがHTTPの定義によればデルタ秒は「メッセージを受け取ってからの秒数を表す」ので1970年1月1日からの秒数を表すUnixタイムスタンプは定義からは外れてしまいます。

レートリミットの実装

APIのレートリミットを実装するには、ユーザーやアプリケーションごとのAPIへのアクセス回数をカウントしておく必要があり、APIごとにカウントを用意するとAPIの数とユーザー数の掛け算分だけカウンタが必要になり、なかなか大変です。通常はRedisなどのKVSを使って記録をすることになるかと思います。ウェブ上ではKVSを使ってレートリミットを設定する方法もいろいろ公開されています（例：Pythonのウェブフレームワークである Flask での方法[†13]）。

一方近年増えているAPI公開をサポートしてくれるサービスの中には、レートリミットの調整を簡単に行うための機能を公開しているところもあります。たとえばApigee[†14]や3SCALE[†15]などがその機能を提供しています。

6.7　まとめ

- [Good] 個人情報など特定のユーザー以外に漏洩したくない情報がある場合はHTTPSを使う
- [Good] XSS、XSRFなど通常のウェブと同様のセキュリティだけでなくJSONハイジャックなどAPI特有の脆弱性に気を配る
- [Good] セキュリティ強化につながるHTTPヘッダをきちんと付ける
- [Good] レートリミットを設けることで一部のユーザーによる過度のアクセスによる負荷を防ぐ

[†13] http://flask.pocoo.org/snippets/70/
[†14] http://apigee.com/docs/api-platform/content/rate-limit-api-traffic-using-quota
[†15] http://www.3scale.net/api-management/api-rate-limiting-service-contracts/

付録A
Web APIを公開する際にできること

　Web APIを公開するにあたって、Web APIそのものを構築する以外に、そのAPIを利用する開発者がより楽に利用できるようにするために、やっておいたほうがよいことがいくつかあります。ここではそういった事柄を紹介します。

A.1　APIドキュメントの提供

　APIを構築する際に必ず考えなければならないのは、そのAPIの使い方を示したドキュメントを用意することです。ドキュメントがなくては、開発者はAPIへのアクセスの仕方がわかりません。もし同じチームでサーバとクライアントを書いており、クライアントのエンジニアがサーバのコードにアクセスできるのであれば、コードを読んで仕様を理解するという方法も考えられますが、第三者に公開するAPIではそういうわけにはいきません。したがってきちんとしたドキュメントを提供することは、公開したAPIを多くの人に利用してもらえるようになる第一歩といえます。

　ドキュメントを公開するにあたって注意すべきことは、APIのドキュメントをきちんと常に最新にしておくことです。これはWeb APIに限った話ではありませんが、開発の際にドキュメントの更新が後回しになった結果、実際のAPIとドキュメントの内容に差異が生じるといったことがないよう注意する必要があります。

　API Blueprint（http://apiblueprint.org/）というWeb APIのドキュメントを書くための記法も存在しています。これはMarkdown記法を使ってAPIの仕様を記述するものです。

```
# Gist Fox API Root [/]
Gist Fox API entry point.

This resource does not have any attributes. Instead it offers the initial API
affordances in the form of the HTTP Link header and HAL links.

## Retrieve Entry Point [GET]

+ Response 200 (application/hal+json)
```

```
+ Headers

    Link: <http:/api.gistfox.com/>;rel="self",<http:/api.gistfox.com/gists>;rel="gists"

+ Body

    {
        "_links": {
            "self": { "href": "/" },
            "gists": { "href": "/gists?{since}", "templated": true }
        }
    }
```

API Blueprintはオープンな仕様であるため、これを利用したサービスやツールもいくつも存在しています。たとえばRubyのテストフレームワークであるRSpecのスペックファイルからAPI Blueprintのテキストを出力してくれるRspec Api Blueprint（https://github.com/playround/rspec_api_blueprint）や、API Blueprintから整形したHTMLを生成してくれるiglo（https://github.com/subosito/iglo）、API Blueprintからモックサーバを立ててくれるAPI Mock（https://github.com/localmed/api-mock）などが公開されていますし、apiary（http://apiary.io/）というサービスは、Api Blueprintからのドキュメント生成やモックサーバ、サンプルコードの生成などをまとめて行ってくれます。

こうしたツールを利用することで、ドキュメントの公開を容易にすることができます。

A.2　サンドボックスAPIの提供

サンドボックスとは直訳すると砂場のことですが、ソフトウェア開発の世界では外部に影響を与えることがないテスト環境のことを意味します。Web APIの場合は、本当のデータと別に用意された、たとえ間違った操作をしても実際の影響の出ないデータにアクセスをする、異なるエンドポイントとして提供されるのが一般的です。サンドボックスAPIを提供することで、そのWeb APIを利用しようとする開発者が、本当のデータに影響を与える心配をすることなく、APIへの接続を試すことができるようになります。

サンドボックスAPIはすべてのAPIが提供しなくてはならないものではありません。しかし特に金銭の授受がからむAPI、たとえば決済処理を行うAPIや、そうでなくても何らかの支払いが付随して行われるAPI、あるいはAPIの利用に対して従量課金が行われるようなAPIでは、テスト中に間違って本当に金銭の授受が行われてしまったり、大きなコストが発生してしまうのは問題なので、サンドボックスAPIを用意したほうがユーザーにとっての利便性が上がり、利用のための敷居を下げることができます。

具体的な提供例としては、たとえば決済処理を行うPayPalや、クラウドソーシングサービスであるGengoなどがサンドボックスAPIを提供しています。

サンドボックスAPIのエンドポイントはサンドボックスから本番への移行がしやすいように、

本番のAPIとほぼ同じでホスト名だけを変えているケースが多くなります。

- 本番環境 —— `https://api.example.com/v1/users`
- サンドボックス環境 —— `https://api.sandbox.example.com/v1/users`

またサンドボックス環境でのテストがしやすいように、サンドボックス内のデータを調整できるようなウェブのインターフェイスを提供しているケースもあります。たとえばPayPalでは送金処理のテストなどがしやすいように、サンドボックス用のユーザー（通常サンドボックス環境は完全に独立した環境であるため、ユーザーなどもサンドボックス用に作る必要があります）の所持する金額は自由に増減させられるようになっています。このおかげで、たとえば送金額が足りなかった場合、大きな金額を送金しようとした場合など、さまざまなテストを行うことができるようになっているのです。

A.3　APIコンソール

APIコンソールというのは、ブラウザ上でAPIを実際に操作して試すことができるツールのことを言います。最も有名なものはFacebookが提供するGraph API Explorerでしょう（**図A-1**）。

Graph API Explorer
　　　`https://developers.facebook.com/tools/explorer/`

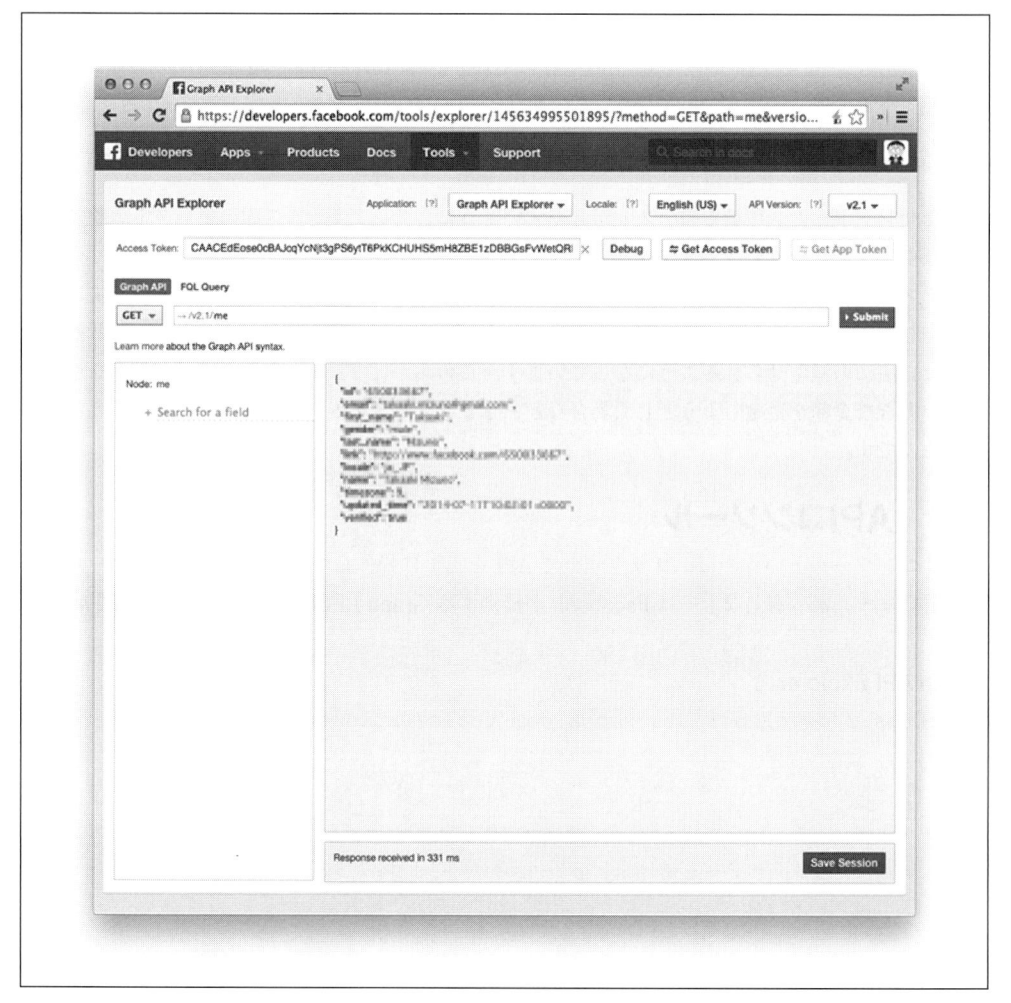

図A-1　FacebookのGraph API Explorer

　APIコンソールを提供すれば、APIを利用しようとする開発者はわざわざスクリプトなどを書かなくてもAPIを簡単に試すことができます。それによって、あなたの提供するAPIがどんなことができるかを確かめたり、開発中にアクセスするAPIが正しいかどうか、返ってくるデータがどのような構造になっているかをチェックしたりすることが簡単にできるようになり、開発効率を上げることができるのです。

　APIコンソールを自前で提供するのはなかなか面倒ですが、Apigee（https://apigee.com）などAPIコンソールを生成するサービスを利用すれば簡単に提供することができます。Apigeeのサイトに行くと、Apigeeで構築されたさまざまなAPIのコンソールの一覧を見ることができます（図A-2）。

Apigee API Providers

```
https://apigee.com/providers
```

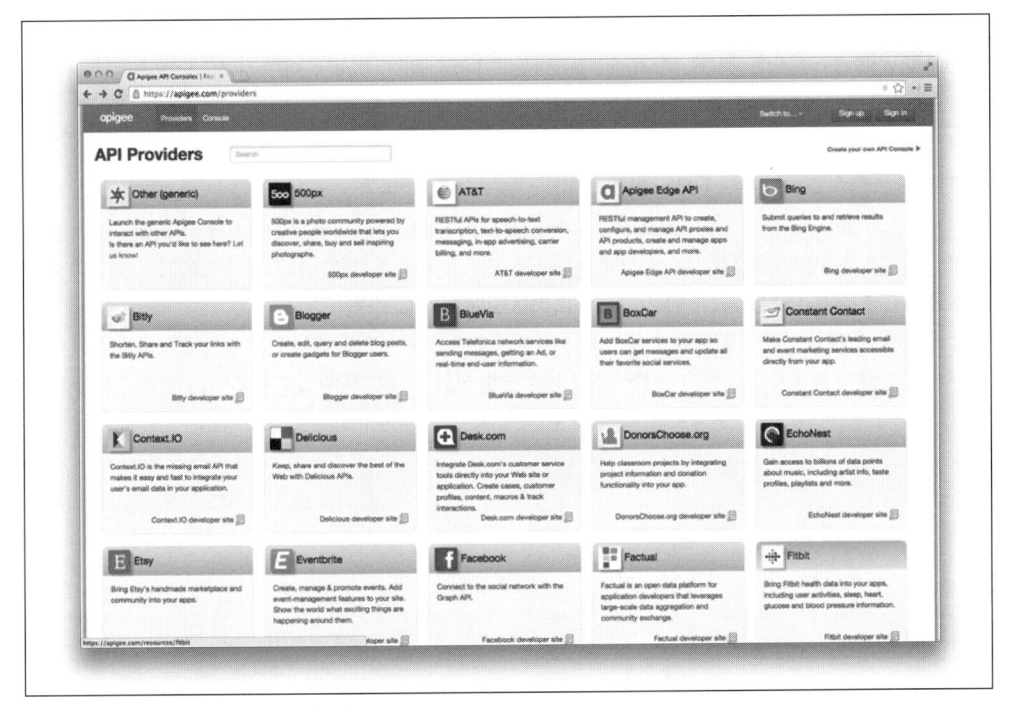

図A-2　Apigeeで構築されたさまざまなAPIコンソール

A.4　SDKの提供

　Web APIを単に公開した場合、利用する開発者はHTTPを利用してそのエンドポイントにアクセスする処理を自分で書くことになります。もちろんそうした処理を書くことが誰でも簡単にできるようHTTPを利用しているので、APIにアクセスする処理を開発者各々に書いてもらうことは大きな問題ではありません。しかし多くの場合、APIのクライアントの基本的な処理は、誰が書いても同じようなコードになります。そうしたコードをもしあなたの側で用意してしまえば、開発者はより簡単にあなたのAPIにアクセスできるはずです。

　APIにアクセスするクライアントはさまざまな言語で実装されていますから、SDKを提供する場合には、どの言語向けのSDKを考えなければなりません。どの言語でSDKを提供するのかは、そのAPIによってさまざまですが、Web APIである性格上、ウェブ開発でよく使われるスクリプト言語が多く見られます（**表A-1**）。またiOSやAndroidなどのスマートフォン向けのSDKも多く存在しています。

表A-1　各種APIで提供されるSDKの言語

サービス名	言語
Facebook	iOS、Android、JavaScript、PHP、Unity
Twitter	Java
Amazon AWS	iOS、Android、JavaScript、Java、.NET、Node、PHP、Python、Ruby
楽天	PHP、Ruby

　SDKを公開するデメリットは、更新の頻度が高いAPIの場合、メンテナンスのコストがどんどん増えてしまうことです。特に複数の言語のSDKを公開している場合、それぞれをきちんとアップデートする必要がありますし、クライアントのアップデートが間に合わないために、APIの更新が遅れてしまうことがあるとしたら、それは大きな問題でしょう。

　そのためSDKを公開していないサービスも多くありますし、公式に提供はしないものの、サードパーティ製のクライアントコードへのリンク一覧を代わりに公開しているAPIも多く見かけます。

付録B
Web APIチェックリスト

最後に本書の内容を簡単に確認するためのチェックリストを用意しました。Web API開発時のチェックにお役立てください。

- ☐ URIが短く入力しやすくなっているか
- ☐ URIが人間が読んで理解できるようになっているか
- ☐ URIが小文字のみで構成されているか
- ☐ URIが改造しやすくなっているか
- ☐ URIにサーバ側のアーキテクチャが反映されていないか
- ☐ URIのルールは統一されているか
- ☐ 適切なHTTPメソッドを利用しているか
- ☐ URIで利用する単語は多くのAPIで同じ意味に利用されているものを選んでいるか
- ☐ URIで使われている名詞は複数形になっているか
- ☐ URI中にスペースやエンコードを必要とする文字が入っていないか
- ☐ URI中の単語はハイフンでつないでいるか
- ☐ ページネーションは適切に設計されているか
- ☐ ログインにはOAuth 2.0を利用しているか
- ☐ レスポンスのデータ形式はJSONがデフォルトになっているか
- ☐ データ形式の指定にはクエリパラメータを使う方法をサポートしているか
- ☐ 不要なJSONPに対応していないか
- ☐ レスポンスのデータ内容はクライアントから指定できるようになっているか
- ☐ レスポンスデータに不要なエンベロープが入っていないか
- ☐ レスポンスデータの構造は可能なかぎりフラットになっているか
- ☐ レスポンスデータが配列ではなくオブジェクトになっているか
- ☐ レスポンスのデータ名として多くのAPIで同じ意味に利用されている一般的な単語を選んでいるか

- ❏ レスポンスのデータ名はなるべく少ない単語数で表現しているか
- ❏ レスポンスのデータ名として複数の単語を連結する場合、その連結方法はAPI全体を通して統一してあるか
- ❏ レスポンスのデータ名として変な省略形を使用していないか
- ❏ レスポンスのデータ名の単数形／複数形はデータの内容と合っているか
- ❏ エラー時のレスポンスはクライアントが原因を切り分けられるような情報を含んでいるか
- ❏ エラーの際にHTMLが返っていないか
- ❏ 適切なステータスコードが返るようになっているか
- ❏ メンテナンス時には503を返すようになっているか
- ❏ 適切なメディアタイプを返しているか
- ❏ 必要な場合はCORSに対応しているか
- ❏ クライアントが適切にキャッシュを行えるように`Cache-Control`、`ETag`、`Last-Modified`、`Vary`などのレスポンスヘッダを返しているか
- ❏ キャッシュをさせたくないデータには`Cache-Control: no-cache`が付けられているか
- ❏ APIはバージョンで管理されているか
- ❏ APIのバージョンはセマンティックバージョニングに沿ったものになっているか
- ❏ メジャーバージョン番号がURIに入っており、ひと目でわかるようになっているか
- ❏ APIの提供を終了する際のことを考慮に入れているか
- ❏ APIの最低提供期間をドキュメントに明記しているか
- ❏ HTTPSでAPIを提供しているか
- ❏ JSONのエスケープをきちんと行っているか
- ❏ JSONは`X-Requested-With`ヘッダを認識するなど、`SCRIPT`要素では読み込めないようになっているか
- ❏ ブラウザからアクセスさせるAPIではXSRFトークンを利用しているか
- ❏ APIが受け取るパラメータはきちんと不正値（マイナスの値など）をチェックしているか
- ❏ リクエストが再送信されてもデータを再度更新してしまわないようになっているか
- ❏ レスポンスにセキュリティ対策用の各種ヘッダをきちんと付けているか
- ❏ レートリミットによる制限を行っているか
- ❏ レートリミットの制限回数は想定されるユースケースに対して少なすぎないか

索引

記号・数字

_method パラメータ ... 33
3SCALE ... 196
3scale ... 7

A

Accept-Charset ヘッダ ... 130
Accept-Control-Allow-Credentials ヘッダ ... 133
Accept-Language ヘッダ ... 119, 130
Accept ヘッダ ... 68, 109, 130
Access-Control-Allow-Headers ヘッダ ... 133
Access-Control-Allow-Methods ヘッダ ... 133
Access-Control-Allow-Origin ヘッダ ... 131
Access-Control-Max-Age ヘッダ ... 133
AFNetworking ... 123
AJAX ... 9
Apache HttpComponents HttpClient/HttpAsyncClient ... 161
API Blueprint ... 197
API Console ... 191
API Mock ... 198
apiary ... 198
ApiAxle ... 7
Apigee ... 7, 196, 200
API エコノミー ... 7
API コンソール ... 199
Application-only authentication ... 56
application/javascript ... 73
application/json ... 73
application/x-www-form-urlencoded ... 33, 129
Authentication ヘッダ ... 133
Authorization Code ... 55

AWS（Amazon Web Service）... 3

B

BaaS（Backend as a Service）... 4
Blackout Test ... 149

C

Cache-Control ヘッダ ... 113, 118, 120
Certificate and Public Key Pinning ... 162
Chatty API（おしゃべりな API）... 76
Client Credentials ... 55
Content Sniffering ... 124, 128, 165, 178
Content-Security-Policy ヘッダ ... 180
Content-Type ヘッダ ... 62, 122
CORS（Cross-Origin Resource Sharing）... 131

D

DaaS（Data Storage as a Service）... 4
Date ヘッダ ... 113
DELETE メソッド ... 32
DoS 攻撃 ... 184

E

ETag ヘッダ ... 116
ettercap ... 161
Expiration Model ... 112
Expires ヘッダ ... 113

F

FireSheep ... 159
Flask ... 196

G

GET メソッド 30
Grant Type 51, 55
Graph API Explorer 199

H

Hackable な URI 26, 174
HAL 63
HATEOAS（hypermedia as the engine of application state）.. 27, 60
Heartbleed 160
Heuristic Expiration 117
HPKP（HTTP-based public key pinning）...........181
HSTS（HTTP Strict Transport Security）...... 160, 180
HTTP 101
HTTPS（HTTP Secure）.......................................159
HTTP 時間 114
HTTP メソッド 29

I

IaaS（Infrastructure as a Service）............................4
IANA（Internet Assigned Numbers Authority）.................125
If-Modified-Since ヘッダ 116
If-None-Match ヘッダ 116
iglo 198
Implicit 55
import.io 12
ISO 3166 23

J

JSON 16, 65
JSON over HTTP..3
JSON Style Guide 80
JSON with padding 69
JSONP 69, 74
JSON インジェクション 83
JSON ハイジャック 169

K

kimono 12

L

Last-Modified ヘッダ 116
Location ヘッダ 106

M

LSUDs 17, 138

Mashery...7
MD5..117
MessagePack...67
MIME（Multipurpose Internet Mail Extensions）タイプ 122
MTM（man-in-the-middle attack）.....................161
MurmurHash3...117

O

OAuth 2.0..49
one-size-fits-all アプローチ 153
OpenSSL..160
OPTION メソッド 132
OSFA アプローチ 153
OWASP（Open Web Application Security Project）...........162

P

PATCH メソッド 32
PHPserialize 66
PivotalTracker 6
Pocket..5
POST メソッド 30
Product Advertising API 78, 145
ProgrammableWeb 8
progressive rate limit..186
Public-Key-Pins ヘッダ 181
PUT メソッド 31

R

Registration tree...126
Resource Owner Password Credentials 52, 55
REST..3, 17
REST LEVEL3 API..60
Retry-After ヘッダ 98, 188
RFC（Request for Comments）..........................101
RFC 1123...114
RFC 2616...114
RFC 3339...90
RFC 5861...120
RFC 6585...110, 188
RFC 6749...51
RFC 6838...126

索引

RFC 7230	101, 134
rolling window	187
Rspec Api Blueprint	198
RSS リーダー	6

S

Same Origin Policy	130
Server Driven Content Negotiation	118, 129
Set-Cookie ヘッダ	181
SHA1	117
SOAP	3
SPKI（Subject Public Key Info）	181
Spreadsheets API	147
SSKDs	17, 59, 139
stale-if-error	120
stale-while-revalidate	120
Strict-Transport-Security ヘッダ	180

T

TLS	159
Twilio	4

U

Unix タイムスタンプ	91, 195
UTC	90
UTF-7	167

V

Validation Model	112, 115
Vary ヘッダ	118, 119, 130

W

W3C-DTF	90
W3C 日付形式	90
Web API	17
withCredentials	133

X

X-Content-Type-Options ヘッダ	73, 178
X-Frame-Options ヘッダ	179
X-HTTP-Method-Override ヘッダ	32
X-RateLimit-Limit ヘッダ	194
X-RateLimit-Remaining ヘッダ	194
X-RateLimit-Reset ヘッダ	194
X-Requested-With ヘッダ	165
X-XSS-Protection ヘッダ	179
X- ヘッダ	134
XDomainRequest	131
XML	65
XML over HTTP	3
XML-RPC	3
XMLHttpRequest	67
XSRF（Cross Site Request Forgery）	167
XSRF トークン	168
XSS	163

Y

YouTube Data API	147

あ行

アクセストークン	55
アプリ内課金	176
安全性	157
安定性	157
ウィジェット	8
ウェブスクレイピング	12
エイリアス	56, 148
エスケープ	165
エラー	93
エンティティタグ	116
エンドポイント	29, 34
エンベロープ	78, 101
オーケストレーション層	153
おしゃべりな API（Chatty API）	76

か行

拡張子	68
期限切れモデル	112
キャッシュ	110
キャメルケース	41, 86
協定世界時	90
クエリパラメータ	42, 68
クライアント認証（Client Authentication）	53
クリックジャッキング	179
クロスオリジンリソース共有	131
クロスサイトリクエストフォージェリ（XSRF）	167
クロスドメイン	9
検証モデル	112, 115

後方互換性 148
コモンネームの検証 161

さ行

サードパーティ JavaScript 9
サーバ駆動型コンテントネゴシエーション 118, 129
サンドボックス API 198
従属（subordinate） 31
消耗型（Consumable） 176
シリアライズ 66
ステータスコード 93, 102
スネークケース 41, 86
スパイナルケース 41, 86
セキュリティ 158
セッションハイジャック 161
接頭辞（faceted name） 126
セマンティックバージョニング 143

た行

チェインケース 41
中間者攻撃（MTM） 161
同一生成元ポリシー 70, 130
登録ツリー 126

な行

認可（authorization） 49
認証局 162

は行

パーセントエンコーディング 40
パーソナルツリー 126
パケットスニッフィング 159
発見的期限切れ 117
ハッシュ関数 117
パッチバージョン 143
非消耗型（Non-Consumable） 176
品質値 129
フォームデータ 129
プリフライトリクエスト 132
プロキシサーバ 111
ページネーション（pagination） 43, 84
ペンダツリー 126

ま行

マイナーバージョン 143
メジャーバージョン 143
メディアタイプ 62, 122

ら行

リクエストヘッダ 68, 101
リクエストボディ 101
リバースプロキシ 112
リモートノーティフィケーション 105
レートリミット 110, 185
レシート（receipt） 177
レスポンスグループ 78
レスポンスヘッダ 79, 101
レスポンスボディ 79, 101

● 著者紹介
水野 貴明（みずの たかあき）
1973年東京生まれ。フリーランスソフトウェア開発者兼技術系ライター。スタートアップを中心に開発支援を行っている。主な著訳書に『JavaScript: The Good Parts』『ハイパフォーマンス JavaScript』（オライリー・ジャパン）、『サードパーティ JavaScript』（KADOKAWA / アスキー・メディアワークス）、『Web アプリケーションテスト手法』共著（毎日コミュニケーションズ）。

Web API: The Good Parts

| 2014年11月19日 | 初版第1刷発行 |
| 2023年 1月18日 | 初版第11刷発行 |

著　　　者	水野　貴明（みずの　たかあき）
制　　　作	株式会社トップスタジオ
発　行　人	ティム・オライリー
印刷・製本	株式会社平河工業社
発　行　所	株式会社オライリー・ジャパン
	〒160-0002　東京都新宿区四谷坂町12番22号
	Tel　（03）3356-5227
	Fax　（03）3356-5263
	電子メール　japan@oreilly.co.jp
発　売　元	株式会社オーム社
	〒101-8460　東京都千代田区神田錦町3-1
	Tel　（03）3233-0641（代表）
	Fax　（03）3233-3440

Printed in Japan（ISBN978-4-87311-686-0）
乱丁、落丁の際はお取り替えいたします。

本書は著作権上の保護を受けています。本書の一部あるいは全部について、株式会社オライリー・ジャパンから文書による許諾を得ずに、いかなる方法においても無断で複写、複製することは禁じられています。